世纪波
Century Wave

Emergenetics®

TAP INTO THE NEW SCIENCE OF SUCCESS

布朗宁EG®思维与行为特质识别器

找到每个人的卓越特质

[美]盖尔·布朗宁（Geil Browning）著

卜煜婷/译 闫皓/审校

電子工業出版社

Publishing House of Electronics Industry

北京·BEIJING

版权贸易合同登记号 图字：01-2018-0976

图书在版编目（CIP）数据

布朗宁 EG® 思维与行为特质识别器：找到每个人的卓越特质 /（美）盖尔•布朗宁（Geil Browning）著；卜煜婷译 .—北京：电子工业出版社，2019.9

书名原文：Emergenetics®: Tap into the New Science of Success

ISBN 978-7-121-35856-2

Ⅰ . ①布… Ⅱ . ①盖… ②卜… Ⅲ . ①人格特征－研究 Ⅳ . ① B848

中国版本图书馆 CIP 数据核字 (2019) 第 002213 号

策划编辑：刘淑丽
责任编辑：杨振英
印　　刷：北京东方宝隆印刷有限公司
装　　订：北京东方宝隆印刷有限公司
出版发行：电子工业出版社
　　　　　北京市海淀区万寿路 173 信箱　邮编 100036
开　　本：720×1000　1/16　印张：20.25　字数：329 千字
版　　次：2019 年 9 月第 1 版
印　　次：2019 年 9 月第 1 次印刷
定　　价：98.00 元

凡所购买电子工业出版社图书有缺损问题，请向购买书店调换。若书店售缺，请与本社发行部联系，联系及邮购电话：（010）88254888，88258888。

质量投诉请发邮件至 zlts@phei.com.cn，盗版侵权举报请发邮件至 dbqq@phei.com.cn。

本书咨询联系方式：（010）88254199，sjb@phei.com.cn。

推荐序1
赢在大脑

在这个与人沟通与联系日渐重要的时代，人与人之间链接与合作的方式也就变得愈发关键。无论你是团队管理者还是教育工作者，协助自己和他人了解个体的思考和行事倾向，将有助于使个体与事务的匹配更加吻合，提升工作有效性；有助于知己知彼，提高说服他人的能力；有助于提升团队的凝聚力和执行力，使你成为更具领导才能的人。

在工作与生活中，我们经常遇到这些困扰：思考问题方向单一、经常不被理解、不知道什么工作与环境适合自己、很难说服他人、面对争执手足无措、团队凝聚力差、沟通效率低下、员工对工作的参与度和积极性低、离职率高……

而懂得优化思维与行为的方式，可以促成“知己知彼，共赢协作”的达成。本书对此目标的达成，根据 EG® 原理提供了相应的工具、方法和大量的案例，让你即学即用，更加系统地掌握不同的思维与行为模式的表现形式和应对方式。

关于 EG®，作者在本书中和大家进行了探讨，读后也让我们受益匪浅。同时，我们也设计开发了与大脑有关的课程——《赢在大脑》(课程联系人邮箱：emergenetics@126.com)。我们也希望通过体验式课程的引领，让对有此方面需求的人可以将相关知识内化成自身经验，进而融会贯通进日常的工作与生活之中。与 EG® 原理有异曲同工之妙。

通过学习 EG® 原理并运用相关工具、方法，从个人层面来说，可以知晓不同思维特质与行为特质的特点，并理解、欣赏自己和他人的思维差异；可以分析自己的思维与行为特质，并且知道自己在工作与生活中的优势、盲点及扬长避短的方法；可以辨析他人的思维与行为特质，选择正确的策略与不同的人进行沟通与交流，以达成目的或提高效率；可以运用思维与行为特质的分析方法，去思考如何打造优质高效的团队；可以从多个维度去分析解决问题，提升创造力，激发深度思考。

从团队角度来说，可以通过对团队成员的分析，最大限度地发挥组织成员的优势，从而提高整个组织的水平；可以优化组织成员对彼此的认识与看法，增加组织成员之间的信任和理解；可以在知晓组织成员具有不同倾向的前提下，进行团队建设与重构，克服思维方式的障碍，进而提高团队效能。

期待你马上开始这段探索大脑的旅程，相信本书可以给你带来全新的、清晰的识别思维与行为模式的方法！你可以改变自己，并且运用自己的优势进行工作！你可以了解自己所面对的人，学会全身心、全面性 EG® 地进行思考，并综合自身优势取得成功！

推荐序2
我们怎样简化人与人之间的联系

合作了多年的两位研究者——盖尔·布朗宁博士和温德尔·威廉姆斯博士——为一家国际机构完成工作坊后，一起散步。那天黄昏，他们之间的谈话竟然展开了他们两人生命中一项重要的研究：协助人去了解他人。他们深信能够找到一种方式让人更好地沟通、协作和建立社群。他们耗费了多年的心血，收集了超过10 000人的数据，终于研发出了EG®分析报表。这个达到商业标准顶级可信度和有效度的工具，能准确地度量一个人倾向于如何思考和行事。无论在工作中还是生活中，EG®分析报表都能给予世界一个简化人与人之间联系的方法。

EG®分析报表正式进入市场是在1991年。

十多年后，盖尔基于她与众多机构管理者合作时的个人经历和观察、与不同的领导者和客户合作后的反思，挑选出一系列的故事，并将其结合起来，撰写了*Emergenetics®: Tap into the New Science of Success*一书，并于2006年出版。

这本书出版后，纵使越来越多的人爱上了EG®，但美国以外的大部分地区的人还未接触过EG®。直至2015年，Joshua Teo把EG®引入美国以外的地区——新加坡，这才让更多的人通过这个卓越的工具而受益。

时至今日，EG®在全球不同地区都有国家代表。EG®分析报表的问卷也已经被翻译成14种语言供全球的人学习。

这本书出版至今已超过10年。随着科技的进步，世界变得数字化，科技除了改变我们的生活方式，也推动我们向前。可是，在工作和生活中了解如何与人沟通和联系的基本需求依然存在。与此同时，在现如今，简化人与人之间的联系的需求可能变得更加重要了。

现在的趋势是，EG® 作为人才和机构发展方案的需求越来越多。所以我们深信本书中更新的内容，将为管理者、人才和机构发展人士，或者想协助自己和他人通过了解个人倾向于如何思考和行事来发现人际沟通的策略的人士，提供有用的参考。

你准备好学习如何简化人与人之间的联系了吗?

前言

我很荣幸你选用了本书，希望你能享受到阅读本书的乐趣，一如我创作本书的乐趣。

因为拥有蓝脑（分析性）思维特质，我能将所有能够应用于 EG® 的最新科学成果整合起来。

因为拥有绿脑（结构性）思维特质，所以我乐于将我多年思索的主题组织起来。

因为拥有红脑（人际性）思维特质，所以我希望通过本书与你进行沟通、共享。

因为拥有黄脑（概念性）思维特质，所以我乐于纵览本书全景，并思辨其意义。

我的表达特质使我渴望利用这次机会向尽可能多的受众陈述我的观点。

我的变通特质使我在本书中使用不同的组织形式，以方便读者以各自的方式阅读本书。

而我的坚定特质使我迫不及待地与你分享这一切。

本书结构安排

本书包括：第 1 部分探讨了 EG® 的理论基础、研究背景和原理；第 2 部分阐述了如何深刻理解 EG® 原理，并将其应用于工作和个人生活中；附录 A 介绍了 EG® 工具箱，它将重要信息进行了总结，并将总结做成了一目了然的图表（通过 EG® 手机应用即可获取电子格式的图表）；附录 B 深入探讨了 EG® 的理论支撑。

阅读本书注意事项

（1）本书将教你如何分辨你的思维和行为偏好。这些偏好是你的优势，并在你的思考、行为，以及与人交流的过程中起到重要作用。运用这些偏好将会提高你的自信心和效率。

（2）本书探讨的是个人的偏好，而不是个人的能力。利用自身的思维特质，有的人只能驾车绕着街区转几圈；而利用相同的思维特质，有的人却能参加 Indy 500 拉力赛。

（3）顺应自我的偏好或特质，能使你工作高效，而你的公司也会获益良多。违背自身偏好则会使你心力交瘁。

（4）你可以改变自己。除非你内心希望如此，否则不要为了顺从别人的意愿而改变自己。

（5）利用全面性 EG® 方法（后面会详细介绍），你可以提高自己说服他人的能力，更好地进行演讲陈述，提高会议效率，以及与他人进行更为成功的沟通。

（6）利用全面性 EG® 方法，你将更能凝聚人心、众志成城，从而成为更具领导力的人。

想知道学习本书的好处吗？你可以参考图 0-1 所示的内容。想知道后面的具体内容吗？本书将从一场画展说起。

为什么学习本书？

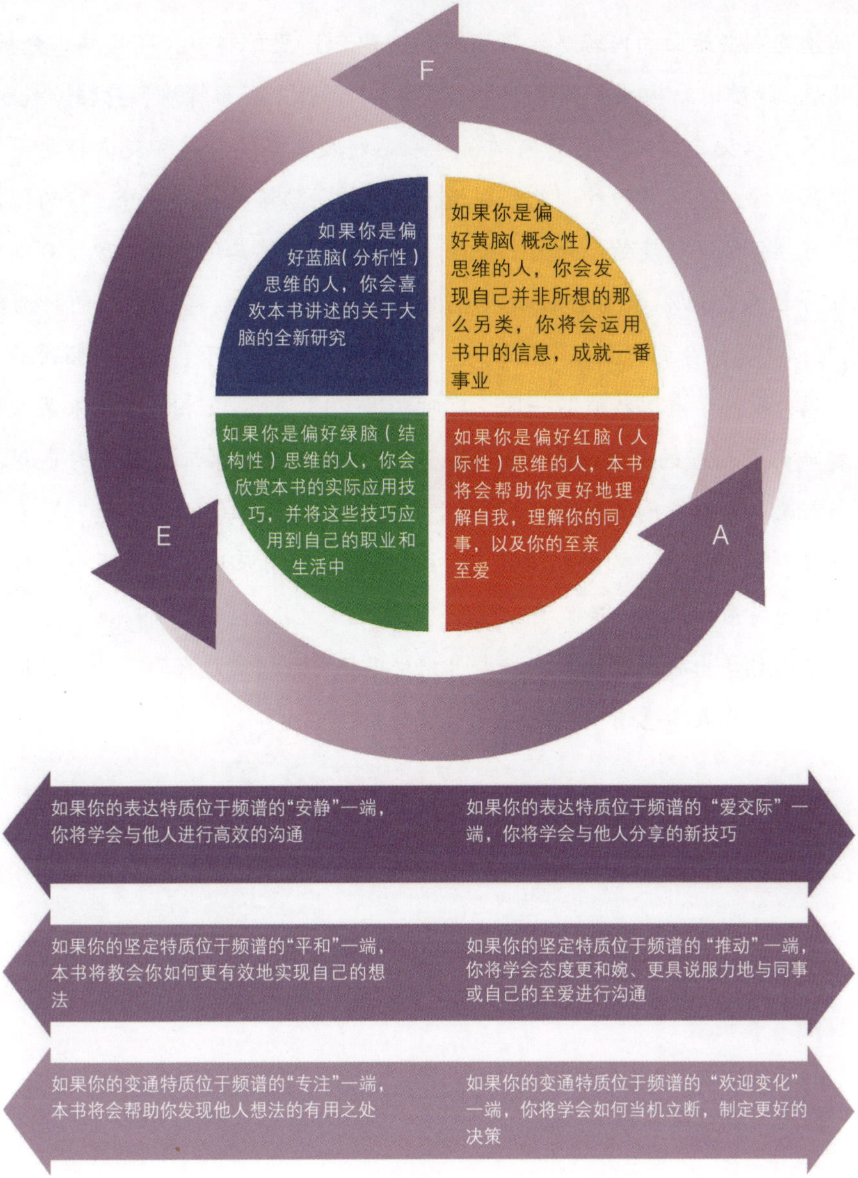
F
如果你是偏好蓝脑（分析性）思维的人，你会喜欢本书讲述的关于大脑的全新研究
如果你是偏好黄脑（概念性）思维的人，你会发现自己并非所想的那么另类，你将会运用书中的信息，成就一番事业
如果你是偏好绿脑（结构性）思维的人，你会欣赏本书的实际应用技巧，并将这些技巧应用到自己的职业和生活中
如果你是偏好红脑（人际性）思维的人，本书将会帮助你更好地理解自我，理解你的同事，以及你的至亲至爱
E
A
如果你的表达特质位于频谱的“安静”一端，你将学会与他人进行高效的沟通
如果你的表达特质位于频谱的“爱交际”一端，你将学会与他人分享的新技巧
如果你的坚定特质位于频谱的“平和”一端，本书将教会你如何更有效地实现自己的想法
如果你的坚定特质位于频谱的“推动”一端，你将学会态度更和婉、更具说服力地与同事或自己的至爱进行沟通
如果你的变通特质位于频谱的“专注”一端，本书将会帮助你发现他人想法的有用之处
如果你的变通特质位于频谱的“欢迎变化”一端，你将学会如何当机立断，制定更好的决策

图 0-1

本书用语说明

阅读完本书后面的内容，你将了解到四种 EG® 思维特质，即蓝脑（分析性）思维特质、绿脑（结构性）思维特质、红脑（人际性）思维特质和黄脑（概念性）思维特质，以及三种 EG® 行为特质，即表达特质、坚定特质和变通特质。本书将使用蓝、绿、红、黄四种颜色分别指代以上四种思维特质。另外，行为特质的程度以百分位数进行度量，分为三个区域：第一区、第二区、第三区（分别位于 0~33% 分位数、34%~66% 分位数和 67%~100% 分位数）。通过个人的行为特质数值，可以将其划分到以上三个区域中。例如，如果某人位于表达特质频谱的“安静”一端，则处于表达特质第一区（有时也用“1”表示）；相反，如果某人位于表达特质衡量范围的“爱交际”一端，则处于表达特质第三区（有时也用“3”表示）；若某人表达特质程度适中，则处于表达特质第二区（有时也用“2”表示）。书中所提到的“报告”均特指 EG® 分析报告，它是用来形象地说明个人独特的思维和行为特质组合的一项工具。

在本书翻译出版的过程中，宋占勇先生根据自己的实践经验，给我们提出了很多建议，在此表示感谢！

目录

第 1 部分　理解 EG®

第 2 部分 应用 EG®

Part I Understanding Emergenetics®

第 1 部分 理解EG®

第1章

EG®是什么，为什么要关注EG®

知识就是力量——前提是你懂得如何利用它

午餐时间，四位好友要去参观一场画展，这场画展主要展出几位新锐画家的作品。他们来到展馆时，遇到一名画展志愿者，志愿者给了他们一页目录，上面列有所有画作的名称及价格。

蓝先生接过目录迅速浏览了一下，找出最贵作品的名称。他分析了一下这幅画如此昂贵的原因是什么，然后他对所有作品做了一个估价。蓝先生参观这次画展可能出于以下某个原因：① 他想买下某幅画，因为觉得这将是一个不错的投资；② 他的同事红小姐极力劝说他买下作品，做投资之用；③ 通过报纸，他读过对画展的评论，想知道画展是不是真如评论家所说的那么精彩。蓝先生偏好**蓝脑性（分析性）思维**，对这场画展持有分析性态度。

绿小姐拿到志愿者递给的目录后，返回走廊的长椅上，仔细阅读了目录。她从包里拿出荧光笔，标记出自己想要重点欣赏的作品。然后，她找到志愿者，向他咨询洗手间的位置。虽然当时并不需要用洗手间，但她总想对任何突发情况做好准备。人们喜欢与绿小姐一起出行，因为她做事有计划，有准备，值得依靠。做好准备后，绿小姐走进画廊，从右手边第一个作品开始看起。她从容舒缓地向前行进，按照画作在展墙的排列顺序观看作品。对自己在目录上标记的作品，她会花更多时间去欣赏。绿小姐是典型的**绿脑性（结构性）思维**偏好者，她喜欢有条不紊地做事情。

红小姐，则是典型的红脑性（人际性）思维偏好者。她来画展的原因是，她认识这次画展的一位画家，参加画展的主要目的是给他捧捧场。虽然觉得列有作品名称和价格的目录没多大用处，她仍然礼貌地从志愿者手里接下目录。参观画展对她来说，更像一种情感联系。她四处逛了逛展厅，直到 20 号作品吸引了她的注意。她抓住绿小姐的手，想和她分享这一时刻。绿小姐此时仍在欣赏 17 号作品。红小姐有些不耐烦，绿小姐却告诉她："等一会儿再过去，跟你一起看那幅画。"

最后通过入口的是黄先生，拿到志愿者递给的目录后，他快速扫了一眼，然后将目录塞进口袋，因为他打算在以后某一天，好好读一下，全面领悟其中的信息。也许回到家后，他会将这一纸目录放到自己书桌的书堆上；也可能以后都不会再瞧这张目录一眼，但他知道，这页目录肯定还在自己桌上。黄先生很快逛完了展厅，而且是第一个。黄先生偏好黄脑性（概念性）思维，他感觉自己已经把握住了画展的精髓，并准备离开。这时，绿小姐还在驻足观看 37 号作品。黄先生很奇怪绿小姐为何花了这么长时间，而绿小姐则怀疑黄先生并没有真正理解那件艺术作品的真谛。

四人分别以四种思维方式参观完了画展，每人的思维方式不同。从各自思考的立足点来看，每种思考都是正确的。每个人，无论其思维是高度分析性、结构性的，还是高度人际性、概念性的，都在以各自的方式去欣赏画展。

> 无论什么人，无论他要做什么，他都会用自己的思维先做一遍，实现这种功能的便是大脑。思维只会去做大脑有能力做的事情，因此人们应该在理解自己的行为之前，先搞清楚自己大脑的特点。
>
> ——盖伊·盖尔·卢斯博士、朱利叶斯·西格尔《睡眠》

不过，事情还没有结束。我们知道，红小姐对自己最中意的作品异常激动。她试图将绿小姐的兴趣吸引到那幅作品上来，但是，绿小姐的坚定特质非常高，因此她不愿意破坏自己的欣赏顺序。而红小姐的表达特质太高了，她转向蓝先生。

蓝先生的变通特质比较低，他正在欣赏另一幅作品，不愿打断自己的思路。红小姐有些泄气，但是想分享的感觉更加强烈，于是她抓住身边的一个陌生人，迫不及待地分享自己的想法。虽然那名陌生人真的不想与红小姐交流，但他的坚定特质较低，所以他不得不与她交谈。

只有黄先生的变通特质较高，他很乐意停下来，去考虑红小姐的想法。但他已经到了展馆的咖啡店，正在与其他的赞助人谈论这场画展的重要意义。他向他们表示，自己打算有朝一日能重拾画笔。

这四位朋友，他们有着不同程度的表达特质、坚定特质和变通特质，虽然他们以完全不同的方式看待这场画展，但他们都表示自己很欣赏这场画展，觉得展品引人入胜。显而易见，对欣赏画展这件事，世界上并没有什么所谓的“正确”的方式。

另外，午餐时刻结束了，红小姐、绿小姐、蓝先生和黄先生都返回工作岗位，他们都在一家小企业上班。

回去之后，红小姐马上拿起了电话。她需要给几位正在工作的朋友打电话，跟他们谈谈这场画展。当然，她还要打电话告诉她的画家朋友，自己非常欣赏他的那幅作品，并对他崇拜万分。在打电话过程中，红小姐了解到四条零零散散的信息，这些信息有可能会影响到未来的销售业绩；还有一条公司并购的小道消息，这个传闻有可能影响到自己所从事的职业。

绿小姐必须要在 4:30 前，完成一份报告的收尾工作。一般情况下，她会利用自己的午餐时间赶工，以确保按期完成。不过，这次参观画展的计划，早在一个月前就盘算好了。绿小姐的时间管理技能相当娴熟，所以她既能抽出时间参观画展，又能按时完成报告。绿小姐安心工作，对她而言，红小姐与其煲电话粥，不如踏实工作为妙。

蓝先生回到办公室，关上门，打了两通电话。他首先打给了一位艺术鉴赏家，让他对画展中自己看到的那幅名贵的画作估个价。第二个电话他打给了他的会计师，因为他打算用那幅画装饰自己的办公室，所以想咨询买画涉及的缴税问题。红小姐知道了蓝先生的计划，她很失落，因为他要买的并不是自己朋友的作品。

这场画展的意义深深鼓舞了黄先生，对公司的海外分部，他想出了一个绝妙的主意。于是，他打断绿小姐的工作，让她为自己的新想法来一场头脑风暴，因为他知道绿小姐总能想出好办法，实现自己的想法。但对绿小姐而言，黄先生的想法纯粹是异想天开，而且也并不是特别紧迫的任务。她的首要任务还是完成自己的报告。她简单地回绝了他，告诉他自己很忙。黄先生则朝她做了个鬼脸。

尽管几位同事都在做自己最擅长的事情，但他们错失了协同合作的机会，以及愉快工作的机会。因为他们都没能认识到其他人的天赋。"正确"的工作方法是多种多样的，并不是唯一的，这一点却并非显而易见。

本书所要告诉读者的，正是如何利用你的优势——无论优势是什么——去迈向成功。本书还会帮你理解，你的同事同样能利用他们自身的优势，以各自的方式，赢得胜利。你、你的团队、你的公司都能取得更高的成就。

本书的目标

阅读本书，你将：

（1）认清你的思维特质，学会如何提高自己的脑力。

（2）理解自己的行为特质如何影响他人对自己的看法。

（3）珍视自我的独特之处，也珍视他人的独特之处。

（4）在工作和生活中利用这些信息，以期获得更好的结果。

为何称之为"EG®"

今天的你，是由自己的某些特质造就的，而这些特质则是由个人浮现的（emerged）人生经历和先天基因（genetics）共同决定的。所以我将遗传与环境的交互作用称为 Emergenetics®，其简称就是 EG®。

从你呱呱落地开始，遗传基因就先天地赋予你某些特质。但是，由于环境的影响，个人或许按照基因先天规划的方式成长，也或许没有按照先天规划的方式成长。早在儿童时期，个人的思维模式和行为特质就开始发生了巨大的变化。到了成人阶段，个人的思维模式和行为特质均已定型，只有生活中的重大事件或变故（如结婚、离婚、生育子女、变更工作等），或者通过坚持不懈的努力才能改变这些模式和特质。

> 在我看来，先天因素只是为你指明穿过丛林的方向，能不能将其开辟为道路，则是由后天因素决定的。
>
> ——罗斯·朱迪斯，医学博士、精神病专家、EG®合伙人

先天因素究竟能在多大程度上决定你的命运？人类基因组计划进一步证实了，人格特征、性格和认知能力，在一定程度上，是由我们的基因构成所决定的。但是，个人确切的基因特征各不相同。在一些纵向研究中，有些同卵双胞胎自出生开始，便被分开抚养，在不同的环境成长，若干年后，他们却有着显著的，甚至离奇的相似之处。

不过，先天因素并非唯一决定因素。人生中的大事也可以决定某个基因是否表达，同时，外部环境因素甚至能改变基因本身。

总之，对大脑而言，每天都是一个崭新的开始。每种新鲜的感受、感觉、思考、经历或交谈都会在大脑中留下崭新的印记。有益的经历，如有益的生理和心理活动会激励大脑，并维持大脑健康。有害的经历，如受伤、吸毒、酗酒、抽烟或慢性压力会对大脑功能产生恶性影响。

大脑最终决定了我们如何思考、如何行动。EG® 分析报告基于最新的科研成果。通读本书，你会发现相关研究的参考文献，这些研究保证 EG® 理论根植于严谨的科学研究，并且适用于全世界。EG® 分析报告每两年就要进行重新统计排序，而且这一活动是在全球范围内进行的。事实上，我们的数据库中有 42% 的分析报告，来自美国以外的国家和地区。

EG®的七种特质

阅读完参观画展的段落，我们知道，EG® 使用四种思维特质和三种行为特质来描述个体。

蓝脑（分析性）思维特质（以蓝色表示）：这是一种逻辑的、理性的、客观的、现实的、怀疑性的思维方式。

绿脑（结构性）思维特质（以绿色表示）：这是一种务实的、谨慎的、有计划的、有条理的思维方式。

红脑（人际性）思维特质（以红色表示）：拥有这种思维特质偏好的人容易与他人产生共鸣，喜欢人际沟通，社会意识强，靠直觉理解他人。

黄脑（概念性）思维特质（以黄色表示）：拥有这种思维特质偏好的人有可能有想象力、创造力，充满奇思妙想，敏于思考新想法。

表达特质，是我们公开表达自己对他人和外在世界的感受的一种倾向。处于表达特质第一区的人倾向于安静，不愿表露内心。而处于表达特质第三区的人喜欢引起他人注意，他们外向、热情，喜欢沟通。

坚定特质，是我们推进想法、感受和信念方面的风格和速度。处于坚定特质第一区的人常常性格平和、亲切，甚至顺从。处于坚定特质第三区的人热衷于驾驭他人，推动事情进展的心切，甚至富有对抗性。

变通特质，是我们迎合他人思想、行为，满足他人需要的愿意程度。处于变通特质第一区的人通常比较执着。处于变通特质第三区的人一般比较随和，乐于接受建议。

每种特质都与其他特质相互独立，可以分别度量。EG® 分析报告刻画个体组合和匹配这七种特质的程度，即个体各种偏好组合的独特方式。

我们可以看到个体是如何行事的，也可以判断他们的行为特质，但是个体思维过程是不可见的。举个例子，有位女学员耐着性子上完我的学习班，其间一直交叉着胳膊，满面愁容。第二天，她送给我一张纸条，上面说，这是她上过的最有意义的一个学习班。因为我们都无法读取他人的思想，而且，有时语言和表面现象并不一致。所以，了解他人的 EG® 分析报告，可以帮助我们深刻理解他人的优势、偏好、喜欢什么，以及厌烦什么。

每次举办学习班，我都会提前拿到每个学员的 EG® 分析报告，这样我就知道自己的授课对象属于什么类型。根据经验我知道，典型的黄脑（概念性）思维的人想马上知道课程梗概；典型的蓝脑（分析性）思维的人想了解支撑课程的研究资料；典型的绿脑（结构性）思维的人想得到课程讲义和授课安排，以便自己学习和遵守；典型的红脑（人际性）思维的人则想分享他们了解的案例。处于表达特质第一区的学员会安静地听课；当我需要志愿者的时候，处于表达特质第三区的学员会自告奋勇；处于坚定特质第一区的学员，会允许我做我想做的事；处于坚定特质第三区的学员，会乐于教我以后如何更好地处理图片；如果我没有信守我的承诺，处于变通特质第一区的学员会很不高兴；当我在讲课时跑题了，处于变通特质第三区的学员则毫不在乎。

你独特的 EG® 分析报告会帮助你深刻理解：自己如何思考和行动，如何学习，如何应对新环境，如何做事，他人如何看待你，以及如何应对他人。后面的内容将会帮助你进行自我评价，并得到自己的 EG® 分析报告。掌握自己的 EG® 分析报告，其重要性无须强调。已经有近百万份 EG® 报告发挥了作用，这些报告帮助人们提高团队效率，更好地理解客户，提高利润，并帮助人们在生活中做出积极改变——提高他们的理解力，做出更好的决策，获取创造力，改善人际关系，改善工作方式。所有这一切，EG® 都会帮你实现，甚至不止于此。

真的是“人无完人”吗

我厌倦了有些励志书籍的说辞，因为它们总是告诉读者他们不够完美。我认为，任何人都可以改变自己的倾向，前提是你真的想这么做（详见第 6 章）。每个人的 EG® 分析报告都是完美的。每个人都具备了成功所需的一切条件。利用 EG®，你将会发现你的优势所在，并知道哪种优势能帮你释放出最大能量。如果你能够利用你的优势，你会干劲十足，精力充沛。另外，你将会学到如何利用自己的优势，去完成原本不适合自己的工作。如果你的蓝脑（分析性）特质多于红脑（人际性）特质，你仍然可以安排好时间，每周三早上巡视自己的下属，激励他们。如果你的红脑（人际性）特质多于绿脑（结构性）特质，你也可以找个朋友负责给你打“叫醒电话”，这样上班就不会迟到。如果你的黄脑（概念性）特质很多，你买了个新玩意儿，也不太可能去浏览它的说明书——不过，你仍然能通过观看在线视频，学会你想知道的操作技巧。

本书并不会像其他书籍那样，试图告诉你，人是无法改变的（这往往成为某些人犯下大错的借口）。另外，本书也不会灌输你这样的教条：你必须改变自己（这类说辞总是告诉读者，你不够优秀）。我要告诉你的是：

- 了解自我。
- 热爱自我。
- 如果你真的想改变自己，你是可以做到的。但我们的研究表明，改变的难度可能很大，必须利用自己的努力才能实现。
- 如果你选择接受自我，不去改变，那么保持自信，不要在意别人的冷言冷语。

> 自胎儿时期开始，人的大脑就在不断成长，不断变化，这一过程贯穿人的一生。或许，大脑的这种能力就是它的最大优势。
>
> ——詹姆斯 · 特拉菲尔《我们是独特的》

现在，我们知道，人一生能够利用的智力，仅仅是大脑潜力的一部分。难道你就不想提高自己的智力？不想学习更轻松，记忆更持久，难道你不想让沟通更加高效，做更好的决策？难道你不想提高自己说服他人的能力，提高团队的创造力和效率？本书将帮助你更好地理解自己，理解自己的职员、客户、同事，甚至理解异性（异性永远都是神秘的），进而帮你充分利用你的人脉关系。不管你是在推销产品，还是在主持会议；不管你是在准备演讲，还是在解决矛盾，抑或培训新员工，运用 EG® 原理，你将会激发出自己和周围人的潜力。

> 人与人之间的隔阂并不是由人际差异造成的，而是由彼此的评价造成的。
>
> ——玛格丽特 · J. 惠特利博士《理解彼此》

阅读指南

思维偏好不同的人，会以不同的方式阅读本书（如果想提前知道，可翻到本书第 121 页，查看“不同思维偏好的人如何阅读本书”)。事实上，这本书适合所有类型思维偏好的人。就我个人而言，我对这项研究充满热情，加上我的表达特质处于第三区，我甚至激动得想在每句话的结尾都加上感叹号。我甚至幻想自己能从这本书里飞出来，抓住你的衣领，大声说：“听听这个，这些内容能为你的生活增添新的意义！”不过至少有 33% 的人会觉得这种做法相当无礼，后面即使我再怎么努力讲述，这些人也很难信服。

根据我的经验，具体思考者在读这本书时，很想知道我的研究起点是什么，EG® 的研究基础是什么。下一章讲的就是这些内容，以及抽象思考者想知道的内容（更多内容，详见第 2 章）。

第2章

$E=mb^2$

EG® = 将思维与行为融合在一起

我最初的职业是教师。我的母亲、祖母、曾祖母都是教师，所以，我觉得，从事教育工作是我的宿命。我能回忆起的最早的事情，就是坐在餐桌旁，听她们讨论诸如强尼爱捣乱或苏西数学差之类的问题。后来我成了老师，再后来当上了校长，我也会与她们讨论类似的话题。很遗憾，当时我们没有找到办法，去解释强尼和苏西那样思考或做出那类行为的原因。

到了 20 世纪 70 年代，在讲授人类成长的课程中，以及在大学学习过程中，我开始学习罗杰·斯佩里医生的“裂脑”研究，这项研究在当时尚属尖端科学。斯佩里医生深刻揭示了“左脑”和“右脑”（当时的通俗报纸就是如此称呼他的研究的）的功能，我被他的洞察力深深折服了。同时，我的直觉告诉我，对于那些致力于解决全世界“强尼”和“苏西”问题的教育工作者来说，他的理论是大有裨益的。

虽然我仍然想从事教育工作，但一件趣事的发生，改变了我余下的人生轨迹。奥马哈一家银行的首席执行官，请我去为他的团队详述我针对领导能力的研究。他愿意为我支付的薪水几乎等于我在大学一个学期所能挣到的工资。后来我才发现，当我沉浸在思索儿童思维和行为问题时，世界上的其他人都在为成人的思维和行为问题所困扰。于是，我的工作开始偏离教育领域，我开始攻读自己的研究生课程，与业内领军人物一同从事脑优势领域和心理统计学领域的研究。通过本章的学习，你会了解到，我所设计的 EG® 分析报告是植根于上述研究的。

我开始与其他人一起分享我的见解，帮助他们理解人是如何思考和交流的，引导他们提高团队凝聚力，高效合作。很快，我就开启了自己的事业，开始跟各种各样的组织打交道，有《财富》100 强企业，也有创业型企业；有政府机关，也有非营利机构和教育机构。我还开展了一项业务，专门培训人们如何使用 EG® 分析报告。

这次转行，为我开辟了一段奇妙的旅程，下面是我的一些学习收获。

先天遗传与后天培养

有句话说得好，“投胎是门技术活”。在传统意义上看，人从呱呱落地开始，便继承了一定的先天特征。这些先天特征让你以特定的模式思考和行事。随着个人的成长，随着个人融入社会，个人倾向被周围的人和物所“培育”，这些人和物会改变个人基因的表达(这就是所谓的“表型”)。以往的观点认为，人在出生后，先天因素便不再起作用，同时后天因素开始起作用。人类基因组计划的一项发现，出乎人们的意料。它表明，基因组 DNA 在个体出生后也会发生改变，而且外界因素实际上是可以改变基因本身的。这项发现属于实验胚胎学的新领域。实验胚胎学的研究成果，会改变我们对先天和后天因素的看法，我们对其的理解也会随之不断深刻。尽管如此，我们对 EG® 的界定，将会始终以先天遗传和后天培养这两大因素为基础。

哈佛大学的心理学家杰罗姆 · 卡根曾经打过一个比方。他说，儿童就像一片灰布。先天因素就像黑线，后天因素就像白线，两者交织在一起形成一块灰布，很难将这两者完全区分开。EG® 理论跟他所打的比方不谋而合。

◆ 基因遗传

一个人是习惯于早起还是习惯于熬夜，很大程度上是由基因决定的。研究表明，个人对待权威、反常行为、读书、看电视的态度，以及对如何处罚罪犯问题的观点，都要受到自己基因的影响。更加奇怪的是，基因还与个人对宗教的虔诚程度、离婚的可能性密切相关，甚至个人会不会因为生气而摔盘子，摔门而去，都与基因有密切联系。

> （同卵双胞胎）在人格测验中的相似程度、一致程度，甚至在其八九十岁后仍保持这种一致性，证实了这一理论的合理性。有些测验甚至表明，无论是被分开抚养还是在一起抚养，同卵双胞胎会随时间推移而愈加相似。
>
> ——威廉·克拉克《人类是否存在固有的模式》

对双胞胎的研究

如果个人的属性特征是由基因决定的，那么同卵双胞胎会非常相似，这种想法是顺理成章的。尽管如此，如果，他们是在同一个家庭，被同时抚养的，我们可能会得出这样的结论：他们的相似性是由他们所共同享有的环境造成的。因此，我们想知道，如果将他们分开抚养，会发生什么？会不会仍然很相似？

> 对不同环境中长大的双胞胎的研究，可以得出两个惊人的总体性结论，这两个结论揭示了人与人之间的心理差异，同时它也是行为差异的源头。这两个结论是：① 遗传因素对行为差异性的影响是深远的、普遍的；② 对很多心理特质而言，相同的成长环境这个因素的影响是微不足道的。
>
> ——托马斯·布沙尔等人
>
> 《人类心理差异性的来源——对分开抚养双胞胎的研究》

行为遗传学家大卫·林肯研究了全世界上千对双胞胎（和三胞胎）。在他的一项研究中，他介绍了一对同卵双胞胎：杰里·利维和马克·纽曼。兄弟俩直到30岁时才重逢。当时，兄弟两人留着相似的胡子和发型。两人都戴着飞行员眼镜，腰带上装着大大的腰带扣，别着大大的钥匙扣。他们都是志愿消防员，都靠安装安全设备养家糊口；都喜欢喝百威啤酒，而且都喜欢喝完啤酒后，踩扁啤酒罐。

“吉姆兄弟”的故事更加离奇。吉姆·施普林格和吉姆·刘易斯是在俄亥俄州分开长大的同卵双胞胎，他们相距129公里。在他们重逢时，两人都是高1.83米、重81.6公斤，深色头发。两人都受相同的疾病困扰（都患有偏头痛），心律和脑电波近乎相同。两人都爱啃指甲，烟瘾都很重，喜欢抽塞勒姆牌香烟，喝美乐淡啤。两人活动模式和身体姿势相同，嗓音和说话模式难以区分。两人都喜欢改装车赛车，都讨厌棒球。两人学习都不好，都当上了警长助理。两人都在某一年冬天带着家人去了佛罗里达，都在墨西哥湾岸区的同一段 5 000 米长的海滩上待过。两人都娶了名叫“琳达”的姑娘，并且都离了婚，然后又都娶了名叫“贝蒂”的女子。两人都为自己的儿子取了“詹姆斯·阿伦”的名字，都是因为觉得这个名字好听。两人都养了狗，名字都叫“托伊”。两人都喜欢做木工活，都在地下室建了个木工坊，木工坊的布局和里面摆放的工具都很相似。前院里都放了环形白椅，椅子中间都种了一棵树，而他们的邻居都没有这样做。在人格测验中，他们的得分都非常接近，就好像同一个人测了两次的数值。

> 不同环境中长大的同卵双胞胎的相似度极高；相同环境中长大的同卵双胞胎的相似度要比相同环境中长大的异卵双胞胎更高；有血缘关系的兄弟姐妹的相似度要远高于收养的兄弟姐妹。用可靠的指标——遗传率——来衡量的话，其遗传率在0.25~0.75。传统观点认为，大约50%的智力差异、人格差异，以及生活方式的差异是由遗传因素导致的——属于遗传基因的相关产物或间接产物。
>
> ——史蒂文·平克博士《白纸一张》

一项关于双胞胎人格特征的研究，调查了很多项目，诸如运动能力，对待安乐死、嘈杂音乐、国际象棋、甜食的态度等。根据该项研究的结论，有 5 个项目受遗传因素影响程度最高（遗传率均高于 50%），这五项分别是：对待阅读书籍的态度，对待堕胎的态度，对待集体体育活动的态度，对待坐过山车的态度，以及对待谋杀罪处以死刑的态度。谁能够想到，对死刑的态度竟然受到遗传因素的影响。

对双胞胎研究的另一项有趣的发现是，双胞胎的情绪很相似，就好像他们幸福感的阈值是相同的。似乎他们对工作的满意水平也是相似的。其中有个双胞胎，被一个性格忧郁的家庭所收养，她自己很爱笑，但家里的其他人并不爱笑。当她跟自己的双胞胎姐妹重逢后，她们两人兴奋了好长一段时间。

我们对同卵双胞胎进行过 EG® 测试，得到了他们的 EG® 分析报告。我们发现，他们的 EG® 分析报告几乎是相同的。也对异卵双胞胎进行过 EG® 测试，他们的分析报告与普通兄弟姐妹的分析报告很相似。我们甚至有一些镜像双胞胎（基因相同但是特性互补的双胞胎）的 EG® 分析报告。猜猜看，他们的 EG® 分析报告会是什么样子？猜对了，他们的分析报告也是互为镜像的。

这是巧合吗？我认为不是。

请注意，同卵双胞胎并非完全相同的人。他们的基因型（DNA）是相同的，而表现型（生理或行为特性）却未必相同。我认识一对双胞胎，长得几乎一模一样，唯一的区别是，其中一个人的两只眼睛颜色不同，一只眼睛是蓝色的，另一只则是绿色的。

人的人格是否由遗传决定

科学家们已经完成了人类基因组的鉴定工作，行为遗传学家们正试图将人类 DNA 编码的特定部分与特定的倾向匹配起来。通常若干个基因会一起发生作用，所以，很难将某个基因与某个特定的倾向联系起来。尽管如此，科学家们也已经取得了很多卓越的成果。

行为遗传学家们主要关注两个有趣的领域：多巴胺感受器和 5- 羟色胺转运体基因连锁多态性区域，即 5-HTTLPR。因为多巴胺和 5- 羟色胺与大脑功能是息息相关的，它们对性格的影响是巨大的。我们的基因决定了大脑利用这些化学物质的方式，从而决定了我们思考和行为的方式。

> 在我职业生涯的前二十年，我写了很多文章贬低先天生理因素所扮演的角色，强调后天环境的重要性。而现在，我的研究数据迫使我否定前二十年的努力。
>
> ——杰罗姆·卡根，援引威廉·怀特所著
>
> 《基因的力量：人是天生的还是后天造就的？》

内向性格和外向性格就具有高度可遗传性的特点。黛博拉•约翰逊博士等人进行了一项研究，让 18 个成年人使用铅笔填写调查问卷，从而得到他们的内向

性 / 外向性得分。参与者可以自由地思考他们喜欢的东西，研究者使用 PET 技术（正电子发射断层扫描）扫描参与者的大脑。他们发现，性格内向者大脑额叶血流量有所增多，大脑额叶的功能与回想往事、制订计划、解决问题有关。这表明"内向的人会内在地专注于内在的认知过程"。有趣的是，通过扫描，他们还发现大脑的布罗卡氏区的血流量也有所增加，而这一区域是大脑处理语言的区域。因此，研究者们推测，"在没有外界激励的情况下，性格内向者会进行内心独白"，他们将其称为"自我对话"。对性格外向者而言，他们的大脑额叶并没有活跃起来，大脑的扣带回区却被激活了。研究人员相信，这可能是他们追求感官和情感刺激的原因。

哈佛大学的医学博士杰罗姆 · 卡根和卡尔 · 施瓦兹注意到，有些孩子胆子大，有些孩子很害羞，或者对新事物很警惕。成年后，那些害羞的孩子可能会更加敏感，患上焦虑症，或者可能学会控制或隐藏自己的害羞情绪，表现得不那么害羞。2003 年的一项研究表明，即使在儿童表现得很镇定的时候，对大脑的扫描结果仍显示他们的大脑杏仁核（这一区域与情绪记忆有关）活动增多。这类信号活动是由 5- 羟色胺控制的。

影响 5- 羟色胺再摄取的基因有两个版本。拥有短版等位基因的人，在临床人格测试中，可能会有胆怯或焦虑的表现。为证实这一点，研究人员向志愿者展示了一些图片，上面有愤怒或惊恐的表情，同时对他们的大脑进行扫描。不出所料，结果显示，拥有短版等位基因的人，大脑杏仁核活动增多。

那些胆子大的孩子成年后会发生什么情况呢？喜欢新鲜事物的人，可能会参与一些危险的体育活动，喜欢更换工作。看来，这些人受到基因的影响，渴望新奇体验。多巴胺会调节大脑中的愉悦感，有个基因会影响大脑如何利用多巴胺，这个基因的某个变异，与寻求刺激的行为或冲动是密切相关的。

> 多数人会越来越相信，孩子自从降生开始，就有着确定的人格，我们很难将其人格的形成归因于家庭环境或教育环境的影响。
>
> ——詹姆斯 · 沃森《后基因体时代的行为遗传学》引言

◆ 个人生活经历

个人身体的每个细胞都有着相同的基因。所以，关键是，每个细胞如何表达自己所包含的基因。研究结果证明，先天生理因素并不是唯一的决定因素。基因要与外界环境相互作用才能工作，而这个外界环境就是个人的生活经历。

基因在不停地处于激活或关闭状态。根据遗传图式的对外演变，有些基因在我们出生前就被激活。另一些基因则处于休眠状态，直到被某些生活经历所开启。遗传基因与人生经历的影响紧密地交织在一起。有种观点认为，这两者是相互独立的，这种看法没有切中要点。

> 基因激活抑或关闭，是在响应外界环境的影响。基因甚至在胎儿阶段，就管理着身体或大脑的发育。但是，为了响应人生经历，这些基因几乎能立刻开始拆解或重组它们所构建好的一切，它们与我们的行为或活动是互为因果关系的。
>
> ——马特·里德利《是什么造就了现在的你》

某个“遗传倾向”就像一枚炸弹，可能被引爆，也可能不会被引爆，这取决于生活中到底发生了什么事件。如果你有酗酒的倾向，但你又从不饮酒，那么你也不会染上酒瘾。反过来，如果你开始放纵自己，过量饮酒，那么你就拔掉了基因手榴弹的安全别针，引发严重的问题。同样的遗传基因，不同的人生经历，导致的结果也不相同。

不断变化的大脑

每次身体移动、每次思索、每个人生体验、每段对话，都会伴随着大脑的变化。甚至读完这段话后，你的大脑都与之前不一样了。新的人生体验，会引发大脑内部新的神经联系，重复的人生体验，会加强现有的神经通路。有时，你会有意引发这些神经联系，例如，你在准备一项考试时。在其他时间，这个过程会在无意中发生。有时，我会在研讨会上开这样一个玩笑：“巴甫洛夫摇铃铛会让你想到什么？”巴甫洛夫的研究表明，狗会在进食前，因为响应铃声而分泌唾液——

这就是环境调节的经典案例。

早在 1874 年，查尔斯・达尔文就发现，家兔的大脑要比野兔的小。我不是家兔，所以不知道它们是否擅长交流。但我猜想，家兔之间没有必要进行太多的交流。而野兔就不一样了，它们可能更擅长交流。毕竟，它们必须自己寻找食物，蒙骗狐狸，熬过寒冬，诸如此类。它们的大脑更大，是因为长久以来，自然选择了那些更能干的兔子。每只兔子的经历，都会影响自己大脑的大小，以及大脑的复杂程度。

跟野兔相比，家兔的大脑要小得多。这可能是因为它们被圈养起来，经历了一代又一代，所以它们的智力、本能、感官，以及自发性运动能力可能也进化了，但是只有一点点。

——查尔斯・达尔文《人类的起源》

为了测量生活经历对大脑的影响，科学家们进行了很多针对动物的实验。神经生物学家玛丽安・戴蒙德博士做过一个经典研究。她将老鼠分到三个不同的环境中：其中一组有 12 只老鼠，它们被放到一个大笼子里，里面有很多老鼠公仔；另一组有 3 只老鼠，放在小笼子里，里面不放公仔；最后一组只有 1 只老鼠，也放在小笼子里，没有公仔。她的研究表明，一只老鼠的玩伴越多、玩具越多，它的大脑结构就越复杂，就能更好地完成一些复杂任务，如寻找迷宫出口。在戴蒙德进行实验的那个时代，这些研究结果是出乎人们意料的。当时，没有人知道大脑响应环境的程度有多大。戴蒙德博士发现，将一只老鼠放在一个丰富的环境中，会在 30 秒内引发其大脑发生微弱的变化，但只需要经历 4 天，其大脑就会发生显著变化。

随后进行的研究，比较了独处的老鼠和群居的老鼠、经过训练和没有经过训练的老鼠，最后还比较了这两组老鼠：一组是进行转轮训练（训练老鼠踩着转轮跑步）的老鼠，另一组是进行迷宫训练（训练老鼠找寻迷宫的出口）的老鼠。每项研究的实验参数均不相同，但是结果都表明，老鼠的交互活动越多，环境越丰富，任务难度越大，老鼠的大脑就会变得越大、越复杂。为什么会这样？这是因为大脑处于不断发展、变化的状态。

大脑功能简介

成人的大脑是由大约 1.4 千克的灰色、柔软的、布满褶皱的物质组成，从中间位置分为两个半脑，底部连接。大脑的主要成分是血液，占大脑的 80%。大脑仅占个人体重的 2%，却消耗了 20% 的身体能量，功率大约为 25 瓦。数以亿计的神经穿过大脑的微小空间——突触，相互连接。人的每次思考、感觉、活动都可以沿着神经通路传导或折回传导。普通人的突触数量比银河系里的恒星还要多。如果你能想象出，把天空中任意两个星星连接起来是什么样子，那你就略微知道了大脑的强大功能。

> 据估计，人类大脑约有860亿个神经细胞和150万亿个神经突触，这使其成为地球上最复杂的结构，无论是天然物体还是人造物体都不及它的复杂。
>
> ——蒂姆·格林，斯蒂芬·海尼曼，吉姆·古塞拉
>
> 《分子神经生物学与遗传学：神经功能与功能障碍的研究》

或许是因为，人类响应自身经历是为了能够生存，因此，人类大脑能够将环境中微弱的变化记录下来。在晴朗的黑夜，我们能够察觉 32 000 米外的光线。在安静的环境中，我们能够用耳朵分辨 6 米外手表的嘀嗒声。我们能够感受到，蜂翼从 1 厘米外落到自己的脸颊上。我们可以品尝到一茶匙糖稀释在 7.5 升水里的甜味，嗅到一滴香水弥漫在 3 居室房间的味道。

所有这些观感，都会记录在大脑不同的区域上。大脑的每个区域，每个区域的不同大脑皮层，都与不同类型的信息密切相关。但是“语言”并不属于某一类信息，因此，并没有存储在大脑的某一个区域，我们使用不同的大脑区域进行讲话、观察和倾听话语。事实上，名词、动词、形容词、副词、介词等，是存储在不同的大脑区域中的。一名患有中风的病人，可以毫不费力地表述“镜子上有条破缝（crack）”，当她试图表述“不要在这里敲破（crack）坚果”时，却结结巴巴，不能流畅表达。

新生儿的大脑只有成年人大脑的 1/4 大小。基因帮助决定了我们出生时大脑

的类型，而我们童年的生活经历，则决定了我们的大脑在今后的生活中，是如何运作的。童年的生活经历会将神经元互相联系起来，在大脑中构建神经回路。大脑中没有用到过的细胞会被简单地修剪掉。

> 一同被激活的神经细胞是互相连通的，这叫作赫布学习规则。
>
> ——神经系统学家唐纳德·赫布博士

突触发生（突触的形成）

突触是神经元间进行电化学信号传递的连接部位，它们能够越过轴突与树突间的微小间隙，这样神经细胞之间就可以互相交流（见图 2-1）。每当我们体验到新鲜事物时，大脑就会创建（或重新使用）一个突触连接。生活在丰富环境中的老鼠，拥有更为致密、复杂的大脑，里面会有更多的突触。无论是老鼠还是人类，一系列体验会不断加强大脑内部现有的突触连接，并创建新的突触连接。

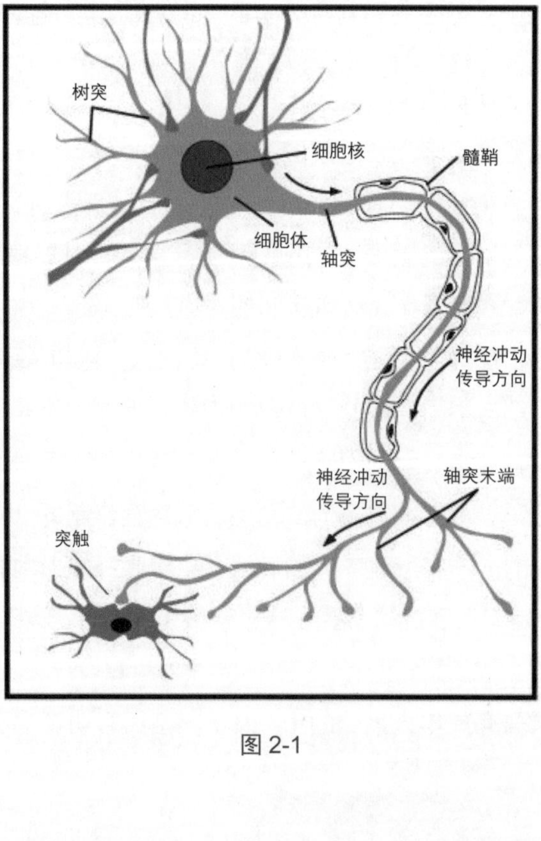

图 2-1

树突分支

每个神经元的突触都位于树突末梢，是神经末梢分支的延伸。大量的生活体验和不断加强的刺激，会引发大脑产生更多的神经元分支。新的神经元分支意味着神经相互联系需要更多的突触。反之亦然：缺少刺激会降低树突分支的数量。

> 轴突非常细小，但轴突间的联系异常杂乱。
>
> ——道格拉斯·史密斯《科学展望：通过移植修复神经损伤》

髓鞘形成

髓鞘是由一层层蛋白质和脂肪组成的，它紧紧地包裹住轴突，就像电线外面的绝缘层。它有助于提高神经冲动沿其路径传导的速度。一旦髓鞘分解，神经就无法有效运作。最近，研究人员确定，直到人类中年阶段，大脑髓鞘才会停止发育，远比之前人们预料的发育时间要长。大脑的髓鞘形成，也是由生活经历所引发的。

神经修剪

很多人不知道，我们生来就拥有过量的脑细胞。如果没有被刺激，大脑内多余的细胞和神经联系就会逐一死掉。“使用它或失去它”，这句话并非仅仅是个比喻手法。拥有丰富多彩的生活体验，对儿童来说是相当重要的。因为童年时代，我们有很多的神经回路可以投入使用。此后，我们逐渐长大成人，当我们读书、跑步、跳舞、荡秋千或弹钢琴时，我们就能够唤醒大脑内部的神经连接。如果我们从来就不使用这些回路，那些从未用过的脑细胞就会相继死亡。

> 如果在上幼儿园前，儿童的神经回路从未被刺激过，那么他们将失去自己曾经拥有的天赋。
>
> ——沙伦·贝格利《儿童的大脑》

神经发生

长久以来，专家们相信，大脑并不会创造新的神经元。的确，大脑内部绝大多数的神经元，早在我们出生时，就已经存在了。但是，科学家们发现，新的神经元会在海马体产生，而海马体是与学习和记忆息息相关的。普林斯顿大学心理学家伊丽莎白·古尔德的研究表明，新的神经元甚至能在脑新皮质中产生，这一区域与语言功能及更高级功能紧密相关。

就神经发生而言，野外生存的鸟类，要比实验室里喂养的鸟类能产生更多的神经元；群居的老鼠，要比独居的老鼠能产生更多的神经元。复杂的环境会促进神经发生，而简单的环境会限制神经发生。

> 无论你是在读书，还是在与人交谈，你的这一经历都会引发大脑内部的生理变化。每次邂逅，你的大脑都会发生变化，而且有些变化是永久性的。想一想，这有多么神奇。
>
> ——乔治·约翰逊《记忆宫殿》

神经可塑性

人们认为大脑是“可塑的”，这是因为，它会对生活经历做出响应，它会修改自己的结构，调整自己的功能。例如，学习玩杂耍会扩大大脑皮层。伦敦的一些出租车司机，能够掌握熟练的“寻路技巧”（他们能够在每条大街小巷里熟练穿行）。分析结果表明，他们大脑内部跟记忆有关的区域发生了变化。尽管这些变化都发生在一定限度内，但是，大脑的适应性的确很强。有些儿童因患有难以治愈的癫痫而被切除了某个大脑半球，但是，他们仍然能依靠一个大脑半球，过正常的生活。曾经有过这样一个略微恐怖的实验，在一些青蛙身上移植上第三只眼，尽管这只眼的功能并不是先天赋予大脑的，但最终，这些青蛙学会了如何使用这只眼。在必要情况下，大脑的某些区域会互相配合，产生新的功能。

大脑的化学溶液

整个大脑浸没在由性激素、应激激素、神经递质、神经肽等物质组成的混合溶液中，这一混合物不断发生变化。通过神奇的“魔力”（当然，并非真正的魔力，但目前还没有科学解释），我们的生活经历会转化为记忆，而我们的感觉会转化为信使蛋白——坎迪斯·珀特博士将其称为“情绪分子”。我们的每次生活经历，从早上冲咖啡，到怀抱新生婴儿，都会在大脑内引发共鸣，产生大脑内或体内一连串的反应。

> 大脑始终都是一个动态的结构，一生中的每年、每天甚至每刻，它都在不断变化着。
>
> ——医学博士理查德·雷斯塔克《大脑的奥秘》

终身学习

如果人的一生中，任何时刻都能发生任何一种神经连接，该有多好。但可惜的是，这并不是大脑的运作模式。在大脑的发育过程中，有一些稍纵即逝的时机，也叫作“关键期”，神经连接必须在关键期内形成，如若不然，就会永远错失这一机会。视觉、语言、肌肉控制甚至逻辑推理的神经连接，都是这样形成的。例如，患有眼科疾病的婴儿，需要在其视觉神经回路形成之前，对其进行矫正。如果矫正得太晚——如斗鸡眼——孩子就会视力低下，即使眼睛仍然可以正常工作。同样，一名儿童四岁前，身体一直裹在石膏里无法活动，能够在拆掉石膏后学会走路，但如果不进行有意识的努力，仍然学不会走路。如果人在10~13岁后才开始学习第二语言，仍然可以讲得很流利，但是很难完美地把握口音。

> 人的大脑就像一个小小的盐池，能够导电，靠电流才能起作用。
>
> ——朱迪思·胡珀，迪克·特雷西《三磅重的宇宙》

尽管如此，在新的大脑成像技术的帮助下，学者们了解到，大脑在不断地成长，成长期要比先前认为的还要长。这改变了专家们对成年人行为等问题的看法。人的“管控功能”，如自我控制、提前计划、合理决策等，是不可能在大脑完全发育前获取的，只有在 25 岁或之后，才能形成这些功能。

> 大脑是最后一个，也是最重要的一个待开发的生理研究领域，它是我们在宇宙中发现的最复杂的事物。它有数以亿计的细胞，这些细胞通过万亿多的神经互相连接。大脑的复杂程度超乎想象。
>
> ——詹姆斯·D. 沃森，援引桑德拉·阿克曼所著的《探索大脑》

幸运的是，一个健康的大脑具备超强的学习能力，能够响应我们一生中的所有的新鲜经历。这一点很重要，在后面第 10 章的“大脑健康”这一小节，我们会重新回到这一课题上。

大脑扫描技术

过去，人们通过尸体解剖，或者观察大脑受损（由创伤或疾病导致）的患者来进行大脑研究。随着日益复杂的大脑成像技术的发展，研究人员现在也可以观察健康大脑的活动。

EG® 合伙人，医学博士罗斯·朱迪斯做过一个形象的比喻。他说，我们所掌握的有关大脑的知识，就像站在月球上看到的地球。我们能看到山脉、火山、河流、雨林、高速公路，甚至密集的人口，但是却看不到具体的细节。下面是几种现有的大脑扫描技术。

EEG（脑电图技术）——1929 年首次启用，脑电图技术利用电极连接人的头皮，测量大脑内神经元产生冲动时所发出的电信号。虽然这项技术已有几十年的历史了，但在今天仍然十分有用。

CT（计算机断层扫描）——也叫作 CAT 扫描（计算机轴向断层扫描），于 20 世纪 70 年代开始采用。它利用扫描头围绕颅骨转动，并发射上千束 X 射线，从而得到大脑断层的剖面图像。

PET（正电子发射断层扫描）——同样兴起于 20 世纪 70 年代，它可以生成大脑活动的三维图像。这种技术，需要首先对患者注射放射性标记物（葡萄糖或某种药物），然后在兴奋神经元代谢这些标记物时，扫描患者的大脑得到图像。

MRI（磁共振成像）——20世纪80年代投入使用，磁共振成像技术，利用强磁场和射频脉冲得到三维计算机图像。MRI扫描对观察大脑结构是十分有效的，但并不适用于观察大脑活动。

fMRI（功能磁共振成像）——是MRI技术的另一个版本，兴起于20世纪90年代。fMRI技术会生成大脑活动的三维图像，不需要向患者注射放射性药物。它采用的造影剂是脱氧血红蛋白，这是大脑活动自发产生的副产物。这种扫描技术可以在人脑进行某些活动时，如视觉活动时，识别血流中造影剂的微弱变化。

DTI MRI（弥散张量成像核磁共振成像）——属于MRI的一种特殊形式，它利用水分的弥散，来记录大脑某些区域的结构。尤其适用于对大脑白质进行成像。

MRS（磁共振波谱分析）——20世纪90年代实现商业应用，MRS扫描将MRI扫描仪与专业软件结合起来，测量大脑内的生理、化学变化。

MEG（脑磁图技术）——这是一种现代技术，在本书成书前尚未广泛采用。它能够测量脑电活动产生的微弱磁场。这种高灵敏度扫描，能够记录非常短暂的神经活动。因为这些活动太短暂，所以MRI或PET根本无法记录。

人脑连接组计划——这是一项人脑研究的合作项目，于2013年启动。这一计划综合采用不同类型的成像技术，包括三种新型MRI技术（静息MRI、任务诱发MRI和结构性MRI）和一种新型的DTI MRI技术。利用这些先进技术创建大脑连续映射图，即脑连接组。

◆ 对病患的研究

通过观察罹患脑疾病或脑创伤的患者，研究人员们掌握了有关大脑的大量知识。其中一个例子是菲尼亚斯·盖奇，他是一名铁路工人。1848年，因一场爆炸事故，他的脑袋被一根铁棍穿透。那根铁棍从他面部进入，从头顶穿出。神奇的是，虽然铁棍仍留在他的头颅里，他依然活了下来。不过，此后他性情大变。事故发生前，他是个安静、兢兢业业的工人。事故发生后，他脾气乖戾，争强好斗，无法胜任自己的工作。这成为大脑解剖研究的一个转折点，因为这个案例表明，决定人格的关键与大脑额叶息息相关。

大约 20 年后，外科医生保罗・布罗卡，通过解剖生前失去语言能力的脑损伤患者，找到了大脑内部的语言中枢。这一区域，即布罗卡氏区，位于大脑额叶的左下位置。几乎与布罗卡同时，卡尔・韦尼克研究了中风患者。他感兴趣的，不是无法讲话的患者，而是不能准确表达的患者。有些患者表述语言不合语法，另一些患者，表达不出所想表达的准确词语。韦尼克找到了与语言功能相关的不同区域，我们将其称为韦尼克氏区。

布罗卡证实，左额叶受损患者的症状与右额叶受损患者不同。研究人员也认识到左侧大脑受损，会导致身体右侧的症状，而右侧大脑受损会影响左侧身体。直到盖奇事故发生一百年后，对大脑半球的研究才出现又一次重大飞跃。

◆ 裂脑研究

20 世纪 40 年代早期，威廉・冯・瓦格南进行了第一次“裂脑”手术，以减轻严重癫痫患者的痛苦，对这些患者而言，药物治疗等治疗手段根本不起作用。他推测，癫痫就像大脑内部的“雷暴”，切断胼胝体（连接两个大脑半球的神经纤维束），应该能够阻止癫痫发作。这些早期的手术并不是非常成功，因为只切断了一部分胼胝体。后来外科医生菲利普・沃格尔和约瑟夫・伯根进行了大量的实验，成功控制住了癫痫发作。

1981 年诺贝尔奖获得者、神经心理学家罗杰・斯佩里，与其同事迈克尔・伽扎尼加，对裂脑病人进行了后续实验。他们发现，当胼胝体被切断后，裂脑者拥有了两种独立的思维。患者能够行走、交谈、读书，也能进行体育运动。但遗憾的是，两个脑半球之间的沟通被完全切断，引发了或至少在短期内引发了某些奇怪的症状。一名患者试图用左手抓紧自己的妻子，却被自己的右手制止住了。另一名患者告诉医生，如果左手握住牙刷，他知道怎么用，但不知道这东西叫什么。不过，如果右手拿住牙刷，他会立即叫出“牙刷”这个名字。还有一名患者，当要求他写下自己最喜欢的工作时，每只手写出了不同的答案。他的左手给出的答案是他想当绘图员，而右手写下的答案是他想成为一名赛车手。这些患者简直就像拥有两种思维一样。

针对裂脑病人的实验，使研究获得了突破性进展。它揭示了，大脑是如何组织的，以及大脑的组织结构是如何影响我们的行为和思维的。当研究人员向病人右眼（左脑）展示一张勺子的图片时，患者可以说出“勺子”。当向他的左眼（右脑）展示同一张图片时，他却无法表达出自己看到的东西。不过，他能够用左手拿起勺子。这表明，他的左脑是语言型的，而右脑不是。

继续深入的实验，更加使人目眩神迷。当对病人右脑（左眼）下达“大笑”的书面命令时，病人能够笑出来。但是，因为右脑是非语言型的，所以他不能解释出自己为什么要笑。因此，当要求他解释自己为什么笑时，他会给出一个自己编造的理由。这说明左脑不过是在编造理由。

结合这些实验和其他实验，我们得到了一些深刻认识。这些研究成果表明，大脑的功能，要么是左侧半球实现的，要么是右侧半球实现的。举例而言，大部分人的语言网络和会话神经网络位于其左脑半球，警觉网络和面部识别网络，通常位于右脑半球。胼胝体将单侧性功能集成起来，因此我们会觉得大脑是一个统一的整体。

遗憾的是，大脑的偏侧性概念刚刚进入公众视野，就被误读了，人们误以为人们某一侧大脑比另一侧大脑用得多。甚至列举出一些特质属性，将这些特质属性归为某一侧大脑所导致的，就好像这些特质属性精确地位于大脑的某个位置一样。多年以来，人们总是假设自己拥有左脑人格或右脑人格。直到现代非介入成像技术的发明，使得人们可以对活脑活动进行映射。从此，这种过分简化研究结论的说法不再大行其道。新发明带来的研究成果，不仅可以证明斯佩里和伽扎尼加的早期研究，同时推进这项研究朝更加深入、更加复杂的方向前进。目前，我们可以使用仪器测量脑半球间通过胼胝体所进行的信息传输。伽扎尼加曾经指出，左脑半球是“创新型和解释型的”，而右脑半球是“写实型和平实型的”，这一观点得到了证实（见图 2-2）。

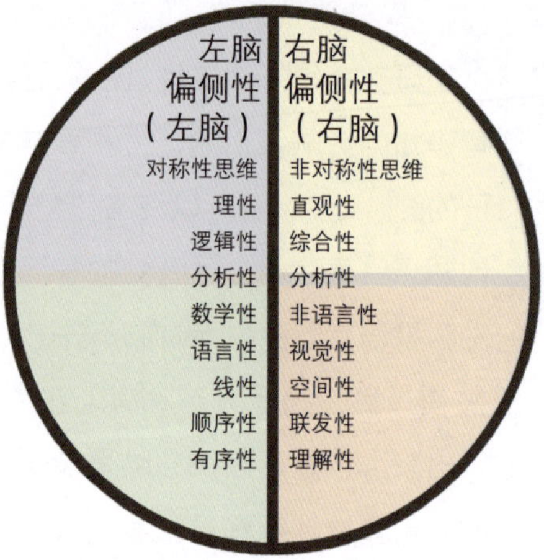

图 2-2

轻微的脑半球差异被大众报刊断章取义，变成通俗易懂但又以偏概全的歪理邪说，用来解释所有问题，小到棒球击打成功率，大到社会经济学课堂。

——约翰·皮内尔《生物心理学》

裂脑实验对我们的启示

我们能从裂脑实验中学习到什么？诺贝尔奖机构网站给出这样的回答：

“这些研究表明，左、右脑半球分别擅长不同的任务，左脑一般擅长处理分析性或语言性任务，左脑语言功能比右脑更强大，而右脑更擅长空间感知任务或欣赏音乐等。当我们思考怎么从公交车站回到家中时，右脑半球就会执行功能。右脑半球仅仅能发出基本的单词和短语，但会对语言附加情感环境。举例而言，缺少右脑半球的帮助，你能够读出‘猪’这个字，却想不出来这是什么。”

工欲善其事，必先利其器：EG®调查问卷

奈德·赫曼大概是第一个推广大脑四象限模型的人，他用这一模型形象地解

释了斯佩里的裂脑理论。20 世纪 70 年代晚期，他在通用电气工作期间，构建了这一模型。他的模型引入了半球偏侧化概念，用于员工培训和开发。赫尔曼将这四个象限命名为左上脑皮层、左下脑边缘、右上脑皮层和右下脑边缘。

看了赫曼的模型，并结合其他人的模型，我认为，这些模型仍然有改进的空间。20 世纪 80 年代，人们提出一种假设，认为右脑思考者都是性格外向者，而左脑思考者都是性格内向者，但是我却发现了很多内向的右脑思考者和外向的左脑思考者。20 世纪七八十年代，兴起了很多心理测验，其中包括社交类型测试和迈尔斯・布里格斯类型指标测试。这些测试均不能将行为过程和思维过程区分开。我坚信，我和我的同事温德尔・威廉姆斯（当时正在攻读应用心理学博士学位）可以做得更好。

我们看了上百种测试或测试工具，发现这些测试要么太简单，要么太复杂，要么太强调思维方式，要么太强调行为……很多测试无法将思维方式从行为中区分出来。另外，他们没有及时对总体样本进行更新排序（详见第 5 章）。我们设计了一个灵活的测试，通过测试所得到的结果，能够按照性别对大样本进行标准化。我们编写了一份调查问卷，我们认为，这些问题可以判断思考和行为类型。开始我们以为，这会是一个六象限大脑思维模型。在我们收集完数据，并对数据进行统计分析后，我们发现四象限思维模型仍然成立，但并没有对应所预期的行为。我们最后决定，在四象限思考模型上，再加上三种不同的行为模式。然后开始探索，行为特质是如何与思维特质交织在一起的。

有趣的是，世界上很多对人进行分析测量的模型，都不约而同采用了四类的划分。

希波克拉底的“四体液”学说（公元前四世纪）：乐观型（血液）、抑郁型（黑胆）、急躁型（胆液）、镇定型（黏液）。

柏拉图的性格学说（公元前 340 年）：艺术型、理智型、直觉型、推理型。

亚里士多德的幸福的四种来源（公元前 325 年）：肉欲、物欲、德性、逻辑性。

伽林的四气质学说（公元前 190 年）：多血质、抑郁质、胆汁质、黏液质。

帕拉塞尔苏斯的四类型（1550 年）：易变型（火蜥蜴）、勤勉型（地精）、灵感型（水仙）、好奇型（气仙）。

德瑞克斯/阿德勒的四种错误目标（1912年）：报复、无私服务、渴望被认同、渴望权力。

弗洛姆的性格四取向（1947年）：剥削型、囤积型、接受型、市场型。

迈尔斯的荣格型（1958年）：SP型（感觉感知型）、SJ型（感觉判断型）、NF型（直觉情感型）、NT型（直觉思考型）。

赫曼（1982年）：左上脑皮层、左下脑边缘、右上脑皮层和右下脑边缘。

上面介绍的大多数例子，都将思维类型和行为类型融合为一类。而EG®分析报告采用不同的方式描绘特征。我们所进行的大量心理测量研究表明，人们远比四种类型描述的要复杂，因此在我们1991年所发表的第一个EG®分析报告调查问卷中，我们对思维和行为进行独立测量。经过25年来连续的研究，我们计算出不同思维特质与行为特质组合的百分比。例如，当研究蓝脑（分析性）思维特质和表达特质的关系时，我们发现拥有较强蓝脑（分析性）思维特质的人，27.3%处于表达特质第一区，33.1%处于表达特质第二区，39.5%处于表达特质第三区（数据有四舍五入）。由此可见，我们不能将思维偏好与行为偏好混为一谈。（想了解其他特质的关系，可通过www.emergenetics.com查阅EG®技术报告。）

我们在研究EG®模型的同时，人们对先天因素与后天因素的争论甚嚣尘上。每个家长都知道“一龙生九子，九子各不同”的道理。有些婴儿爱睡觉，有些则爱发脾气，有些婴儿活泼好动，有些则很安静。几十年来，杰出的社会学家，如巴甫洛夫、斯金纳等，一直致力于研究环境影响是如何塑造人格的。但是，随着DNA研究所取得的进步，人们更加看重遗传因素对人格塑造的作用。起初，人们认为，从一生下开始，人的思维模式就受到遗传因素决定，而人的行为则受到后天环境的影响。但是，“二战”期间，学者们研究了不同环境中长大的双胞胎，取得了一些令人瞩目的成果。这些成果表明，行为模式更大程度上是由先天决定的，超乎我们所料。这些研究成果，催生了一门研究行为和学习的新学科——环境与遗传行为学，这个术语是由学者大卫·林肯最早提出的。环境与遗传行为学主张，人类都以自己偏好的方式处理信息。我们会先天地继承祖先的遗传特性，如某些疾病、体型和面部特征。同样，根据我们的遗传编码，根据自身的遗传密码，我们也趋向于以一种特定的模式思考、处理信息。温德尔和我决定，将先天遗传因素与后天环境因素的这种组合叫作 EG®（Emergenetics® 的缩写）——字面意思就是由个人基因蓝图所造就的思维模式和行为模式。

> 大体而言，人类大脑就像嵌入了神经系统的复杂网络，但是没有人知道它的工作原理。
>
> ——迈克尔·伽扎尼加博士《思维的历史》

◆ EG® 调查问卷

我们的第一个 EG® 调查问卷共包含 200 个问题。有些测试会让你回答一些“必答”问题，如选择自己属于性格内向者还是性格外向者。EG® 测试没有必答问题，它不会强迫你否认自己的性格。

我们第一次共组织了 500 人填写 EG® 问卷。分析完结果后，我们确定共有四种不同的思维特质（蓝脑——分析性，绿脑——结构性，红脑——人际性，黄脑——概念性）和三种行为特质（表达特质、坚定特质和变通特质）。此外，我们发现，思维特质与行为特质间几乎是相互独立的。也就是说，一个人既可以处于表达特质第一区（如一个有感染力的演说者），同时红脑（人际性）特质又很低（不亲切，不随和）；一个人可以既拥有很强的坚定特质（必须顺着他的意思），同时蓝脑（分析性）特质又不高（不理智）。我们发现，任意一种思维偏好的人，都能拥有很强的创造力，并不仅局限于黄脑（概念性）思维模式。任何一种行为偏好的人，都可以成为优秀领导者，并非仅限于坚定特质分值极高的人。利用四种思考特质和三种行为特质，我们最终可以构建人们的 EG® 分析报告。不仅如此，人们据此可以迅速洞察自我，省去了那些晦涩的心理学术语。

我们的第二次测试，共招募了 1 000 人，调查问题也精简到了 100 个。进行了细微调整后，我们又测试了 1 000 名男性和 1 000 名女性。此时，我们才发现，男人和女人的思考方式的确不同。于是，我们为测试设计了一个性别基准，这个基准一直用到 2015 年。此时我们发现，这一基准与现有的数据不再吻合，因此我们又设计了一个全球基准。根据最新的数据集，男性与女性的倾向一直都在变化，其相关性与 1991 年我们第一次发布 EG® 时的情形大有不同。例如，男性的人际性倾向有所增加，而女性则更倾向于坚定特质第三区。

我们继续收集数据。我们对来自各行各业的 10 000 名个体进行了测试。其中包括卡车司机、少年联盟志愿者、首席执行官、内科医生、农民等，各行各业，应有尽有。截至本书成书前，全世界超过 75 万人做了 EG® 测试。这些数据的获取可以帮助我们构建人口基准和全球基准。最后，我们不仅在数据库中收录了大量的 EG® 分析报告，更重要的是，我们每两年就会对分析报告随机抽样，然后对测试重新设定基准，持续针对全球人口更新数据。这样，EG® 分析就是一个尽可能可靠的心理测量工具。

◆ 解密人类行为

EG® 为我们提供了一个洞察自我的平台。它将我们的思维和行为划分到七种倾向中，这七种倾向协调配合，从而形成了我们各自的不同选择。

为了理解其工作原理，举个关于幽默感的例子。很难说某种特定的思维类型更具幽默感。EG® 分析报告中任何一种特质都以各自的方式欣赏幽默。乔恩·斯图尔特喜欢揶揄，他的幽默富含智慧；罗宾·威廉姆斯癫狂不羁；艾伦·德杰尼勒斯叙事娓娓道来；杰瑞·宋飞能精妙把握日常生活的诙谐之处。每位谐星风格完全不同，或许你最喜欢其中的某一位。我们之所以觉得某个谐星风趣幽默，是因为他的幽默类型，与我们理解幽默的方式是一致的。

如果你的朋友认为某个谐星非常幽默，而你却觉得他平平无奇，他会觉得很失望，甚至觉得你缺乏幽默感。事实上，你也有幽默感，只不过不同于他。EG® 将会帮你理解，为什么你俩对幽默的理解不一样，以及为什么会有其他的不同？

第3章

英雄所见未必相同

EG® 的四种思维特质

我可以肯定，除了其他偏好外，爱因斯坦有很强的黄脑思维倾向。我真希望能给他一套 ED 问卷，让他填一填。因为没有他的答案，所以我不能确定他的大脑是如何工作的，但我知道爱因斯坦的思维极具跳跃性，他曾宣称："我的所有发现没有一个是通过理性思维完成的。"

马丁·路德·金的大脑也一定有很强的黄脑思维特质，因为他曾向全世界说过："我有一个梦想……"

显而易见，有些智者也从理性思维中获益良多。例如，格里格·孟德尔经过多年艰苦的观察，或许就是利用蓝脑思维发现了遗传规律。

我猜测巴赫就是利用了绿脑思维谱写出了他的赋格曲，艾森豪威尔同样利用了绿脑思维策划了诺曼底登陆——就此扭转了"二战"的局势。

奥普拉·温弗瑞则深刻挖掘了自身的红脑思维特质。或许她其他的思维特质也很强大，但是她更倾向于自己的红脑思维。

> 最令人惊叹的是，仅仅1.4千克重的大脑，与天下万物一样，都是由原子组成的，却能引导我们实现一切创举：从完成登月梦想到打出70次本垒打，从创作出《哈姆雷特》到兴建泰姬陵——甚至破解大脑本身的奥秘。
>
> ——乔尔·哈夫曼《颠簸的人生》

每个人都拥有四种不同程度的思维特质，没有哪个人仅仅使用一种思维特质进行思考。如果有人仅仅使用一种思维特质去思考，那么，我们所要做的仅仅是确定他的这种思维模式，从而进行全无理解偏差的沟通。但是，人们没有那么简单。我们的各种思维特质相互重叠，交织在一起，有时又不是那么显而易见。这就是我们人类如此非凡的原因，也是人之为人的原因。

个人的偏好特质决定了各自独特的人格。有些人仅对某一种思维特质有很强的偏好或倾向，这种人我们称为单元偏好。二元偏好的人对某两种思维特质有很强的偏好。三元偏好的人对某三种特质有很强的偏好，而四元偏好的人对这四种特质拥有同等程度的偏好。第 5 章将会介绍不同类型的思维特质构成，以及它们的寻常与不寻常之处。但首先在本章，你将学习到四种 EG® 思维特质。

蓝脑思维（分析性思维）

除了上天……其他人都得带数据来

蓝脑思维善于将理性思考与抽象观念结合起来。

当人的蓝脑思维被激发出来后，这种思维会持续到问题解决。在会议上或学习场景中，具有很强蓝脑思维的人，往往会让不擅长蓝脑思维的人抓狂，因为他们总是不停地向发言者提问题，问“为什么”或“怎么做”，还经常说：“给我证明一下。”

蓝脑思考的关键问题是什么

蓝脑思维者会问：“相关调查在哪里可以找到？”我们大脑的蓝脑部分会立刻开始查证。

什么是蓝脑思维

蓝脑思维是一种逻辑性和客观性思维。偏好蓝脑思维的人喜欢数学、理科、工科，另外还喜欢金融等学科。他们会进行缜密的思考，喜欢遵从逻辑顺序进行推理演绎。他们会将结论建立在事实之上，而不是猜测的基础之上，有着天生的怀疑态度，会收集数据、证据，然后加以证明。他们熟悉统计数据和技术资料，能将细节与抽象观念结合起来。如果给蓝脑特质强的人一部掌上电脑，他们会找出上百种方法满足自己的个人需要，充分利用它的各种功能，有时会想出一些很新奇但又很管用的方法。

尼克是个有着极强蓝脑特质的人。他参加了我在一座豪华酒店举办的研讨班。“我的家人总是抱怨我从来不跟他们说我爱他们，”他对我说，“上了你的课，我很受启发，我决定改变自己，现在就开始。我要去礼品店买几张明信片，送给我所有孩子和孙子、孙女。我要在明信片上告诉他们我爱他们。你知道哪里有复印机吗？”

蓝脑思维的优势

蓝脑神经通路偏好于理性思考，搜求清晰明确的解决方案。蓝脑特质强的人，喜欢高屋建瓴，乐于寻求能与数据相容的一套方案。这些人具备批判性思考能力，因为他们会注意到不一致的地方，并且能够识别出无效方法中的故障之处。

蓝脑如何解决问题

蓝脑方法是基于理论推理而得到的，并非源自空想。科学工作方法——通过细心观察，运用数据，结合创新性的假设——就是蓝脑思维的一个重要例证。

> 生活中没有什么值得害怕的东西，只有需要理解的东西。
>
> ——居里夫人

蓝脑的学习方法

我们的蓝脑部分通过理性分析进行学习。它注重学习效率，如果能提前接触学习材料，蓝脑就能得到更多的学习机会，得到更多收获。如果你的学生是蓝脑特质多的人，你需要提前准备好一些关键的问题，并确保你能圆满答复这些问题。如果你在跟他们讨论一些他们知之甚少的有趣话题，蓝脑偏好的人会将你视作专家——前提是你必须无懈可击。如果被他们抓到你的漏洞，那你最好收拾行李赶紧回家。

蓝脑思维的盲点

蓝脑特质多的人，做事时头脑清晰，可能会理性到让人觉得不近人情、漠不关心。事实上，他们可能也很在意，但是他们不会让自己的感情影响自己的思维过程。从各个角度思考问题，就是他们表达自己关心的方式。“没有必要，又何必呢？”偏好蓝脑思维的人可能有些令人生畏，甚至动辄批评他人。有时他们仅仅是尝试深入理解某个话题，却常被认为态度消极，吹毛求疵。

你是不是这样的人

以下陈述表现了蓝脑特质：

我喜欢学习新技术。

我的大部分决策是建立在严密分析基础上的。

我喜欢在课前、演讲前或会议前读一些相关材料。

罗杰属于单元蓝脑偏好。我曾举办过一个为期三天的研讨班，参加者都是飞机制造工程师。研讨班的第一天，罗杰就问我：“随着年龄的增长，大脑会发生什么变化？”我告诉他，随着年龄的增长，衰老的大脑会变得更好，进一步地，我引用了几篇耶鲁大学学者的几篇老年医学研究论文，然后罗杰就没有继续提问。

研讨班的第三天，罗杰举起手来想提问，我示意他发言，但我把他的名字叫成了“安德鲁”——另一名学员。学员们立刻提醒了我，我笑了笑，对他说：“真对不起，罗杰。我的记忆力不如以前了。”

这时，有 8 个蓝脑特质很强的人立即跳了起来，异口同声地喊道：“第一天，你不是说人越老，大脑会越好吗？”

我的这个小错，在他们眼里有多大分量呢？

在研讨班的最后，学员们填了反馈表。表中有一项叫作“讲师能透彻地讲授相应知识”，这一项总分是 7 分，我的平均得分是 5 分。这些工程师很喜欢我的研讨班，也都想好了以后在工作中如何应用 EG® 理念。但他们不想让自己的一腔热情，影响对我工作表现的评价。错误就是错误，我必须为此承担后果。会后一位工程师走到我跟前，用一种单调、平淡的语气跟我说："非常感谢，参加你的培训班是我一生中最重要的大事。"我知道，这句话出自一名蓝脑思维者，代表着极高的赞誉。可他在反馈表上仅仅给我打了 4 分，对他而言，这个分数已经算是最完美的评价了。

蓝脑思维

蓝脑思考的关键问题是：为什么？哪里有相关研究？

蓝脑思维的特点是：逻辑性、简洁、抽象型、定量分析。

蓝脑思维的学习方法是：理性分析。

蓝脑思维者喜欢：依靠理性解决问题，设计出包含必要细节的解决方案。

典型蓝脑思维者的盲点是：摒弃感情因素。

绿脑思维（结构性思维）

我当然看起来不忙，因为我一下子就做对了

绿脑思维善于将顺序思维与实际操作结合起来。

倾向于绿脑思维的人会把握事物的全部细节，他们以心思细密而著称。他们会从头想到尾，不会落下中间任何环节。绿脑思维者明白各个环节的结果是相互关联的，因此，典型的绿脑思维者对新方法有所抵触，除非新的方法被证明技高一筹。如果你要求自己的绿脑去重复某个过程，它会毫无瑕疵地重复一遍又一遍。

克里斯有三个兄弟姐妹，有一次，他跟我说："几乎每个圣诞节，我的袜子里都会有一个信封，里面有一些钱，而且都不是整数，像 17 美元 23 美分，每年都不一样。有几年没有钱。长大后，我终于找机会问我妈这是怎么一回事。她跟我解释，每年平安夜，她都会分别计算出为每个孩子买圣诞礼物花费的钱，找出花得最多的那个，然后补足其他孩子与最高花销的差额。"

绿脑思考的关键问题是什么

绿脑思维者会问："怎么才能付诸实际操作？"他们致力于寻求可行的解决方案。

什么是绿脑思维

绿脑思维是一种务实的、可靠的思维模式。偏好于绿脑思维的人熟悉常识、常理。绿脑神经通路善于比较，寻求事物间的联系，会将问题的各个方面综合起来，从混乱中创建秩序。大脑的这个部分善于精准把握事物，喜欢处理细致的任务。

绿脑特质强的人喜欢服从指导方针、具体安排、程序和条款，他们尊重并理解规则和规章制度。他们倾向于以任务为导向，能按时完成任务，喜欢按部就班。绿脑思维是一种条理性、秩序性的思维。这种思维虽然是可预测的，但是往往会对新观点、新观念持谨慎态度。如果给典型的绿脑偏好者某个产品，他会完全依照产品用途、使用说明来使用这件产品。他们会觉得，既然一种方法或手段屡试不爽，而且行之有效，为什么要尝试新的呢。

绿脑思维的优势

如果要进行实验分析，绿脑思维是唯一可行的思维模式。我们并不需要一个戏剧专业的学生，反复检查自己的活检报告。同样，如果需要一份真正可靠的方案，那就把这个任务交给一个绿脑特质强的人。他将会立足于实际，牢牢记住所有重要细节，并能提出一个切实可行的工作方案，使其能按时解决你的问题。

绿脑如何解决问题

绿脑会进行顺序思考，想出细致的、条理的方法，而其他思维偏好的人，会觉得这种方法太过冗长乏味。绿脑思维者喜欢那种"烹饪指南"式的方法——每个步骤均已安排妥当，只需按部就班。

绿脑的学习方法

大脑的绿脑部分善于边做边学。绿脑特质强的人都是实践型学习者，他们喜欢亲力亲为，并从中学习。如果你的学生是一个倾向于绿脑思维的人，你需要提供大量详细的资料，并且不要偏离现有主题。

绿脑思维的盲点

绿脑思维是一种遵循传统、保守的思维模式，缺乏冒险精神。绿脑偏好的人做事喜欢遵从“屡试不爽”的方法，会坚持“按照惯例”做事情。这往往会惹恼那些热爱空想或喜欢走捷径的人。绿脑思维者相信，某些任务他们比其他人做得更好，更彻底，所以他们不会把这些任务交付给他人。

你是不是这样的人

以下陈述表现了绿脑特质：

我喜欢有很多规则和规章的工作。

我喜欢听别人详细而具体的讲解。

我喜欢为实现某个目标，安排任务计划。

每当我在节日期间举行研讨班时，我总是把最强思维偏好相同的人分到同一组，然后要求他们准备一个完美的节日聚会。每次聚会都很精彩，而且别出心裁，我也习以为常了。通过聚会，我了解了一些关于绿脑思维者的、稀奇古怪的案例，这些案例大都跟讲述者的母亲有关。

芭菲的母亲具有单元绿脑偏好。芭菲告诉她的组员，她的母亲总会制订一个详细到最后一秒的感恩节计划。有一年，在她计划好的最后一刻，她起身去清理餐桌。而这时，全家人正聊到兴头上，于是求她先不要收拾餐具。

“我妈愉快地答应了，”芭菲接着说，“然后进了厨房，几秒钟后又回来了，跟大家一起聊。15 分钟后，烤炉的定时器突然响了起来，这是我妈偷偷定的时间。我们的聊天就这样被打断了。虽然很吃惊，我们还是走到厨房，开始清洗碗碟。”

“我妈也是这样的人！”约翰——一个乐观的佐治亚人——插话道。“我妈从 9 月就准备好了感恩节的饭桌。”

“9 月就准备好了？”我不禁叫起来，甚至有点不敢相信，“就不怕上面落下灰尘吗？”

“灰尘？”约翰慢吞吞地说，“我妈那样的人，怎么可能让灰尘存在。”

> 重复的行为造就了我们；因此，卓越不是一种举动，而是一种习惯。
>
> ——亚里士多德（出处不详）

我最初的职业是名小学教师，当时的校长——福柯女士，就是绿脑偏好者的典型代表。她的绿脑倾向非常严重，这种思维完全影响了她看待世界的方式。一年夏天，她陪自己的侄子去了迪士尼乐园。我们所有老师都无法想象，她会去那样的场所。她一回来，我们就忍不住问她对那里的印象。我是第一个问的：“校长，这次旅行你觉得怎么样？你最喜欢迪士尼乐园的哪个方面？彩灯、音乐、服务人员、摩天轮、娱乐设施，还有米老鼠，你到底喜欢哪一样？”

“都不是，我最喜欢那里的路线。你应该去看看，那里的路线是怎么设计的，它们被设计成曲线。虽然那里的人很多，但是整个体系平稳运转。这是我见过的，规划得最合理的地方。当然，那里也很干净。”

在我所有的领导中，福柯女士教会了我很多技巧。例如，如何协调组织，如何构建合理秩序，如何管理时间，如何思考得更细致、条理。她的桌上从不会放第二张纸，这样她才能将全部注意力集中于当下的任务。手头的事情没完成，她绝对不会着手做另一件杂事。如果她正做某件事，中途被打断了，等处理打断她的事情后，她会接着处理之前没有完成的事情。她说话明白无误，用词准确。每天下班前，她都会把办公桌清理干净，把所有物品放到中间抽屉里，这样，第二天她就能在整洁利落的桌子上办公。她认为：“干净的空间是思想清澈的象征。”

纵观历史，时间管理规则，银行金融系统等的设计、运作都是基于这种思维。很大程度上，学校和其他一些组织也是如此。绿脑思维是工业时代最受欢迎的思维方式。如今，我们也拥有其他方式管理信息，但是，绿脑思维仍然是“良好秩序”的关键思维方式。

每当生活陷入一团乱麻的时候，我就会问自己：“福柯会怎么办？她会怎么解决？她会从哪儿开始呢？”这时，一个声音就会在我的大脑里响起：“先从一个整洁的环境开始，它会清除掉你的杂念。”

绿脑思维

绿脑思考的关键问题是：怎么才能付诸实践?

绿脑思维的特点是：遵循传统、保守、周密、务实。

绿脑思维的学习方法是：边做边学。

绿脑思维者喜欢：遵循规程，设计可行的解决方案。

典型绿脑思维者的盲点是：缺乏想象力。

◆ 蓝脑思维与绿脑思维的不同之处

要理解蓝脑思维与绿脑思维的不同，首先必须明白抽象思维与具体思维的区别。蓝脑思维属于抽象思维。蓝脑特质强的人有想法、有主意，但并不是总能知道，或未必能够明白将想法、主意加以实现的具体细节。一般而言，偏好绿脑思维的人，做事前可能并不能把握事物的全景。相反，他们喜欢采用其他人的总体想法，并将其实现。举例来说，蓝脑思维者想知道具体的账户余额是多少，并认为收支平衡非常重要，但他不关心如何才能做到收支平衡。绿脑思维者则既想知道自己的账户余额，同时又会依靠自己，去弄明白自己的收支情况。

沃尔特是一名首席财务官，他告诉我，他和他的妻子珍妮佛，是如何实现自己的收支平衡的。他们两人管理财务的过程，就能说明蓝脑思维和绿脑思维的区别。沃尔特是名注册会计师，热衷于设计财务程序。他把设计好的程序流程交给珍妮佛，珍妮佛负责计算收支数据，并保证每月收支相抵。每当计算完各种数据，并发现这一月的账户收支平衡，她都会松下一口气。我拿到了沃尔特设计的流程，具体如下。

银行对账及财务分析流程

1. 詹妮弗必须做好每个银行账户及现金管理账户的结算工作：不是简单地进行银行账户和账簿的对账，也不是简单地进行账簿和银行账户的对账，而是在保证账簿“正确”及银行账户“正确”的前提下，当两项“正确”值相等时，方可进行对账。

2. 在支票簿条目列支时，将“银行账户调整正确”部分做适当调整，进行对账（如服务费、分红、利息等）。

3. 梳理总结全部现金账户，计算出总的现金比例（在任一已有对账记录的银行对账单上进行此操作）。

此总现金头寸将与“黑皮书”月底现金头寸进行对比（具体详见下述的步骤6到步骤9）。

4. 使用12栏分类账簿：栏1为收入，栏2～栏11为费用支出类别，栏12为月初及月末的“现金科目”（在步骤3和步骤6已强调）。

5. 将每张支票（及从自动取款机取出的现金）附于适当的费用支出栏（如食品、车辆相关、服装、娱乐、出资、税费等）。

通常来讲，第一栏（最左边）为工资收入、利息收入/分红收入（见栏4）。

6. 对每栏进行合计及交叉合计操作，在右下角可计算得出月底现金头寸。

7. 将步骤1的“正确值”与账簿右下方数字（步骤6）对比。

8. 如果步骤5和步骤6的数值相等，则成功（另一个月可视为已完成）。

9. 如果步骤5和步骤6的数值不相等，则需重复步骤1至步骤6，直至找出问题并改正。

10. 注意：步骤5中的详情及金额栏总计，为编制预算/设定目标的基础。

红脑思维（人际性思维）

我一眼就看穿了我身边的人

红脑思维善于将直觉思维与关爱他人结合起来。

形容红脑思维的另一个词是“亲切”。习惯红脑思维的人，感情丰富，这或许也是一种负担。偏好红脑思维的人可能理解其他人（如典型黄脑思维者）无法理解的东西，他们觉得自己很难向其他人解释自己认为“理所当然”的事情。红脑的洞察力与其他类型思维特质相比，同样弥足珍贵，但是他们很难将自己的深刻领悟，解释给绿脑世界或蓝脑世界的人。极端的红脑偏好者，常常会觉得自己不如偏好其他特质的人聪明，或者从没有人夸过他们聪明。直到现在，几乎都没有老师或教育机构重视红脑性教育理念。幸运的是，情况在逐渐改变。

玛格丽特是某个大型企业的中层经理。每当有人在会上咨询她的看法时，她总会告诉他们，自己的感觉是什么，然后说："数据将会支持我的观点。"

红脑思考的关键问题是什么

红脑思考者会问："还有谁喜欢这个？"人们常常有这样的误解，每个红脑偏好者都活力四射，性格外向，周围总是围着一群朋友。有些红脑偏好者确实如此，但是也有安静的红脑偏好者，他们可能只会跟某一个朋友分享自己的经历。红脑特质只是一种思维特质，而行为特质决定了你到底愿意和多少人分享你的经历。

什么是红脑思维

红脑思维精通交际，通过直觉感受和理解他人。红脑思维的人喜欢设身处地，喜欢融入感。因为他们非常敏感，所以其他人会觉得他们感情太丰富，或者有些婆婆妈妈。我们大脑的红脑部分富含同情心。红脑思维的人富有团队精神，总是希望别人能快乐、幸福。红脑偏好者乐于成人之美，愿意倾听别人，会对所有方案一视同仁。他们也会融入自我的情感中，懂得自我反省，也有自知之明。红脑偏好者会将自己与事情或想法联系起来，通过传闻或私人关系获取信息。红脑思维的人对环境的改变非常敏感。如果要求红脑倾向的人清理一下自己的办公室，很可能，他不会丢掉任何东西。他会觉得这些需要清理的东西有一半属于情感依托，舍不得丢；另一半没准哪一天还能派上用场。

红脑思维的优势

红脑偏好者很在意他人的福祉——他人的自尊心、他人的感受，以及他人的成长。红脑偏好者懂得，如何帮助不同类型的人相互交流。

红脑如何解决问题

红脑思维者解决问题的方式，与蓝脑思维或绿脑思维完全不同，但是它更擅长利用最关键的资源——人。红脑偏好者，会首先征询他人的建议。他们可能会靠自己的直觉、本能引导自己的选择。

> 总是审视别人的话，你就腾不出时间去爱他们了。
>
> ——特蕾莎修女

肠脑

现在，科学家们知道，人其实有两个大脑，一个在头部，另一个位于肠道。肠脑，即肠道神经系统，跟头部的大脑不一样，只能通过显微镜才能观测到，它对人类的情感或情绪意义重大，可能是直觉的第一来源。

肠脑位于食管、胃脏、小肠与结肠内层组织中。与颅脑相同，肠脑中也有神经元和神经递质，它们会来回传递信息。肠脑也会学习，存储记忆，与颅脑是独立工作的，但两者之间也存在信息沟通和交换。

在肠脑中，几乎可以发现所有颅脑赖以运转和控制的物质。肠道神经系统的神经细胞，会产生超过30种神经递质，并能响应这些神经递质。直到现在，人们才相信，肠道肌肉与神经是直接受大脑控制的。而且，肠道神经系统有超过一亿个神经元，比脊髓的神经元还要多。如今，学者们相信，大脑会给一组“命令神经元”发送信号，这些神经元，会将信息广播给肠道的所有神经元。而命令神经元和中间神经元遍布于肠道组织中，这些肠道组织叫作肠肌丛或黏膜下神经丛。

每个人都有一个肠道神经系统，但有些人比别人更依赖“肠脑本能”。加布里埃尔是一所大型院校基金会的市场总监，她的红脑特质非常多。她有很多机会去私营部门施展拳脚。有一天，一家公司给她提供了一个岗位。她觉得在大学工作得比较压抑，这个新岗位又很有吸引力。但她又下不了决心，最后向我征求意见。我建议她先安安静静地想一个小时，如果还拿不定主意，就抛硬币决定。

抛硬币决定，可能听起来有些轻率，但我向你保证，这个办法很管用。自从雪莉·曼宁向我推荐这个方法以后，我便经常使用这个方法。雪莉·曼宁是一名运筹学博士，她撰写了一部400页的毕业论文，探讨决策过程。雪莉告诉我：“我知道所有的决定，最终都会归结为‘做’或‘不做’，如果我通过抛硬币来决定，我的内心直觉会告诉我正确的答案。”

加布里埃尔想了一个小时，仍然举棋不定，所以她拿出了一枚硬币。她决定如果正面朝上，她就换工作；反面朝上，她就留在现在的部门。第二天，她告诉我，她的硬币正面朝上。

“恭喜你换了新的工作。”我跟她说。

“哎，别提了，”她回答，“当我发现正面朝上的时候，我觉得有点不舒服。我照了照镜子，发现自己脸色苍白，然后我觉得，我需要再好好想想，然后，我就呕吐了。”

当发现硬币正面朝上时，加布里埃尔的肠脑直觉，战胜了大脑的想法。她意识到自己并非觉得工作压抑，只是厌烦自己的领导。她想留在公立机构，并且设法转变工作心态。几年后，她仍然待在那个基金会，而且成绩斐然。她会告诉你，倾听内心直觉，是她所做的最好的决定。

红脑的学习方法

红脑偏好者是经验型学习者，他们喜欢与他人建立融洽和谐的关系。因为他们比较依赖别人的观点，所以，与他们共同进行研究工作，倒也相安无事，只需要给他们提供结果就可以了。如果你的学生是个红脑偏好者，你一定要与他进行互动，否则，他的注意力会趁你不注意时转移到他处。

红脑思维的盲点

当红脑觉得自己没有亲自参与到某件事的时候，它的注意力就不会集中，很容易转移到别的地方。极度偏好红脑的人可能会对某件事过度关心，这会使其他所有人都很抓狂，因为没有人像他们那样，如此关切。

你是不是这样的人

以下陈述表现了红脑特质：

我喜欢尊重每个我所遇到的人。

我非常在意我的合作者、同事和客户。

我熟悉周围人的内心感受。

我靠直觉就能知道解决方案，但是，我又不得不提出额外的观点，让人知道我下了足够多的功夫。我的工作就是思考。

——简·雷恩沃特，图文设计专家

兰迪就是个单元红脑偏好的人。我是肯尼亚儿童基金会的董事会成员，关爱肯尼亚儿童，是我的一项公益事业。有一年，我向几位商业伙伴群发了一封电子邮件，邀请他们跟我去内罗毕，为那些无家可归的流浪儿童建设一所学校，这些儿童很多都是艾滋病病毒携带者。这次活动是自费的，不仅花费不菲，而且要付出辛苦、繁重的体力劳动。另外，还要花时间与孩子们进行互动。虽然很为这笔费用发愁，兰迪仍然毫不犹豫地响应了我的倡议。因为他的直觉告诉他，无论对他还是那些孩子们，这都是一件义不容辞的事情。

我们第一天去了一家孤儿院，去关怀那些身体和心理饱受摧残的儿童。兰迪的到来，在孤儿院引起了轰动。因为兰迪充满爱心，体贴入微而又幽默风趣，所以他进入活动区没多久，孩子们就簇拥在他周围，就好像他是个明星一样。他头上戴着一块绣着美国国旗图案的头巾，看上去就像霍克·霍肯（美国著名摔跤手）。孩子们完全迷上了他。第二天，他没有戴那块头巾，孩子们对他的热爱丝毫未减。只要我们一踏入活动区，成群的孩子们就会大声喊着“兰——迪”，蜂拥上来。那时我们以为，孩子们可能是对他的文身着迷，他们虽然见过文身，但从来没见过白人身上的文身。

连续几天，只要兰迪去一个地方，总会带来不小的轰动。最后，我们意识到，孩子们是被他的善良、热爱生活的态度，以及对孩子们由衷的爱所吸引。

孩子们、同行的其余 16 名美国人，都被兰迪的热情所感染。如果你想凝聚和激励一个团队，像兰迪那样的人，是不可或缺的。

红脑思维

红脑思考的关键问题是：对待这个问题，我的感受是什么？

红脑思维的特点是：关联性思考，融入个人，换位思考，直觉。

红脑思维的学习方法是：喜欢别人手把手地教，亲自参与学习过程。

红脑思维者喜欢：团队建设，关爱他人。

典型红脑思维者的盲点是：过于情绪化。

黄脑思维（概念性思维）

我感觉自己置身于另外一个平行时空

黄脑思维喜欢将直觉思考与抽象观念结合起来。

或许是因为，我们所处的世界是个蓝脑和绿脑居多的世界，因此黄脑思维可能是最难揣摩的思维模式。我所遇到的典型的黄脑思维者，无不对自己的 EG® 特质感到惊讶。我认为，原因可能是，虽然他们的追求与众不同，但当他们知道他们也不是另类时，当他们知道，这个世界上也有人与他们是同类时，他们也会如释重负。有时我会想，能不能把这样的人召集在一起，来探讨一下他们的特质，但是，把他们召集在一起，本身就是一件无法实现的事情。

> 当我在为客户工作时，即使我本能地知道最终的方案，我也必须想出好几个主意。因为只有这样做，客户才会相信，我下了足够多的功夫，能为他们带来价值。
>
> ——简·雷恩沃特，图文设计专家

黄脑思考的关键问题是什么

黄脑喜欢问：“这个问题的实质是什么，怎么才能把握它的实质？”人脑的黄脑部分，会立即把握问题实质，分析事物的前景。黄脑神经通路的目标是，将不同的抽象观念联系在一起，进行全面的思考。

什么是黄脑思维

黄脑思维对主意、想法有很强的直觉。这种思维模式既独具智慧，又别出心裁，既充满想象力，又富有远见。黄脑既能看准全局，又具有超前意识。黄脑特质强的人，大都具有审美情趣，常常富有艺术气息，喜欢用图表、图画或比喻表达自己想法。黄脑思维充满活力。创意、新的可能性、新想法和意想不到的进展等，会令黄脑思维者着迷。大脑的黄脑部分乐于突破常规，喜欢新技术、新操作。黄脑乐于探究理论，喜欢尝试新鲜事物，喜欢拥有更多的选择空间。黄脑思维并不会在意，思路跑到别的地方，也不会介意临时变更计划。多数情况下，黄脑思维者都会利用自己独特的思维方式进行独立思考。如果要求黄脑思维者对一盒文件归档分类，他们往往会自己创建出一种全新的、独特的归档方法。而你要么尝试去理解、欣赏这种分类方法，要么就会被搞得晕头转向。

黄脑思维的优势

大脑的黄脑部分会帮助我们适应变化，因为它总是能孕育出新奇的想法，并能从各种角度看待问题。黄脑特质强的人，会以自己的思维方式看待问题：从全局和总体后果入手，以长远眼光看待问题。他们一般都具备一种特殊的天赋——不可言传的智慧（Wisdom withOut Words），我将其称为 WOW 才华。（这是一个双关语，即表示这种智慧不可言传，同时缩写 WOW 表示这种智慧令人惊叹。——译者注）

黄脑如何解决问题

在研究如何解决问题时，黄脑会综合考虑各个方面，探索各种方案，然后放下这个问题，直到答案突然浮现出来。人们将这个过程称为“灵光乍现”效应，或者“尤里卡”效应。黄脑特质强的人通常不拘小节，往往会在比较轻松的环境下，发挥自己最佳的思考能力。

> 提纲挈领，其义自见。
>
> ——大加图（出处不详）

黄脑的学习方法

大脑的黄脑部分通过尝试进行学习，喜欢以自由的方式探索事物。黄脑会觉得细节问题枯燥乏味，所以黄脑偏好者没有耐心阅读操作手册，他们不会一直全神贯注地听完一场 2 小时的演讲。如果你的学生是个黄脑特质强的人，一定要确保内容生动有趣，一定不要试图详细解释每个细节。

黄脑思维的盲点

黄脑思维既不是线性思考方式，也不是逻辑性思考方式，更不喜欢按部就班地思考。黄脑性思维的路径完全无法预测，这一点倒是可以预测。黄脑特质极高的人，可能根本不知道计划执行所需要的条件，或者他们的想法实际需要什么条件、细节支撑。人们会认为他们思想另类，不切实际，不守纪律。有时他们也会匆匆得出错误结论。他们会很快确定，自己是否对某件事有兴趣，一旦他们不感兴趣，他们就会不再专注。

你是不是这样的人

以下陈述表现了黄脑特质：

我会把新项目看作新的机遇。

我会探寻新方法去解决旧的问题。

我对所从事行业的发展前景有清晰的认识。

吉姆就是个单元黄脑偏好的人。我在从事 EG® 研究的初期，结识了他。我的合作者向他介绍了我的研讨班，他出于好奇，便填了一份 EG® 调查问卷。看完他的分析报告后，我惊呆了。我不仅震惊于他极强的黄脑特质，而且震惊于他的职业——他是名计算机分析员。因为，在当时，我还没有意识到，所有类型的特质都能胜任所有类型的工作。我当时认为，计算机分析员用得更多的是蓝脑思维或绿脑思维，而不是黄脑思维。我决定做一番调查，于是，我给他打了电话，邀请他一起吃午饭。

在餐馆里，我们在一间单间里面，面对面地坐着，我向他大致介绍了他的

EG® 特质。我快要讲完的时候，发现他低下了头，大颗的眼泪从他的脸颊上流了下来，落在他的鸡肉沙拉上。我吓坏了，对他说："天啊，吉姆。真对不起，没想到，我的话让你这么难受。"

他回答我："不是，你不明白。我哭是因为我松了一口气，你的话让我觉得自己也是个正常人。"

我笑了起来："我不能确定'正常'两个字是否恰当，但是，实际上，我确信，你私底下会为自己的与众不同而自豪。但是，如果你想知道，自己是不是'正常'人，我们可以在某种程度上，测量和解释你奇特的思维方式，那么你就会真正地如释重负了。"

"跟我详细讲讲。"他说。

从那时起，我与吉姆间建立了良好的人际关系。这种关系一直帮助我去理解黄脑特质的人。每当他生活中遇到一些重要事情时，他都会打电话给我。电话中，他总是直奔主题，连表明自己身份的话都省了。例如，在第一次会面结束后，我接到一通电话，电话里响起一个低沉的声音："咱们再去一起吃个午饭吧。"

"你是哪位？"

"吉姆，博尔德城的吉姆。"

一起吃过三顿午饭后，吉姆认为，自己黄脑数值高达 75 分，拥有这么多的黄脑特质，并不是一件好事（吉姆的原话，但我并不这样认为）。我尽我所能地向他解释，他的分析报告表明，他具有一项非凡的天赋。他应该为自己的才华而自豪。

他并不理会我的劝说，坚持认为，自己应该拓展一下自己的蓝脑特质，并且向我请教他该怎么做。

"那好，"我说，"你可以试一下，重新回到大学，去学习高等数学这门课。"

吉姆把两只胳膊抱在胸前，含糊地回答："我数学学得不好。"

"数学学得不好？怎么可能？你可是名电脑分析员啊。"

这是我第一次了解到"不可言传的智慧"，或者 WOW 才华——这是一种直觉，它会使你本能地认识问题，但你又不知道你是如何认识的。这种本能与第六感相伴而生，拥有 WOW 才华，灵感就会突然冒出来。看来，吉姆没有上过大学，他甚至连高中都没有毕业。他告诉我，有一次，他数学考试没有及格，仅仅是因为，他只写出了答案，却没有写明自己是如何得到这个答案的。老师们都确信他是靠作弊得到的答案，于是每次测试都判他不及格。

从那时起，我又认识了很多拥有跟吉姆一样才华的人，他们都有类似的学校经历。很难解释这种 WOW 才华，但是如果你也拥有这种才华，你会理解我所说的。如果你没有这种能力，你可以通过阅读本节，了解这类与众不同的人，并且欣赏他们这种认识问题的直觉——连他们都无法解释的直觉。我猜想我们都有这种天赋，但我们大都忽视了这种天赋，虽然目前没有一个合理理论，能够解释这种直觉的运作机制。但是，我相信，我们每个人都拥有 WOW 才华，而黄脑偏好者，将这种能力发挥得更为通透。

偏好黄脑思维的人，一般都拥有很多藏书，但是很少有人看到他们读这些书。这是因为，他们很少把一本书从头读到尾，不像我们，按照学校里教得那样，从第一页开始，按照页码先后顺序，将整本书读完。相反，他们进行心读（这个词是罗伯特·海莱因在他的《异乡异客》中创造的新词）。大致而言，他们靠直觉去感悟，或者说，他们的学习和理解，不是依靠常规的脑力活动来实现的。

那么，这种思维是如何运作的呢？ 我不能确定，但我猜测，每晚上床睡觉之前，黄脑偏好者会用指尖在书上摩挲，通过某种神秘的渗透过程，书中的信息会在夜间渗透到他们的大脑中。他们好像对各种学科都有一些了解。蓝脑思维者和绿脑思维者通常精通于某个学科，而黄脑思维者和红脑思维者则往往知识面广，但又浅尝辄止，不够深入。他们似乎捕捉到信息片段，然后自己将其他信息补全。

我的朋友卡罗尔，是一位杰出的神经病理学家，曾担任内布拉斯加州大学医学院院长。有一次，她做一个名为“为领导能力注入活力”的报告。在这样的主题下，听报告的大多数人，可能都有较强的黄脑或红脑特质。卡罗尔一开场便说：“我走进我的图书室，站在书架前，说：‘这堂课所需要的书，请从书架上落下来。’然后，它们自动地落了下来，而且它们都自动翻到我所需要的那几页。”大多数听众都属于那种“心读”者，听完都咯咯地笑起来。而其他人可能还在想，这个老师是不是吃错药了。

后来，我跟卡罗尔提到这件事，我想得到她的允许，把这个故事写入这本书中。

她纠正了一下当时的情景。她解释："事实上，我当时说的是，那些书会随叫随到。也就是说，我只要一需要，它们就会不请自来。我所需要的书，不会从书架上落下来，我只要需要，它们就会主动来到我面前。"

我不知道，此时此刻，那些像吉姆一样的孩子，会不会因为不能解释自己的答案，拿到不及格的成绩。不过，情况在不断改善，教育家们开始收集更多的信息，去理解吉姆那样的孩子。俄勒冈州一所大型中学的校长，就曾经邀请我，向他的教职员工解释不同学习方式的可行性。这位校长曾以优异的成绩从大学毕业，并获得硕士学位，但他从未从头到尾地读完过一本书。他希望他的教职工能明白，他们的许多学生或许也有这样的能力。

有时，黄脑偏好者会打破常规的思维框架的束缚，而这会令其他人感到不自在。有一点我很确信，虽然黄脑偏好者热爱冒险，喜欢追求刺激，而且会做出仓促决定，但是，他们总能创造性地摆脱自己所陷入的困境。黄脑思维者的处事态度也让我受益匪浅，每当我遇到难题，他们会对我说："来吧，冒险试一次，能行的。"情况却也正如他们所料，而到最后，他们总能将我的想法提升到一个新的高度。

黄脑思维

黄脑思考的关键问题是：问题实质是什么，怎么才能把握它的实质？

黄脑思维的特点是：创新性、直觉型、整体观、突破常规。

黄脑思维的学习方法是：通过尝试学习。

黄脑思维者喜欢：综合考虑问题，思想不受约束，把握大局。

典型黄脑思维者的盲点是：有些脱离实际。

◆ 红脑思维和黄脑思维的不同之处

红脑善于与人打交道，黄脑更喜欢专注于总体考量。红脑特质强的人，在做决定前，会首先考虑，他们的决定会对他人造成什么影响；黄脑特质强的人，则会首先考虑，他们的决定会如何影响整体。处于表达特质第三区的红脑偏好者，喜欢进行大范围的人际互动。这样的人，会给 200 多个自己“最亲密的”朋友们送上节日贺卡，每张卡上都写上简短的祝福语。处于表达特质第一区的红脑偏好者，也会优先考虑他人，但是他们更加内敛。他们觉得，实在没有必要表达自己对他人的看法和想法。他们仅仅会将贺卡送给几个最要好的朋友，上面写上篇幅较长的、个性化的祝福。

人们往往认为，黄脑偏好者乐于与人共事。事实上，情况未必如此。因为黄脑思维是抽象思维，所以黄脑喜欢探索主意、点子或创意。因此，黄脑思维者并不需要别人的帮助，也不在意人们是否积极参与其中。有一次，我问一位极度黄脑偏好者，她是如何选择下属的。她回答：“我并不培养忠诚的下属。我只想让他们创造价值，实现目标，而不是整天围着我转。”对她而言，跟人打交道是一种负担，自己并不需要这种负担，除非这种负担能帮她实现自己的目标。

我们曾做过一些市场调研，调查人们喜欢的度假方式。红脑偏好者表示，只要是跟自己至亲至爱一起去，或者跟大家一起去，自己并不在意度假地点在哪里。而黄脑偏好者经常会想出不同寻常的、精彩的旅行计划。当然，这些想法往往不会顾及他人的感受。

知晓自己的思维偏好

现在，你或许已经了解了大脑的工作方式。需要注意的是：我们每个人都拥有这四种思维类型，只是我们对这四种类型的偏好程度不同。要想知道自己对每种思维特质的偏好程度，可参考后面的插图。

> 我们人类是智慧物种，我们的智慧运用得当，会给自己带来快乐。在这方面，大脑就像肌肉。大脑运用自如时，我们就会觉得很舒服。
>
> ——卡尔·萨根《大脑的布洛卡区》

通过本章的学习，你可以对自己的思维特质进行评估。每个个体的四种思维特质，都会受到自己行为特质的调节。下一章将帮助你知晓自己的表达特质、坚定特质及变通特质的程度——这决定了他人眼中的你。

你的思维特质

某些词语能最贴切地描述你在大多数情况下的思维偏好。选出图 3-1 中所有能贴切描述你的词语。可以选一个，也可以选很多个。你所选的词语，必须能准确描述你的偏好，而不一定是你的技能，或别人对你的评价。如果你在某一个区域选择了较多的词语，这表明你有相应区域的思维偏好。你的选择可能反映出你有不止一种思维偏好。你的结果可以直观地反映你的思维特质。

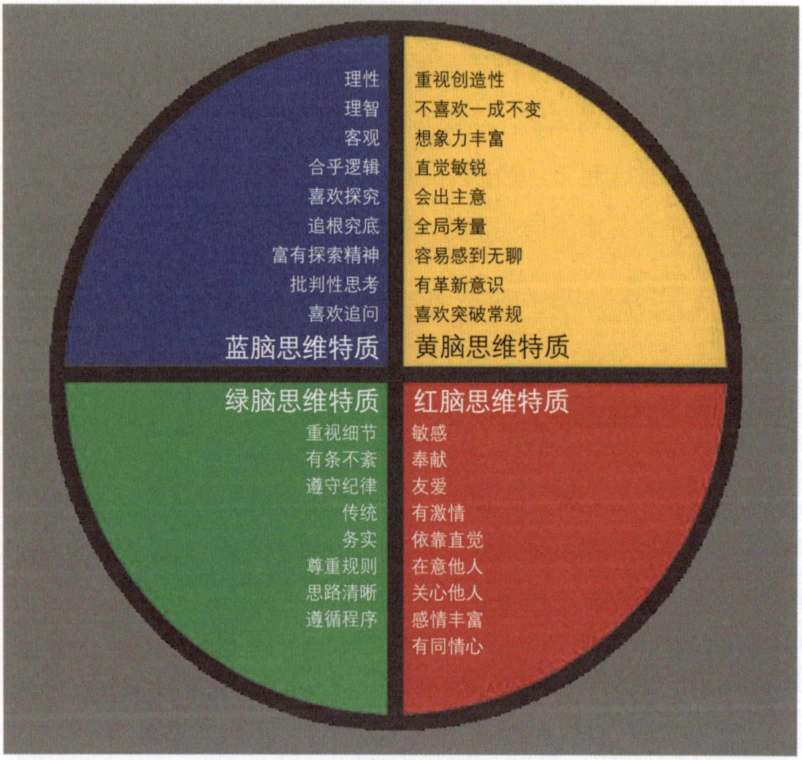

图 3-1

第4章
他人眼中的你
EG® 的三种行为特质

福斯特是个科学家，他个子很高，长相可爱，平时很少说话。如果你遇到他，你一定不会知道他在想什么。但你能看出来，他是个安静、性格温和的人。

福斯特也跟我们一起去了肯尼亚，参加了肯尼亚儿童基金会的活动。那一年，我们去了内罗毕，帮助当地人在贫民区兴建一所学校。那个贫民区既没有室内水管，更没有自来水，而且离我们的住所很远。我们无法回到住所吃午饭，附近又没有什么餐馆能提供午餐，所以就在一座还没建成的房屋里吃了午饭。然后，我们用从村庄里打来的一桶水，清洗了所有的餐具。

我把大家分成不同的小组，每天我都会给某个小组一点儿钱，让他们出主意，丰富我们的午餐活动。每天，每个组都会别出心裁，因为他们都想把午餐活动组织得比上个小组更丰富。第一个小组设法准备了一块桌布。第二天，另一组不仅准备了桌布，还弄来了几根蜡烛。到了第三天，这一组还为我们准备了冰激凌作为餐后甜点。后来轮到福斯特这一组了，我们都认为所有创意都用完了。但我们错了，福斯特的小组不仅提供了蜡烛、桌布、冰激凌，还准备了午餐后的娱乐节目。福斯特写了首诗，诗句里面有一小段，介绍了我们这次活动的每个参与者。他在朗诵这首诗的时候，他的队员在他身后翩翩起舞。这场活动太精彩了，我们都很喜欢。我们都没有想到，福斯特这个理科博士，同时也是我们之中最安静的人，竟然如此机敏过人。

午饭后，我们其余的人都回去工作了，福斯特请了假，没有参加下午的工作。吃晚饭时，他也没有露面。而且，他也没有调整好状态，去参加第二天早上的工作。那天晚上，当我们回想当天的事情时，他向大家道歉说，这首诗的写作和表演，耗尽了他的精力，他需要离开一段时间，重新调整状态。诗歌创作和朗诵并不是他日常生活的一部分，虽然他可以调动身心所有资源去完成，却为此筋疲力尽。

福斯特的思维偏好顺序是红脑偏好、绿脑偏好和黄脑偏好。看了他的 EG® 分析报告，你可能会认为，参加集体活动，对他来说，是小菜一碟。但是，这是由行为特质，而不是思维特质所决定的。福斯特处于表达特质第一区，准备餐后娱乐活动对他来说是相当耗费精力的事情。

行为特质从以下三个方面衡量个人行为偏好：**表达特质**（个人参与人际活动的程度）；坚定特质（个人主张自己意愿的程度）；变通特质（个人适应他人意愿的程度）。你的行为特质决定了他人眼中的你。别人是无法看穿你的思维的，但是他们可以观察到你的行为。另外，为了进一步完善我们的分析过程，我们用不同的区域描述人的行为特质。

第 5 章将详细介绍，思维特质与行为特质是如何相互渗透、互相组合的。但是，我们知道，人总是不断变化的。人们喜欢使用 EG® 的一个原因是，这些特质（包括各种思维特质和行为特质）互相交错、组合。思维特质和行为特质的组合，可以准确描述任何一个人。事实上，行为偏好和思维偏好的所有组合，超过 400 多种。每种组合的 EG® 分析报告，都是独一无二的，它们都有不同的特质数值，以及不同的偏好次序，能更深入地刻画每个人。因此，虽然我们使用较为通用的语言描述某一类人，但是实际上，每个人的 EG® 分析报告，都是独一无二的。

> 永远都要珍惜自己的独特之处，因为没了这些东西，你就只是个平庸至极的人。
>
> ——贝特·米德勒

使用三个区域描述行为特质

每种行为特质可以划分为三个区域，我们使用条形图进行表示。在查验行为模式时，我们根据个体特质相对于总体的偏好程度，分为三个区域："第一区"（个体对行为特质偏好程度位于总体分位数的 0~33%）、“第二区”（个体对行为特质偏好程度位于总体分位数的 34%~66%）、“第三区”（个体对行为特质偏好程度位于总体分位数的 67%~100%）。例如，如果你的坚定特质处于第一区，你的主要精力集中在频谱的“平和”一端。而如果你的坚定特质处于第三区，你的主要精力集中在频谱的“推动”的一端。

通过回答 EG® 调查问卷，可以得到自己的每项行为特质的数值，就知道了自己每个行为特质的偏好区域。分数表明你的该项行为特质，所处的分位数。举例而言，我们将 100 人看成总体，如果你的变通特质数值落在 6% 分位数上，则有 5 个人的数值在你的左侧（靠近频谱最“专注”的一端），而有 94 人的数值位于你的右侧（比你更靠近频谱最“欢迎变化”的一端）。

条形图非常重要，它可以帮你直观地理解你的任何一种行为特质的程度区域。虽然你的数值可能会变化，可能会从一点跳到另一点，但是你的行为偏好会在第一区、第二区或第三区的内部变动。例如，有些时候，你可能会位于 6% 分位数上，有时又会落在 30% 分位数上，但是让你最舒服的区域是第一区。很少会出现，从 6% 分位数上跳到 95% 分位数上的情况。如果真的出现这种情况，你就会向福斯特那样，感到身心疲惫、精疲力竭。

在本书中，绝大多数情况下，我们探讨的都是，偏好程度为第一区和第三区的行为模式。如果你的数值位于第二区的分位数区间，我们就假设，你可以适应以上两个区域。因此我们将这一类称为“适应型”群体。

用语的考究之处

本书一直坚持的一个观点就是，个人的存在方式，即人生哲学，是千差万别的，没有对错之分。每种特质都是一种无形的资产，因此，我们不会助长任何负面的成见。在我的研习班上，我总是使用“第一区”“第二区”和“第三区”这样的中性词语，去描述个人的行为特质，避免使用含有价值取向色彩的词语，如“高”和“低”这样的词语。例如，在描述某个人处于表达特质第一区时，我会避免使用“表达能力不强”这样的描述，因为那样会让人觉得，这个人的这一特质有所欠缺。同样，在描述某个人处于变通特质第一区时，我会避免使用“处事不够灵活”这样的含有消极色彩的词语。但是，像“表达特质第二区”这样的术语，需要花一定的时间才能习惯，所以我在“工具箱”那一章的“思维和行为特质”部分，提供了一些图片，帮助读者熟悉这些词语。

EG® 是一门用词考究、斟酌的学问。我们在使用词语和术语时，尊重每种 EG® 特质所内含的天赋和才华，避免使用含有价值判断色彩的评价，这使我们能够以更为深刻的理解进行沟通和互动。因为，在跟别人进行接触时，不能抱有成见，要揣度别人的善意，而不是恶意。理解一个人的 EG® 特质可以帮助我们尊重他人，并尽其所能地以他的视角看待问题。

表达特质

> “说”的对立面并不是“听”，而是“等”。
>
> ——弗兰·勒博维茨

表达特质，是指个人参与人际活动，或者参与社交活动的活跃程度。这一特质与个人的自信有关。在 EG® 中，每个人都具备表达能力。你的这一项特质的分位数会告诉你，你在这一项特质中投入了多大能量。表达特质所描述的并不是个人的内在经历，而是个人与外界的分享程度（见图 4-1）。

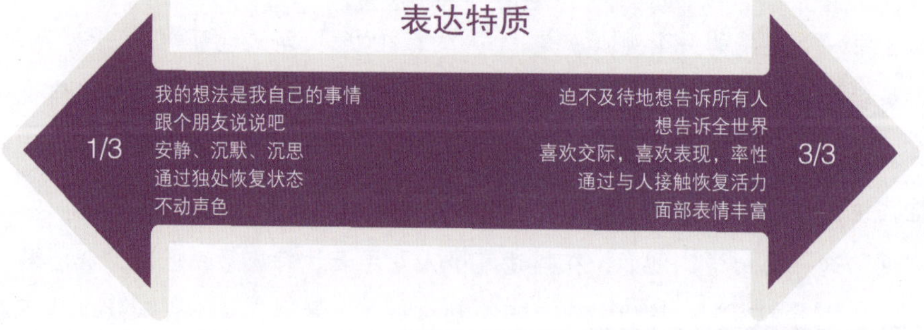

图 4-1

◆ 表达特质第一区

我们把表达特质数值位于 0~33% 分位数的人，称为处于表达特质第一区的人。这一类人一般说话谨慎，喜欢深思熟虑后再发言。他们会表现出安静、沉默的特点，常被认为是性格冷淡的人（这一点未必正确）。事实上，处于表达特质第一区的人有时太安静了，以至于他们不会意识到，别人可能不知道自己的真实想法是什么。他们往往会避免参与人很多的活动，常常表现得若有所思，而且羞怯、腼腆。他们希望，在群体环境下做个普普通通的人，不想与众不同。他们与人互动较少，喜欢享受自我。如果跟他人相处时间太长，最终他们都会觉得身心疲惫，需要一个人静静地待一段时间。他们大都能通过个人独处，恢复自己的精神状态。

> 一次次的经历使我逐渐认识到，对我来说，最重要的事情就是把话说出来，用语言表达出来，让人知道我的想法，即使为此伤了感情。即使被人误解，我也要说出来。
>
> ——安达·罗德（出处不详）

朱迪处于表达特质第三区，她参加过一次冥想精修，这场精修要求她独处两天。“真是太棒了，”她告诉我，“静修结束后，我给我认识的每个人都打了电话，告诉他们独处这么长时间是什么感觉！”

◆ 表达特质第三区

处于表达特质第三区的人，这一项特质的数值位于 67%~100% 分位数，相比之下，他们更加开朗、活泼。一般来说，他们喜欢公开与他人交流，很容易跟陌生人搭上话，很喜欢吸引别人的注意力。他们通过交谈进行学习，与别人交流、互动能让他们充满能量。处于表达特质第三区的人积极主动，但是他们可能不会注意到，自己有点盛气凌人。他们也能安静下来，但是，如果他们安静太长时间的话，他们需要通过与别人交流，来恢复活力。

你是不是这样的人

以下陈述表现了处于表达特质第一区的人的想法：

我的感觉，我只想一个人知道。

开会时，我听得多、讲得少。

以下陈述表现了处于表达特质第三区的人的想法：

我喜欢被人仰慕的感觉。

我喜欢跟别人分享我自己的感觉。

我和我的同事温德尔，在一起共事了很多年。我们刚好处于表达特质频谱的两端。温德尔处于表达特质第一区，而我处于表达特质第三区。我们住在不同的城市，一年见上两次面，一般每次见面，我们会相处三天时间。每到会谈快结束的时候，我都非常疲惫。为什么？因为温德尔从不主动说话，而我觉得，每次都是我开启我们间的谈话。每次都是我先提出一个问题，然后我俩开始交换看法。每当我们讨论完一个话题，我就必须问另一个问题，这样我们才能继续讨论。

如果你去问温德尔，我们的会议结束后，他有什么感觉，他同样会告诉你他也感到筋疲力尽，因为他要回答我一连串的问题。我送他上飞机的时候，他会带着书面资料、笔记本电脑，还有耳塞登上飞机。这样，他就不用跟坐在他旁边的人讲话了。他告诉我，每次会议结束，他都要花两天时间才能恢复状态。

有一次，我问他，我们一起会面的时候，他是怎样分析问题的。他说："当你问我一个问题时，我就会把这个问题，放在我精神世界的升降机里面。这个问题会坐着升降机，到达我的太阳神经丛，去寻找答案。当你问下一个问题时，我还在仔细推敲刚才问题的答案。结果，你的新问题又开启了刚才的那个过程。我的精神升降机不停运动，所以在会议结束的时候，我真是心力交瘁。"

虽然，我们的表达特质不同，但是，我和温德尔合作得非常愉快。因为我明白，当我问他问题的时候，我必须得等待，等着他的表达特质发挥出来。而每次他回答我的问题，都回答得十分精妙，他的答案，都是经过深思熟虑的。而温德尔也明白，我表达自己想法的过程，也是我自己的思考过程。

“你会先想想，然后再说出来吗？”

“不会，我喜欢不假思索地说出来，让别人和我同一时间听到我的想法。”

——电视剧《贝克医生》

表达特质

首要问题：我有多大意愿向他人和外界表达自己的想法和感受？

处于表达特质第一区的人通过什么方式学习：个人独处。

处于表达特质第三区的人通过什么方式学习：与他人交谈。

处于表达特质第一区的人喜欢：想好再说。

处于表达特质第三区的人喜欢：引出话题。

处于表达特质第一区的人的盲点：不会意识到别人不清楚自己在想什么。

处于表达特质第三区的人的盲点：有点盛气凌人。

坚定特质

你有没有注意到比你慢的人都是白痴，比你快的人都是疯子？

——乔治·卡林

坚定特质反映了个人主张自己想法、感受和信念的风格和节奏。它描述的是个人对相关任务、活动的控制意愿。有些畅销书作者认为，人可以分为三种：不够坚定的人、坚定的人和武断的人。而在 EG® 中，我们使用分位数衡量坚定特质的程度，个人的数值是通过连续的数值进行度量，并划分为三个区域（见图 4-2）。换句话说，每个人都是坚定而自信的。

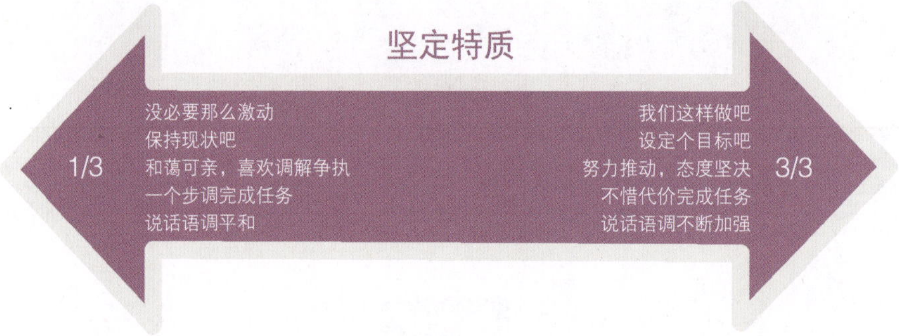

图 4-2

◆ 坚定特质第一区

坚定特质数值落在 0~33% 分位数的人，处于坚定特质第一区，位于频谱的“平和”的一端。他们一般和蔼可亲，脾气平和，乐于助人。他们倾向于服从决定，可能不愿意表达自己的观点。他们不一定是很消极、被动的人，但他们不愿把过多精力用在分享自己的观点上，更倾向于以一种更为稳健的节奏处事。坚定特质第一区的人，一般通过倾听和思考来学习。

> 生活不仅仅是匆匆赶路。
>
> ——圣雄甘地

◆ 坚定特质第三区

位于坚定特质频谱“推动”一端的人，处于坚定特质第三区，这一特质的数值在 67%~100% 分位数。他们经常会尽其所能地说服人们，让人们相信他们的观点，趋向于努力推动，态度很坚决。处于表达特质第三区的人，一般通过辩论、争论进行学习。他们喜欢掌控某个局面，喜欢直来直往，乐于跟人竞争、挑战，喜欢管事。

有位女学员参加了我的研习班，有一次她打了个电话，我的助手凯伦与她通了话。她声称自己并不像自己分析报告显示的那样，处于坚定特质第三区。她说 :“盖尔在研习班上说，处于坚定特质第三区的人，在等电梯的时候，会不停地按按钮，这样，他们会觉得，电梯来得快一点儿。我觉得这样做很可笑。我只会按一次按钮，因为我知道，再怎么按，电梯也不会早一点儿过来。”

“好吧，”凯伦说，“坐上电梯后，你会站在电梯的哪个位置？”

“哦，这很简单，”她说，“我会站在最靠近电梯门的地方，这样的话，门一打开，我就会第一个冲出来，尽快地离开电梯。”

你是不是这样的人

以下陈述表现了处于坚定特质第一区的人的想法 :

我尽量不与人发生争执。

我态度平和。

以下陈述表现了处于坚定特质第三区的人的想法 :

我会主动表达出自己的意愿。

我喜欢快节奏地做事。

◆ 坚定特质的表现

每个人的坚定特质，能在州际公路上，表现得淋漓尽致。当遇到堵车时，坚定特质第一区的人，通常会懂得容忍克制，很有耐心。他会意识到，遇到这种情况，自己做什么都没有用。他会听听音乐，听听新闻，或者想想当天的事情。而处于坚定特质第三区的人，多数情况下，会把应对堵车当成一场战斗。他会觉得，最先到达目的地的人，就打赢了这场战斗。他会不停地变道，宁肯插队，也要赶在其他车的前面，尽快驶离公路，去找一个更快的路线。

汤姆和比尔一起坐车上班。有一天，他们赶到我的研习班的时候，汤姆面色惨白，一言不发。

“怎么回事？”我问汤姆，他是一个处于坚定特质第一区的人，平时开车很谨慎，很有耐心。

“比尔在汇入高速公路时，穿过了白色实线，”汤姆平静地说。“他卡住我们前面的那辆车，不让人家驶入高速路，把别人挤出了车道，差点害死别人。”

比尔处于坚定特质第三区，有过多次超速驾驶的罚单记录，他大声地解释：“那家伙还好，根本没事。如果我不越过白实线，就错过了在黄灯时通过路口的机会，我们就会迟到两分钟。”

虽然跟死神擦肩而过，汤姆惊魂未定，但是他仍然心平气和地陈述事情经过。而比尔呢，不断提高自己的语调，不断用手比画着，向我解释，好让我理解，他做了一个最好的本能判断。

既然如此，为什么汤姆和比尔还要一起乘车来上班呢？比尔并不介意汤姆，因为汤姆不管认不认同比尔的驾车方式，都不会对比尔的驾车评头论足。而汤姆，已经同意了跟比尔搭伙拼车，也不愿意因为拆伙而另生事端，所以他只能安静地忍受。

> 今天显然什么也不会发生。
>
> ——马克·吐温

坚定特质

首要问题：主张自己想法、感受和信念的意愿程度。

处于坚定特质第一区的人通过什么方式学习：思考。

处于坚定特质第三区的人通过什么方式学习：争论、争辩。

处于坚定特质第一区的人喜欢：给予支持。

处于坚定特质第三区的人喜欢：知难而进。

处于坚定特质第一区的人的盲点：人多的时候，会迷失自我。

处于坚定特质第三区的人的盲点：有点争强好胜。

变通特质

> 随遇而安，顺其自然。
>
> ——佚名

变通特质表明了个人适应和接受他人思维和行为举止的意愿。这是一项非常重要的特质。这是因为当今的世界充斥着变化，有的变化是由你的老板造成的，有的则是客户造成的，变化已经成为人们日常生活的一部分。在 EG® 里，每个人都具备应变的能力，因此这项特质所探讨的不是你是否能够改变，而是衡量你适应变化的意愿（见图 4-3）。

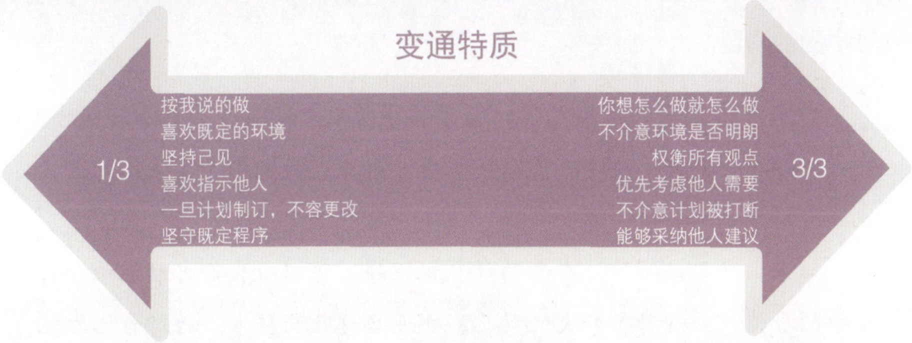

图 4-3

◆ 变通特质第一区

变通特质数值位于 0~33% 分位数的人，处于变通特质第一区。他们一般比较喜欢固定的环境，也能在这样的环境中，获得更好的学习经验。处于变通特质第一区的人，往往比较专注，喜欢坚持己见，一旦做出计划，不容更改。因为他们喜欢坚持到底，所以在他人眼里，这类人有些顽固不化。

◆ 变通特质第三区

处于变通特质第三区的人，这项特质数值位于 67%~100% 分位数。他们一般很容易相处，多数情况下，他们开朗、平和，即使对待难以相处的人，也很有耐心。他们一般能够采纳别人的建议，因此与他们合作会非常愉快。但是，需要注意的是，处于变通特质第三区的人，有时候因为太中立，而没有主见。

很多人会认为，趋向于变通特质的“善变”那一端，是一种最佳状态的行为模式。但是，如果进行团队合作，而队伍所有的人都处于变通特质第三区，那么合作的效率便无从谈起。因为最有可能出现的情况是，每个人都乐于适应他人，这样什么决定也做不出来。一个团队，最好能够涵盖不同区域的行为偏好，这样做起事情来才有效率。

当需要做出改变时，处于变通特质第一区的人，需要时间去评估新的程序和新的主意。而处于变通特质第三区的人，则需要意识到，这一过程不可操之过急。记住一点，一旦你确定了一个新的想法或新的计划，处于变通特质第一区的人会是你最牢固的同盟。

莎莉处于变通特质第一区，而且属于蓝脑/绿脑性思维偏好组合。从我创办公司开始，她就一直跟我工作。起先，我们都是靠手写的方式记录分析报告的数值，据我所知，她从来没有出过错。

后来，我们编写了一个新的计算机程序，可以帮我们自动记录分析报告的数值，莎莉费了好大的劲儿，才适应这项新技术。她对自己的能力很自豪，因为她记录分析报告成绩从未出过错，速度可以媲美任何一台电脑。她觉得没有必要被“一台机器取代”。但是，随着她越来越熟悉那个程序，她开始明白，使用这个程序可以让她腾出手来，专注于其他的任务。

有一天，计算机出了故障，莎莉又不得不一个人抄写分析报告数值。但她问我，电脑什么时候才能正常工作时，我明白，她终于转过这个弯儿来了。

坚持不懈与顽固不化的区别在于，前者有强烈的愿望做某件事，而后者则有强烈的愿望不做某件事。

——亨利·沃德·比彻

你是不是这样的人

以下陈述表现了处于变通特质第一区的人的想法：

我会一直做到事情圆满完成为止。

我知道我是对的。

以下陈述表现了处于变通特质第三区的人的想法：

我不介意情况变化或计划转型。

即使合作者、同事和客户变来变去，我也能跟他们进行良好沟通。

处于变通特质第三区的人，不善于时间管理，很难下决心做决定。他们宁愿花时间去考虑不同的选择，也不愿立即决定，对决策一拖再拖。面对这么多可选方案，他们喜欢深思熟虑，广泛采纳。对处于变通特质第一区的人来说，这样优柔寡断的做法，让他们懊恼至极，他们更喜欢当机立断。

◆ 变通特质的表现

约翰和他的儿子德文，一起经营着一家小而精的金融咨询企业，他们请我过去帮忙改善他们的工作关系。约翰的变通特质处于第三区，而德文的变通特质处于第一区。约翰计划在五年内退休，并将公司业务交由德文打理。德文很泄气，因为他觉得这场权力交接，进行得并不平稳。虽然如此，但是他们的观点都很一致，对公司前景的看法也都相同，但在公司目标上，他们意见相左，因为他俩的变通特质相差较大。

我们三人坐在一起，各抒己见，希望能找到解决问题的良策。德文表示，有几个事务管理决议，需要尽快拟定，但是没有约翰的同意，他没有权力制定决策。

“每当我需要约翰的授权去制定经营决策的时候，他总是不给我机会，把这个问题讲清楚。”德文说：“所以，我跟他约了个时间，一起吃个午饭，但是他总是爽约，或者很晚才到。他总是找借口，说是遇到棘手的客户，需要他立即采取行动。”

约翰很茫然地回答：“我们在你办公室外的大厅里，一直不停地谈，在晚上回车库的路上也谈了。你只是没有听而已。而且，客户是我们业务中最重要的资源，我当然需要优先考虑他们。”

约翰是那种做事灵活多变的人，所以一天到晚总是能挤出时间，做不同的事。而德文做事比较专注，所以他要求约翰集中所有的注意力，讨论他们之间的事务，仅仅进行交谈是远远不够的。

约翰很乐意集中注意力跟德文交谈，但是他觉得德文跟他一样，都处于变通特质第三区，简单谈一下就够了。约翰应该知道，自己的做事风格使他很难明确表态，而且他也不能总是为了客户牺牲自己合作者的需求。而德文应该理解约翰的第三区变通特质，而且德文应该抓住重点，跟约翰说清楚自己需要什么。

我建议他们两个，每个星期的同一时间，在他们的会议室碰一次面，这样他们就可以心无旁骛地交换看法。而且，他们的员工必须清楚他俩开会的重要性，不要在他俩开会期间打断他们。最后，约翰不得不郑重其事地把会议安排放入自己的日程安排，并保证在那一年都会按时参加会议。约翰驾驭了自己的第三区变通特质，德文也感觉轻松了不少，因为他的事务得到了足够的重视。

> 要有耐心，我正在处理这件事。
>
> ——伊恩（他是个思维很专注的人，在跟自己老板争论时，如是说。他的老板属于第三区变通特质）

变通特质

首要问题：个人有多大意愿适应和服从他人的要求。

处于变通特质第一区的人通过什么方式学习：特定环境。

处于变通特质第三区的人通过什么方式学习：接纳所有观点。

处于变通特质第一区的人喜欢：专注。

处于变通特质第三区的人喜欢：应对并不明朗的环境。

处于变通特质第一区的人的盲点：有点儿顽固。

处于变通特质第三区的人的盲点：拿不定主意。

知晓自己的行为偏好

图 4-4 为你提供了一种方法，让你一眼就能判断自己的行为特质。这些行为特质相互融合、组合，可以描述任何一个人的行为偏好。行为偏好之间是相互融合的，再结合思维偏好，会形成无穷多个、丰富多彩的个人 EG® 分析报告。每个人的 EG® 分析报告结果，都专属于自己，就像每个人的指纹一样，它们是每个人进行自我了解、迈向成功的关键。

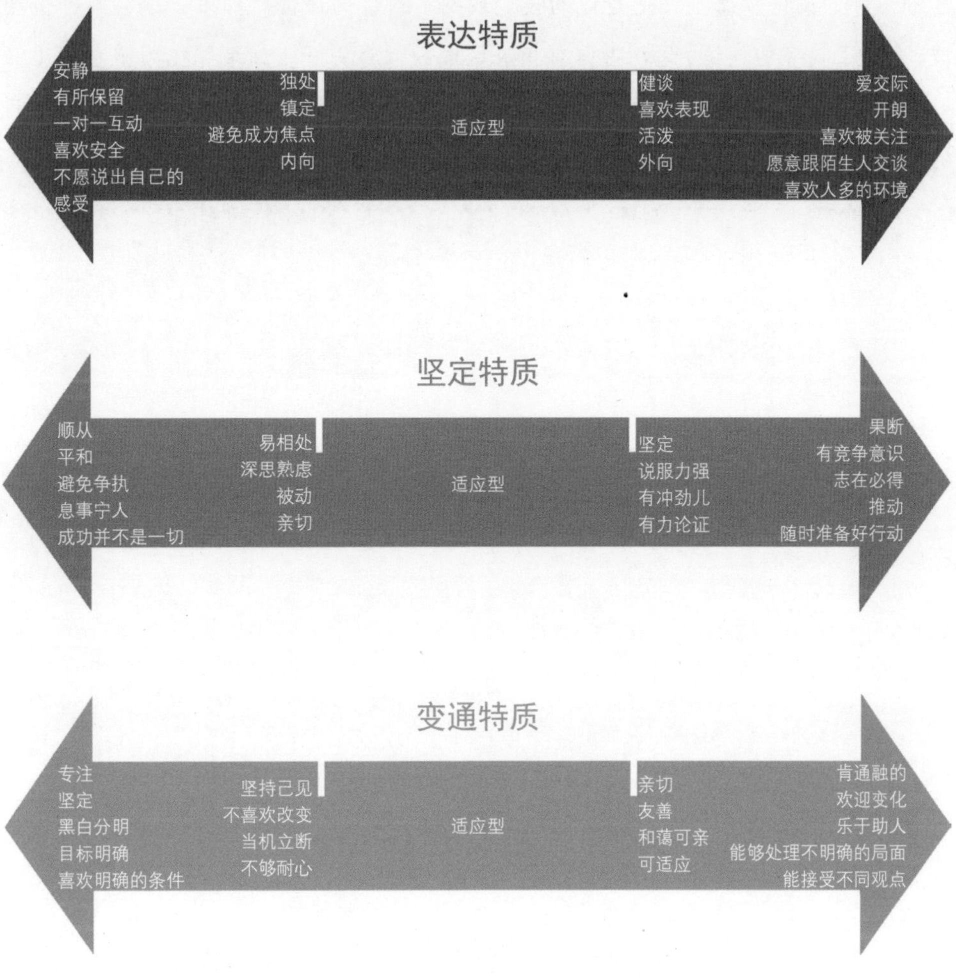

图 4-4

只有不熟悉的人才是最普通的人。

——乔·安西斯

你的各项行为特质

可以用某些词语，最贴切地描述，你大多数情况下的行为偏好。选出下面所有能贴切描述你的词语。可以选一个，也可以选很多个。那些词语，必须能准确区分出你的偏好，而不一定是你的技能或别人对你的评价。如果，你在某一个区域,选择了较多的词语,这表明你有相应区域的行为偏好。如果你在频谱左侧（第一区）选出的词语与从右侧（第三区）选出的词语一样多，那么你可能属于中间的“适应型”类型。你的结果，可以直观地反映你的行为特质。

第5章

融会贯通

EG® 分析报告的完全操作指南

通过前面的学习，我们知道，不同的人，自身都融合不同方面、不同程度的这七种特质。在面对不同的环境、情况时，绝大多数人都会运用不止一种特质。

EG® 分析报告使用图表，直观地阐明每个人思维和行为特质的独特组合。这样，一眼就能理解这个人的优势和强项。本章对 EG® 分析报告进行解释，概括介绍基本的思维特质的组合，解释不同行为特质的组合，向读者展示有趣的、真实的分析报告案例。最后，以一个有趣测验结束本章，这个测验能测试你究竟掌握了多少 EG® 概念。

> 大脑最明显的特征就是，它并不是均匀、同质的，它是由不同的区域组成的。它没有内在的运动构件，也没有直观的方法，探索大脑里到底发生了什么，或者正在执行什么功能。
>
> ——苏珊·格林菲尔德《从大脑到意识》

EG®分析报告

EG® 分析报告主要由三部分组成：

（1）由蓝色、绿色、红色和黄色扇区组成的饼状图，该图用来说明，某个人具有的独特的思维偏好。在饼状图中，用百分比反映了这个人偏好蓝脑、绿脑、红脑和黄脑的程度。我们通过分析数据得出结论，任何一项思维特质的数值，如果大于或等于 23%，那么这一项特质就是这个人的思维偏好。

（2）蓝色、绿色、红色和黄色等四个条状图，反映的是思维偏好的分位数。这些条状图显示的是，个人数值与总体比较得到的分位数。

（3）紫色的条状图所解释的是，个人的行为特质数值位于总体的哪一个分位数上。

EG® 的合伙人彼得·麦克劳林，将偏好比作烧开的水。水一般会在 100℃沸腾，就像偏好的百分比达到 23%。而在 99℃，水在咕噜咕噜冒热气，就像人的偏好程度为 22% 一样，这种偏好还没有完全展现出来。

下面介绍芭芭拉的 EG® 分析报告，她是一家建筑企业的老板。她的偏好百分比如图 5-1 所示。

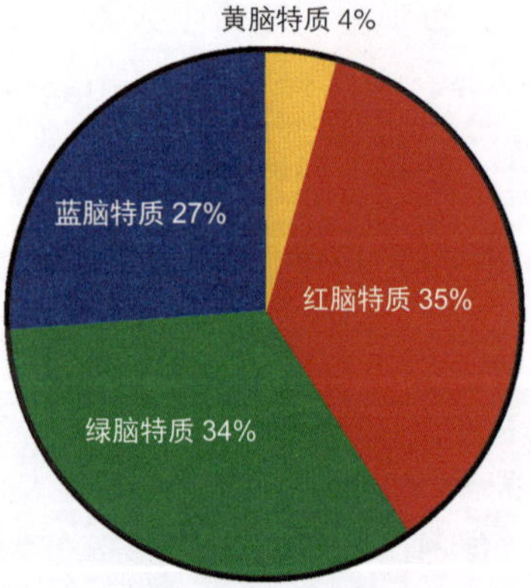

图 5-1

这张饼状图清晰地说明了芭芭拉的各种强项、优势的相互关系。例如，很明显，她喜欢蓝脑思维、红脑思维和绿脑思维，黄脑思维是她最不善用的思维特质。

图 5-2 是芭芭拉的思维特质分位数。这些数值是跟全球做过问卷的大众的数据比较所得出的。它们显示了芭芭拉与总体比较得到的分位数。当你完成了 EG® 分析，得到分析报告后，通过对比总体，对这一分析报告进行统计排序，从而得到思维偏好的分位数。

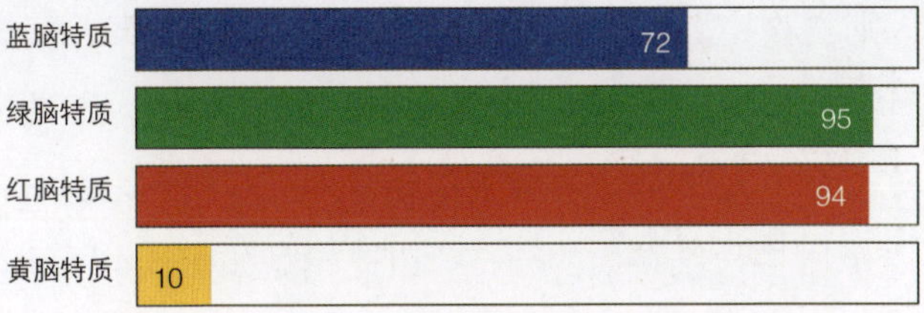

图 5-2

这些条状图，到底表达了什么意思呢？拿黄脑思维来说，芭芭拉的数值在做过问卷的大众的整体数据的 10% 分位数上。这意味着，如果总共有 100 人，这 100 人代表了总体，那么有 90 人比芭芭拉更偏好于黄脑思维。同时，它要比 71 个人更偏好于蓝脑思维，比 94 人更偏好于绿脑思维，比 93 人更偏好于红脑思维。

最后，还有三个条状图（见图 5-3），代表了芭芭拉的行为偏好百分位数。芭芭拉的表达特质分位数为 45%，坚定特质分位数为 95%，变通特质分位数为 5%。

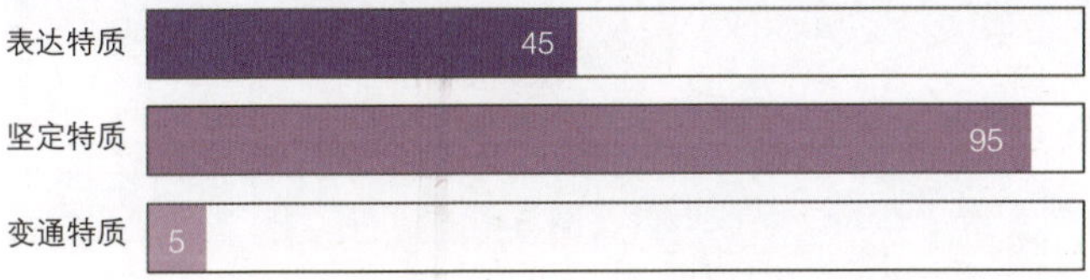

图 5-3

通过观察芭芭拉的 EG® 分析报告，我们可以预测很多事情。因为她属于三元思维偏好（有三项特质数值超过 23%），她会反复思考事情。思考问题所花的时间，要比一般人长，因为她会从三个不同的视角思考问题。因为她最偏好绿脑思维，黄脑思维又是她最不偏好的思维模式，所以我们几乎可以肯定，她喜欢依照惯例行事。她的红脑思维会帮助她跟客户友好相处，但是她的坚定特质和变通特质数值又表明她做事不留情面。因此在谈判过程中，她会盛气凌人，胁迫自己的谈判对手。

思维特质的组合

人类既无比复杂，又独具魅力。有的人喜欢逻辑思考，有的人倾向于直觉判断；有的人喜欢专注于抽象思考，有的人则喜欢专注于具体思考；有的人乐于设计庭院，有的人则喜欢挖土施工；有的人喜欢设计刺绣图案，有的人则喜欢一针一线地刺绣；有的人喜欢设计美丽壮观的高楼大厦，有的人则喜欢一砖一瓦地搭建。我们只有充分理解这些观念，并将其运用到 EG® 模型上，才能清晰地看清楚 EG® 模型四个象限中思维特质的分布。EG® 模型如图 5-4 所示。

图 5-4

收敛思维，是结合事实、数据，进行逻辑思考、理性思考、务实思考，从已知出发，收敛到合理答案的思维模式。这种思维过程就像一个漏斗，起点很宽，逐渐变窄，最后聚成一个点。举个例子，福尔摩斯的探案过程，就属于收敛思维过程。他会收集所有数据、综合所有观察到的线索，然后提出一个结论——“是某某人干的”，从而解开谜团。

发散思维与收敛思维恰恰相反。它从已知出发，向外发散，找到一种独特的方法解决问题——通过新的方法或通过不同的人解决问题。在这个过程中，人们利用直觉、情感、合作、想象和尝试进行思辨。爱因斯坦就是这样一个例子：他从已知的科学和事实出发，提出新的观点、概念来解释物理现象。众包模式也是发散思维的一个案例，这种独特的创新模式，通过人际互联解决问题。

抽象思维的起点很“宽”，而且一直保持这种很“宽”的状态，就像从飞机上往下看。抽象思维就像从 10 000 米的高空向下俯视世界，它主要关注地平线，以及地面世界的概况。你只需知道，飞机下面到底是城市、农村还是森林，并不需要知道它们的细节。抽象思维考虑的是全景和概况。

而具体思维过程与抽象思维过程刚好相反。就像前面举过的例子，具体思维会立足于现实情况，置身于实际情景，专注于事物的细节。例如，土地是否肥沃，农场如何经营，怎么去播种，什么时候播种，怎么收割，什么时候收割，以及需要哪些人参与这些活动。在大脑中，执行具体思维功能的部分，注重任务和人员的细节。

在考量我们所遇到的人时，每个人的这几种思维方式，往往交织在一起，令人不知所措，无从下手。但是，如果我们能用思维特质的观念去观察、理解和分析他们，人的复杂性就会变得不再那么神秘。思维特质的基本组合可以分为以下四类：

（1）单元思维偏好。

（2）二元思维偏好。

（3）三元思维偏好。

（4）四元思维偏好。

我们的研究表明，总体中 10% 的人，属于单元思维偏好，这些人更偏好于使用一种思维特质进行思考（蓝脑偏好型占 1%、绿脑偏好型占 6%、红脑偏好型占 1%，黄脑偏好型占 2%）。这些人的思维特点，已经在第 3 章详细叙述过了。其余 90% 的人，则属于 11 种思维偏好组合，后面将对其进行解释。

我们调查过数以百计的受访者，询问他们对自己和对自己所从事工作的看法。然后综合他们的陈述，总结了每种思维偏好组合的特点。

值得注意的是，每个人的特质报告仅仅代表各自对自己的描述。喜欢从事某一特定类型的工作，并不意味着他们具备相应的技能。但是，从事自己喜欢的工作是一件有益于自己的事情。因为只有喜欢自己的工作，才会觉得它轻松、容易，因而乐此不疲。判断哪种类型的工作适合哪种思维偏好，是一件很容易的事情。但是，我尽力避免这样评价，因为这样显得有些刻板、老套。我认为，任何人都能在任何工作岗位上做出成绩。需要注意的是，如果一个人的思维偏好组合属于红脑 / 黄脑性偏好组合，所从事的工作比较适合蓝脑 / 绿脑性偏好，他会采用与其他人不同的工作方式，并且可能在一天的工作结束后感到疲倦不堪。

◆ 二元思维偏好组合

二元思维偏好组合的人，有两种思维偏好。下面四种是二元思维偏好组合中，最常见的思维特质组合形式。

（1）收敛思维型，或者叫作蓝脑 / 绿脑性（分析 / 结构性），如图 5-5 所示。

（2）发散思维型，或者叫作红脑 / 黄脑性（社交 / 概念性），如图 5-6 所示。

（3）抽象思维型，或者叫作蓝脑 / 黄脑性（分析 / 概念性），如图 5-7 所示。

（4）具体思维型，或者叫作绿脑 / 红脑性（结构 / 人际性），如图 5-8 所示。

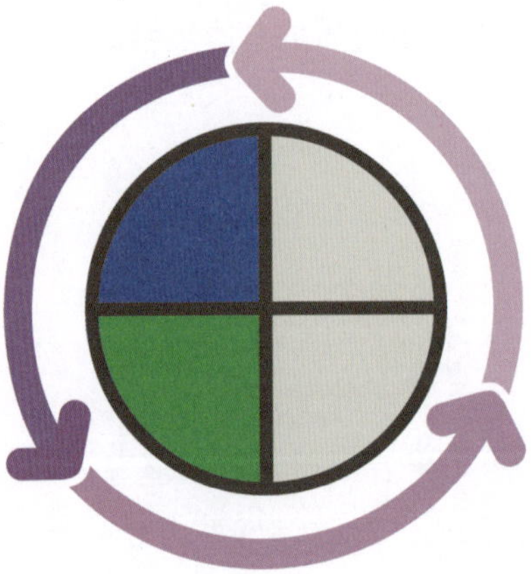

图 5-5

图 5-6

图 5-7

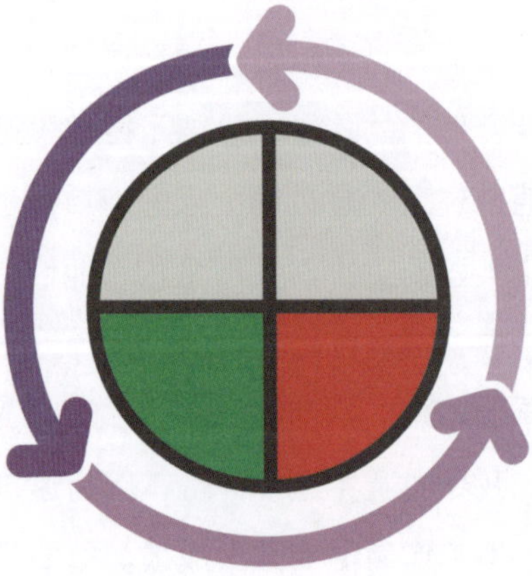

图 5-8

收敛 / 发散思维与抽象 / 具体思维对应的偏好如图 5-9 所示。

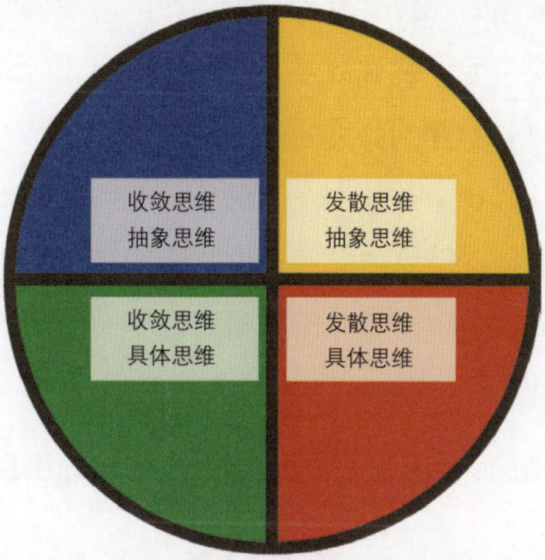

图 5-9

另外，还有两种组合并不常见，它们的思维偏好位于对角位置，刚好穿过了收敛 / 发散思维的分界线，以及抽象 / 具体思维的分界线。这两种组合也叫作对角思维偏好组合。

（1）蓝脑 / 红脑性（分析 / 人际性），如图 5-10 所示。

（2）绿脑 / 黄脑性（结构 / 概念性），如图 5-11 所示。

图 5-10

图 5-11

蓝脑 / 绿脑性（分析 / 结构性）偏好组合（见图 5-12）占总体的 15%。这一组合的分析报告是我们数据库中最常见的。这一类型的人喜欢深入思考，而不是仅仅触及表面。他们偏好于深度研究某一问题，将学习看作一个纵向深入的探索过程；他们会从精准聚焦的视角看待和分析问题。这种偏好组合的人喜欢运用收敛思维，所以一般来说，他们喜欢数学，对工作指南或行动方针情有独钟。他们思维清晰，做事有条理，行事可以预测，但可能对新想法、新方法持谨慎态度。在描述自己所从事的工作时，他们认为自己从事的工作有以下特点：组织有序，技术要求高，注重效率，以结果为导向，而且需要精心安排。他们常常喜欢进行财务分析，喜欢参与有很多控制参数的项目，能够在既定的工作程序下不断取得成绩。

蓝脑 / 绿脑性（分析 / 结构性）偏好组合
"先计划，再执行"

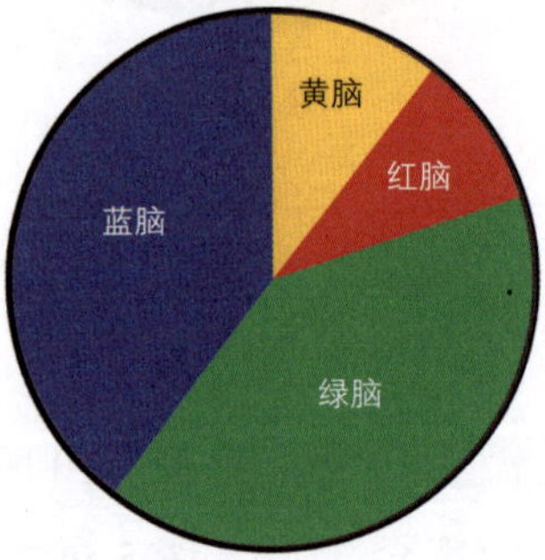

图 5-12

因为不擅长红脑思维和黄脑思维，所以团队合作在他们眼里仅仅是完成工作的一种手段，而不是跟他人建立人际关系的手段。他们会认为公事需要公办，不需要掺杂个人色彩，因此有时会被人视为性格冷漠。对他们来说，展望未来就是设定几个三年内能实现的目标。

红脑 /黄脑性（社交 / 概念性）偏好组合（见图 5-13）占总体的 12%。这种偏好组合的人喜欢从多个视角学习，即使没有相应的背景知识，他们也能通过直觉去探索问题或研究事情。他们喜欢运用发散思维，所以往往不需要书本知识，他们也能知道所发生的问题。他们认为，自己富有想象力，觉得自己对想法、主意的直觉，以及对他人的直觉，非常敏锐；他们认为，自己富有远见，懂得如何进行人际交往，而且能设身处地为他人着想。他们喜欢不断尝试，从尝试中学习，喜欢与他人互动、沟通。对于自己从事的工作，他们这样描述：需要分享，需要跟他人建立人际联系，不断推陈出新，提出新概念；自己所参与的方案需要找寻出不同项目间的联系，需要从不同来源收集信息，并将信息通过新方法加以利用，寻求解决问题的新方案；以一种创造性的方式、方法利用全部细节。他们往往更具先见之明。

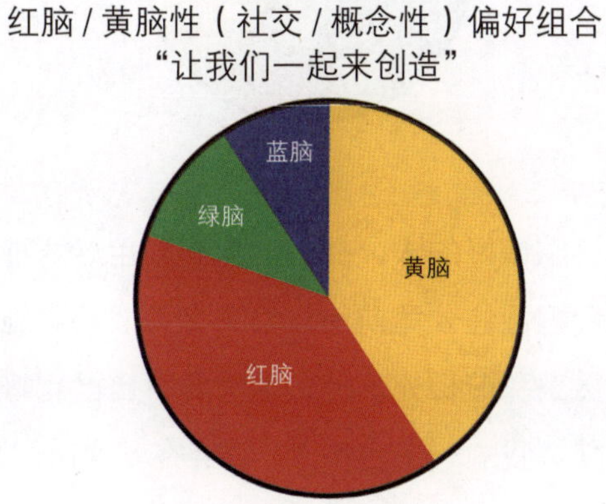

图 5-13

具备这种偏好组合的人渴望被认可，希望皆大欢喜，又渴望调动各种资源实现他们的愿景。在两者不能兼顾的时候，他们往往会陷入矛盾，一筹莫展。他们的思维出于直觉，所以他们往往觉得自己与团体中其他人步调不一致，而他们的红脑思维又重视人际情感联系，因此他们会为此感到苦闷。他们有时又被看作异想天开的人。他们一般不擅长循规蹈矩，或者数据分析。所以，一旦有了一个主意，他们需要跟蓝脑 / 绿脑性的人进行合作，否则他们的好主意可能无法实现。

蓝脑 / 黄脑性（分析 / 概念性）偏好组合（见图 5-14）占总体的 13%。这种偏好组合的人会从全局角度看待问题，就好像从飞机上向下俯视一样。他们注重整体分析，而不是个体分析。他们喜欢运用抽象思维，但是他们的蓝脑思维（逻辑性、分析性、条理性思维）可能会与黄脑思维（创新性、远见性、直觉性思维）进行交锋、争辩。他们的工作往往需要基于现实的全局意识。因为蓝脑特质会将黄脑所思考的问题转化为蓝脑性世界能够理解的东西，所以这是一种非常强大的思维形式。

蓝脑 / 黄脑性（分析 / 概念性）偏好组合
“我看全貌，你做细节”

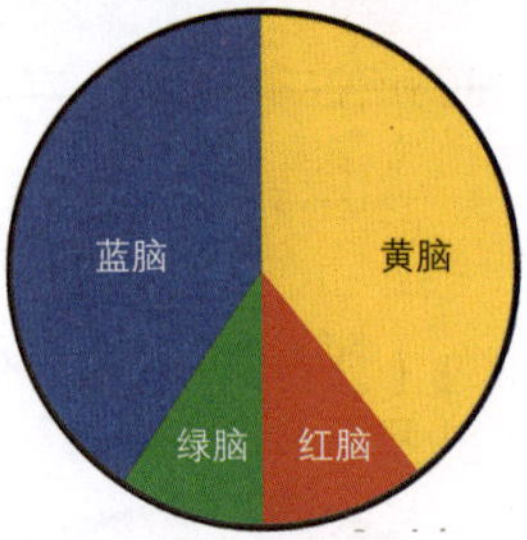

图 5-14

同时具备蓝脑和黄脑偏好的人，在同时均衡利用这两种思维力量时，常常会陷入困境。他们可能会把握住公司前景，但又会为战略实施而辗转反侧。他们往往不懂得如何与其他员工和谐相处。他们常常觉得自己比普通人聪明，其他人则往往觉得他们锋芒毕露。我的一个合作人，曾经在一次研习班上，做过上述表述。下课后，几个蓝脑 / 黄脑性学员走到他跟前，对他说：“你刚才讲的，我们很不赞同。我们不是自认为比大多数人聪明，事实上，我们就是比他们聪明。”

绿脑 /红脑性（结构 / 人际性）偏好组合（见图 5-15）占总体的 14%。具备这两种偏好组合的人倾向于具体思考，往往以“平视”视角看待问题。他们喜欢遵循行动指南，喜欢理解问题的各个细节，同时也富有同情心，个性风趣。因此，有时候，他们的绿脑特质和黄脑特质会发生冲突。他们乐于与他人团结合作，并通过合作完成自身任务；他们喜欢帮助他人提升技能。他们能有效地进行组织和计划，按期保质保量完成任务，清晰地传达任务的安排、部署，同时又能团结和帮助其他成员，并确保客户和商业伙伴都能满意。

跟蓝脑 / 绿脑性不同，绿脑 / 红脑性注重个体分析，而不是总体分析。他们往往被视为缺乏大局观和整体意识，有时会被问题的技术细节所拖累。因为他们的红脑思维注重人际关系，所以他们会担心某些决定会给其他人造成影响。他们会注意到其他人做事的方方面面，所以可能会被视作管得太细。又因为他们具备绿脑思维偏好，所以他们会优先考虑先前行之有效的解决方案，而不是标新立异，别出心裁。

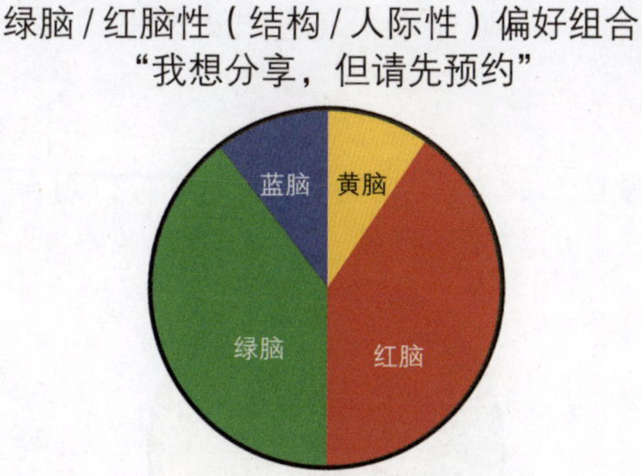

图 5-15

蓝脑 / 红脑性（分析 / 人际性）偏好组合（见图 5-16）占总体的 3%。具备这种偏好组合的人往往既有工作能力，又待人友善。但是他们的所思与所得并不总能一致。他们黄脑思维中风趣、乐天的那一方面，可能会突然被明辨的蓝脑思维所打断，从而提出最严苛的问题。在与有蓝脑偏好而无黄脑偏好的人一起工作时，他们会觉得处境尴尬，因为后者相信，数据比人员更能帮助他们完成工作。这种情况下，蓝脑 / 红脑性会感到孤独，因为他们在方案实施中总是觉得孤立无援。

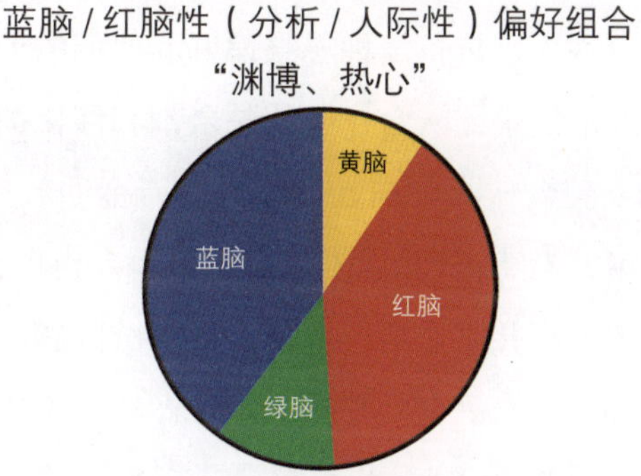

图 5-16

绿脑 / 黄脑性（结构 / 概念性）偏好组合（见图 5-17）占总体的不到 4%。这种偏好组合的人，内心世界的两种偏好一直在不断缠斗。当绿脑偏好占据上风时，绿脑就会想先把桌子清理干净；而当黄脑偏好占据上风时，黄脑就想放个风筝轻松一下。绿脑特质和黄脑特质完全是相互对立的两种特质，所以黄脑会提出绝佳的主意，但是绿脑又会立刻加以否定。但是一旦他们可以驾驭这两种偏好，他们就拥有了强大的力量。因为他们的黄脑偏好可以帮助他们创造、想象，展望未来；而他们的绿脑偏好又可以帮助他们整理好那些“疯狂而又古怪”的想法，并帮助他们实施方案。

绿脑 / 黄脑性（结构 / 概念性）偏好组合
“把不可能，变为可能”

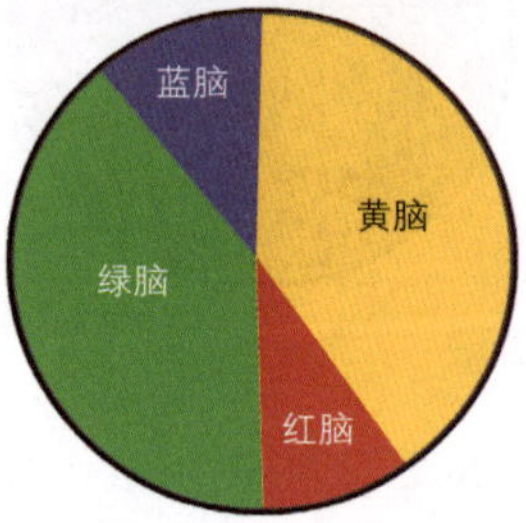

图 5-17

在选择职业时，拥有这种偏好组合的人会陷入两难境地，他们不清楚自己究竟应该去当律师还是做诗人。

◆ 三元思维偏好组合

三元思维偏好组合的人，具备三种思维偏好。他们的天赋在于，他们能与其他思维方式产生共鸣。他们是团队合作中的黏合剂和催化剂，有助于增进团队成员之间的理解。我的一位合伙人常被大家称为“万金油”，因为她能够将不同的思维形式融合起来应用。当然，三元思维偏好的人也会为自己的博而不精而困扰。

三元思维偏好的人，也并不总能厘清自己对某一问题的思路或感受。他们觉得，问题的很多方面都讲得通。他们往往表示，做决定是件伤脑筋的事情。有个三元思维偏好的人曾向我解释：“我的大脑需要权衡问题的方方面面，大脑里面就像在开会一样，有的时候会争得焦头烂额。”这往往会导致，在做决定时，三元思维偏好者花的时间比二元或单元思维偏好者要长得多。

三元思维偏好组合可以分为以下两种：

（1）“左型三元偏好”，这种类型因具有两种收敛侧思维特质（左侧）而得名。他们能将蓝脑和绿脑的收敛思维，与黄脑思维或红脑思维结合在一起。

（2）“右型三元偏好”，这种类型因具有两种发散侧思维特质（右侧）而得名。

他们能将红脑和黄脑的发散思维，与蓝脑思维或绿脑思维结合在一起。

左型三元偏好

蓝脑 / 绿脑 / 红脑性(分析 / 结构 / 人际性)偏好组合(见图 5-18)占总体的 7%。这种偏好组合的人在行动或说话前会细细考量一番，让你知道接下来需要做什么，往往会让你心悦诚服。

蓝脑 / 绿脑 / 红脑性（分析 / 结构 / 人际性）偏好组合
“有效率，也顾及感受”

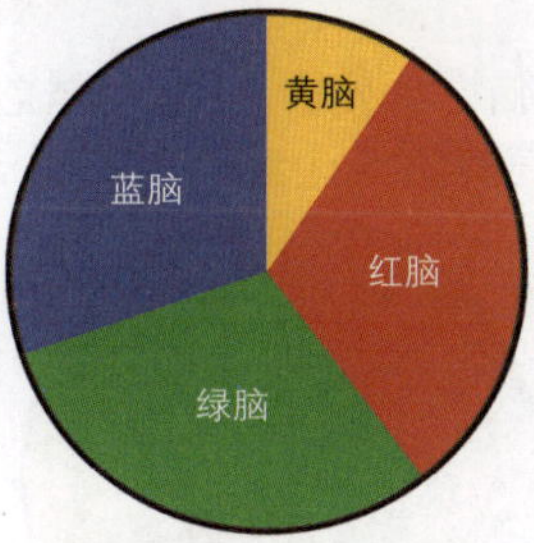

图 5-18

因为他们倾向于收敛思维和具体思维，所以这种偏好组合的人不会把新的工作当成机遇，他们往往会营造一个拒绝革新的环境。他们觉得，既然一种方法屡试不爽，为何还要弃而不用，另寻他策。

蓝脑 / 绿脑 / 黄脑性(分析 / 结构 / 概念性)偏好组合(见图 5-19)占总体的 5%。这种偏好组合的人往往会运用他们的抽象思维（蓝脑和黄脑思维）能力创造新想法，并运用对称性思维（蓝脑和绿脑思维）使方案行之有效。

蓝脑 / 绿脑 / 黄脑性（分析 / 结构 / 概念性）偏好组合
“想法为行动服务”

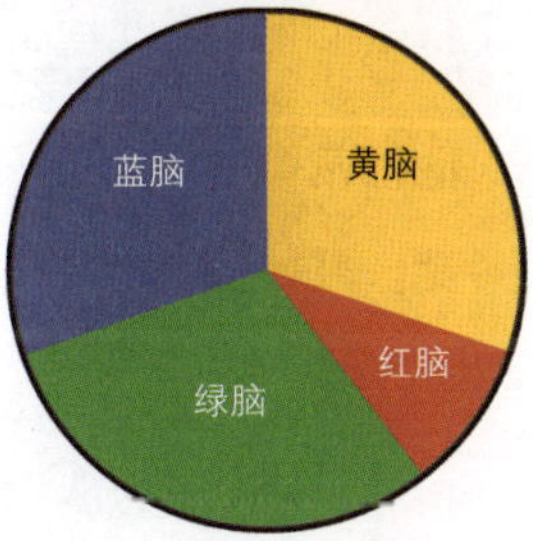

图 5-19

具备这种思维偏好组合的人缺乏红脑性偏好（某一特质只有超过 23% 才能成为偏好）。因此，他们虽然能够全神贯注于钻研新创意，并致力于新创意的实现，却不擅长与人相处。

右型三元偏好

蓝脑 / 红脑 / 黄脑性（分析 / 社交 / 概念性）偏好组合（见图 5-20）占总体的 12%。这种偏好组合的人能将发散思维与抽象的蓝脑思维结合起来。他们往往擅长倾听他人，与他们产生共鸣，同时推演出让公司长期发展的新方案。

蓝脑 / 红脑 / 黄脑性（分析 / 社交 / 概念性）偏好组合
“你怎样看这个全球化的想法”

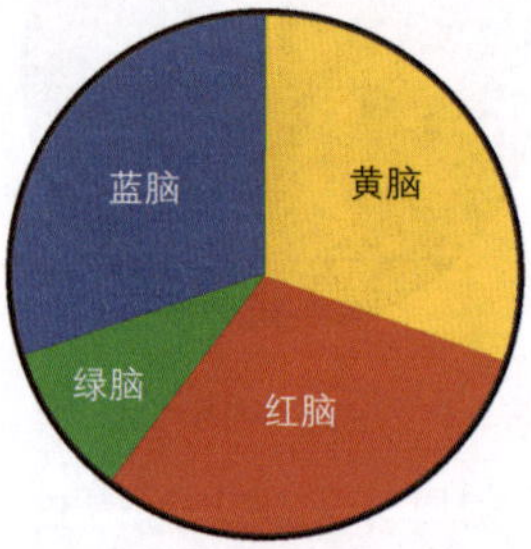

图 5-20

因为他们不擅长绿脑思维，所以这种偏好组合的人往往会同时做很多事情，可能从不会感到自己的工作井井有条。喜欢在组织有序的环境下工作的人在与他们合作时，常常会觉得一头雾水，不堪其扰。

绿脑 /红脑 / 黄脑性(结构 / 社交 / 概念性)偏好组合(见图 5-21)占总体的 5%。这种偏好组合的人会将发散思维与具体的绿脑思维结合起来。他们懂得激发人的灵感，会设计出一个流程来检验新创意是否有效。

这种偏好组合的人不擅长蓝脑思维，可能不喜欢对技术问题深思熟虑，也不太擅长批判性思维。在会议上，他们常会让人迷惑不解，因为他们可能前一分钟还在集思广益，后一分钟态度突变，开始固执己见。

绿脑 / 红脑 / 黄脑性（结构 / 社交 / 概念性）偏好组合
“情绪受控的创意思考”

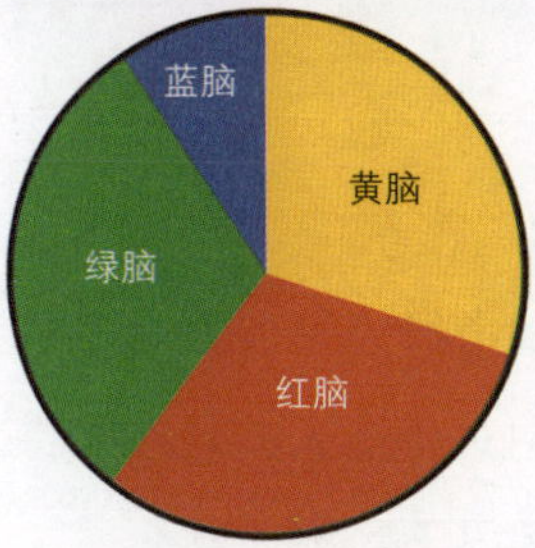

图 5-21

◆ 四元思维偏好组合

四元思维偏好组合（见图 5-22）仅占总体的 1%。他们的四种思维偏好，都很均衡。这种偏好组合的人要么成就非凡，要么普普通通。对于成就非凡的那类人，他们成功的原因是，他们既能综合利用各种类型的思维，同时又能制定坚定的决策。对于普普通通的那类人，他们之所以普通，是因为他们对任何一种方向都摇摆不定，总是做事后诸葛亮，处处被动。

四元思维偏好组合
“‘公平’的”

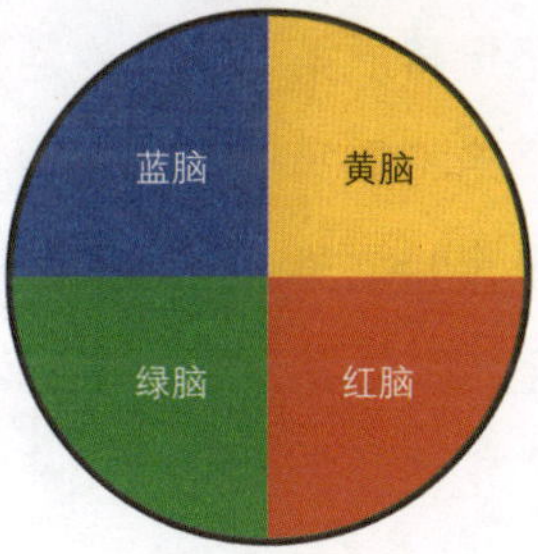

图 5-22

这类偏好组合的人常常能与他人（取决于其行为特质）进行良好的沟通，这是因为他们能够综合理解他人的观点。他们所面临的困境是，他们可能不太突出，不能脱颖而出。如果你属于这种偏好组合，你很有可能会在自己部门中先拔头筹（前提是能力很强），这是因为你有能力承担各种类型的任务。但是此后你的事业会陷入停滞，这是因为在任何领域你都没能成为专家。

行为特质的组合

通过学习第 4 章，我们知道行为特质共有三种：表达特质、坚定特质和变通特质。这三种特质影响了我们对待他人的外在品性。我们对每种行为特质的偏好程度可以用第一区、第二区和第三区描述。

根据对总体的分析我们发现，有 35% 的人对这三种特质的偏好程度是一致的，即三种特质偏好程度或都处于第一区，或都处于第二区，或都处于第三区。剩余 65% 的人对这三种特质的偏好程度不完全一致。鉴于每项行为特质都有三个区域，因此描述每种可能的行为偏好组合的特点将会花费相当长的时间。所以，如果我们仅仅探讨行为特质偏好程度位于两端的几类组合，将会极大简化这一任务。在这一部分，我仅探讨七种行为特质组合，这些组合重点描述了第一区和第三区行为特质间的区别，而第二区行为特质属于“适应型”，可以适应第一区和第三区偏好。每种组合右侧括号里的数字为该项行为特质组合的简写，代表了三种行为特质的区域。

（1）表达特质第一区，坚定特质第一区，变通特质第一区（111 组合）。

（2）表达特质第三区，坚定特质第一区，变通特质第一区（311 组合）。

（3）表达特质第一区，坚定特质第三区，变通特质第一区（131 组合）。

（4）表达特质第一区，坚定特质第一区，变通特质第三区（113 组合）。

（5）表达特质第三区，坚定特质第三区，变通特质第一区（331 组合）。

（6）表达特质第三区，坚定特质第三区，变通特质第三区（333 组合）。

（7）“适应型”组合（222 组合）。

我的合伙人克里斯·考克斯为了说明不同组合的区别，专门设计了一个情景。假设你和几个同事拥有不同的行为特质组合，你们想确定去哪里吃午饭。最初的想法是去斯特林餐厅吃意大利菜，不过另一个选择是去南园餐厅吃中餐。

1. 表达特质第一区，坚定特质第一区，变通特质第一区（111 组合，见图 5-23）

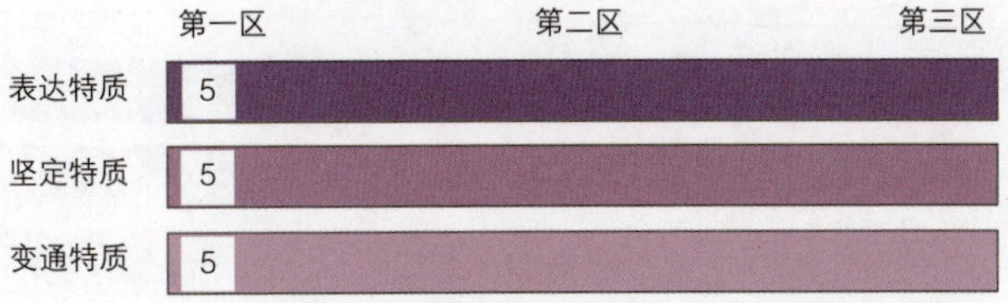

图 5-23

这位同事并不喜欢吃意大利餐，但她不会明确表达她的想法。她一向不喜欢多生事端，她会用自己的方式保持人际关系的和睦。最后，她可能会跟大家一起去斯特林餐厅，但她只会点很少的菜。而因为她处于变通特质第一区，所以她内心非常想去南园餐厅。也有可能，她会编一个理由不去一起吃午餐，最后点一份外卖。无论哪种情况，她都会尽力让大家不去注意自己，或者尽力不扫大家的兴。

2. 表达特质第三区，坚定特质第一区，变通特质第一区（311 组合，见图 5-24）

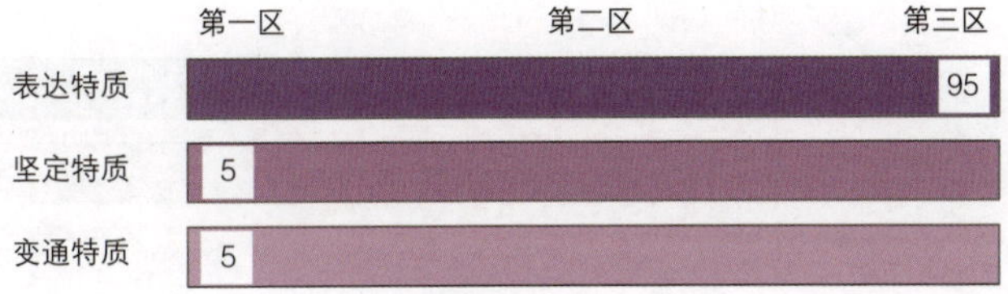

图 5-24

跟上个同事一样，这个同事非常想去吃中餐，同时也不想另生事端。但是，因为他处于表达特质第三区，他觉得有必要让人了解他所中意的午餐地点。因此，他会提出几个委婉的暗示，不失礼貌地改变大家的选择。他可能会问，“有没有人注意到斯特林餐厅的差评”或“开车去那里，需要至少 30 分钟，我们能保证准时回来吗”。他希望，通过这样的问题，让某个同事能够领会他不想去吃意大利餐。最后，如果决定了去吃意大利菜，他会不会跟大家一起去呢？答案是肯定的。因为，他会觉得，跟大家一起聚聚、聊聊天是一件乐事，为此他不会太在意饭菜是否可口。

3．表达特质第一区，坚定特质第三区，变通特质第一区（131 组合，见图 5-25）

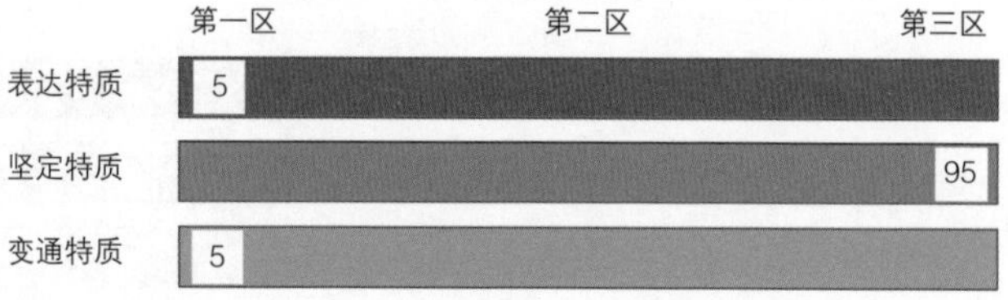

图 5-25

这个同事觉得，直接跟大家表达自己的意见没有什么不妥，但她不会尽力去坚持自己的意见。她会非常明确地告诉大家，她想吃中餐，然后不再多说。她是个话很少的人，一般能达到自己的目的。这种情况下，大家不会强求这样的人去斯特林餐厅。因为她很有可能自己开车去南园吃中餐，直到午餐结束，回来工作，大家才知道这件事。

4．表达特质第一区，坚定特质第一区，变通特质第三区（113 组合，见图 5-26）

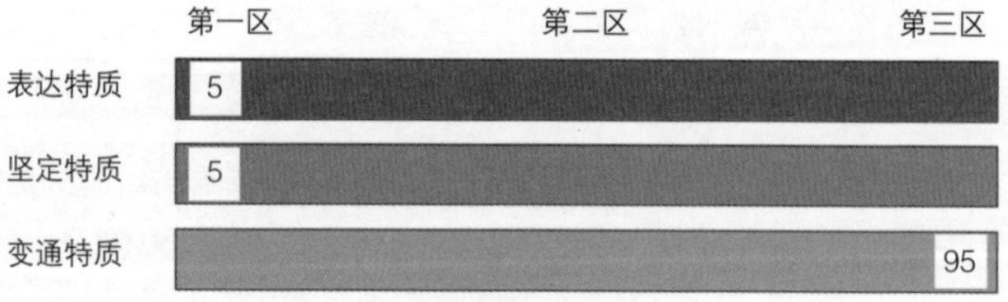

图 5-26

这个同事不会直接说不想吃意大利菜，甚至都不会去暗示，最终他会服从大家的决定。问题是，他仍然想吃中餐。当大家决定去吃意大利菜后，他会盘算好近期去吃一次中餐。没准儿，他会选择当天晚上就去南园餐厅吃晚餐。

5．表达特质第三区，坚定特质第三区，变通特质第一区（331 组合，见图 5-27）

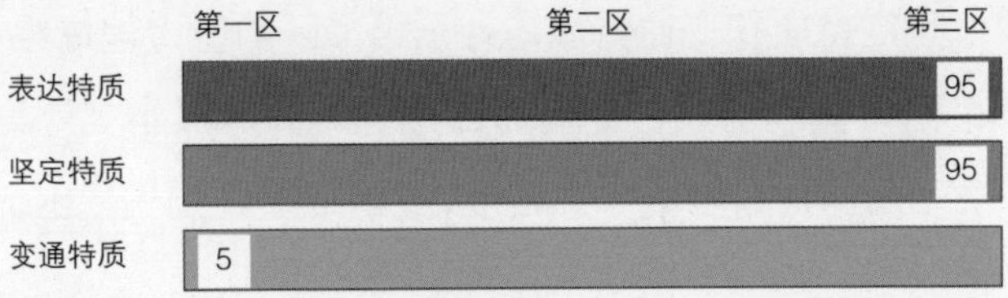

图 5-27

这个同事会控制整个决定过程。她想吃中餐，并且会明确告诉大家自己的意愿。她会从讨论的一开始，便不断重复自己的想法，直到有人同意她的想法。因为她会说出这样的话："不去南园餐厅的话，大家就各吃各的。"因此，人们会觉得这样的行为有点蛮横，不讲道理。

6．表达特质第三区，坚定特质第三区，变通特质第三区（333 组合，见图 5-28）

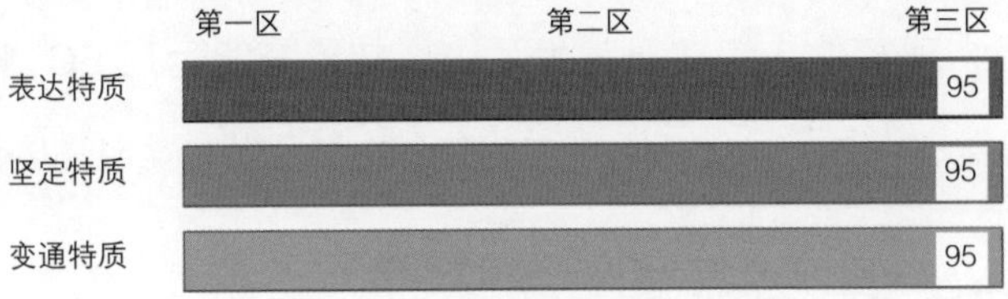

图 5-28

这个同事最想控制决定过程，但是又会顺从大家的一致意见。如果一伙人中，有两个这样偏好组合的人，对午餐的讨论会持续 20 分钟，每个人都会详细列举每个餐厅的优势和盲点。他们其实并不在意最后选了哪家餐厅，但是如果去了斯特林餐厅，他们一定会留意这家餐厅的特点，并跟其他备选餐厅进行比较。

7．"适应型"组合（222 组合，见图 5-29）

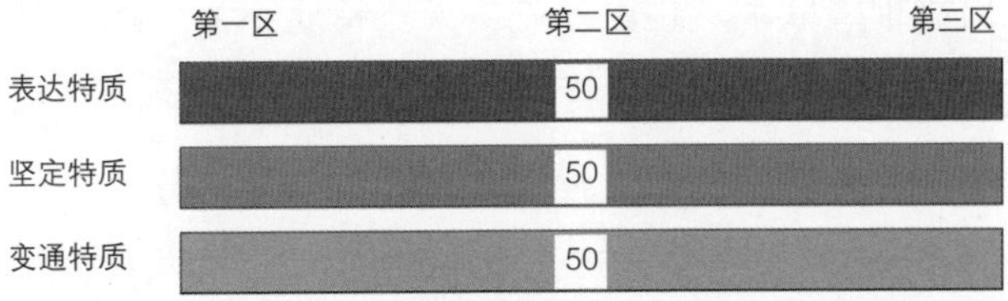

图 5-29

表达特质、坚定特质和变通特质均处于第二区的行为偏好组合，也叫作“适应型”组合。根据具体的情景，他们的每项行为偏好都能变为第一区或第三区。他们的决定取决于自己对中餐的中意程度，或者取决于别人提出的理由是否充分。

综合考虑思维特质与行为特质

我非常喜欢阅读 EG® 分析报告。各种特质组合变化无穷，每个人的特质组合都独一无二，就像大脑的“指纹”一样。EG® 分析报告的优势在于，它无比灵活。每个人，都没有必要削足适履，硬性地适应某种固有类型的特质构成，每份分析报告都是根据个人特质独立生成的。

我很乐意去探讨思维特质和行为特质的所有组合，但这样做，估计一千年都探讨不完，具体的细节会让人眼花缭乱。而本章的目的是，让你能根据七种特质充分理解自我，理解他人。在日常生活中，你越是能运用 EG® 概念，就越能辨析它的微妙之处。

◆ 思维特质与行为特质的相互联系

这七种特质，是否是相互联系的呢？回想一下，我在设计 EG® 分析报告的初期，曾经假设某些思维模式与某些行为模式存在固有的相关性。但是，根据从全球收集来的 EG® 分析报告中我们发现，情况并非如此。

事实上，我很乐意看到，一般情况下，思维特质和行为特质是相对独立的。这意味着，EG® 分析报告能够有效地识别出个人的互不交错的特点。当然，也存在一些例外，例如，红脑偏好与第三区变通特质往往会同时出现。有些情况下，某些特质呈现出负相关联系，也就是说，某些特质不太可能同时出现。例如，绿脑偏好与黄脑偏好，往往是相互排斥的，但并不是绝对的。

无论哪种情况，特质间的相关程度，是通过方差百分比进行衡量的。方差百分比是一个统计学术语，用来描述两个变量间的关系。在对所有数据进行检验后，我们得到思维特质和行为特质间的相关关系，并在 EG® 技术报告中对其进行了简单介绍。

通过分析数据，我们仍能得出这一结论：思维特质和行为特质是相对独立的。例如，我们可能会假设，单元黄脑偏好的人，应该处于变通特质第三区，因为黄脑思维喜欢转换思考的方向。但是，如果结合实际数据，我们会发现，有 16% 的黄脑偏好者处于变通特质第一区。虽然如此，某些思维特质与某些行为特质间，确实也存在一些明显的关系，例如，69% 的黄脑偏好型处于变通特质第三区。回顾一下变通特质的定义——适应他人思想、行为的意愿，因此红脑偏好与变通特质的“善变”端会有一种自然而然的联系。再次强调，所有红脑偏好型并不都处于变通特质第三区（仍有 31% 的黄脑偏好者处于变通特质第一区或第三区）。因此，通过以上分析，我们发现，即使存在特质间的明显相关关系，在分析个人的 EG® 分析报告时，我们仍然不能绝对化。

针对不同的 EG® 分析报告，我们设计了一套缩写形式，可以帮我们简单直接地表示这七种特质。在缩写形式中，我们用字母、数字代表偏好特质，用星号代表非偏好特质。对于四种思维特质，蓝脑特质用字母 A 来表示，绿脑特质用字母 T 来表示，红脑特质用字母 S 来表示，黄脑特质用字母 C 来表示。如果某一项思维特质是这个人的思维偏好，就用相应的字母表示它，而且严格按照前面列举的那个顺序表示。如果一项思维特质不是其思维偏好，就用星号表示。例如，如果一个人的思维偏好组合是红脑 / 黄脑性，就用 **SC 来表示。而行为特质，用其相应的程度来表示。如果一个人思维偏好组合为红脑 / 黄脑性，行为偏好组合为表达特质第一区、坚定特质第三区、变通特质第三区，那么他的分析报告可以简单表示为 **SC133。

◆ EG® 分析报告中的思维和行为偏好

如果对不同的思维偏好和行为偏好进行组合，可以得到 404 种组合形式。下面通过几个例子，说明 EG® 分析报告（报告中的百分比数据，由于存在四舍五入，所以部分思维特质组合总和不为 1）。

约翰 · 卡特（A*S*323，分析报告见图 5-30）

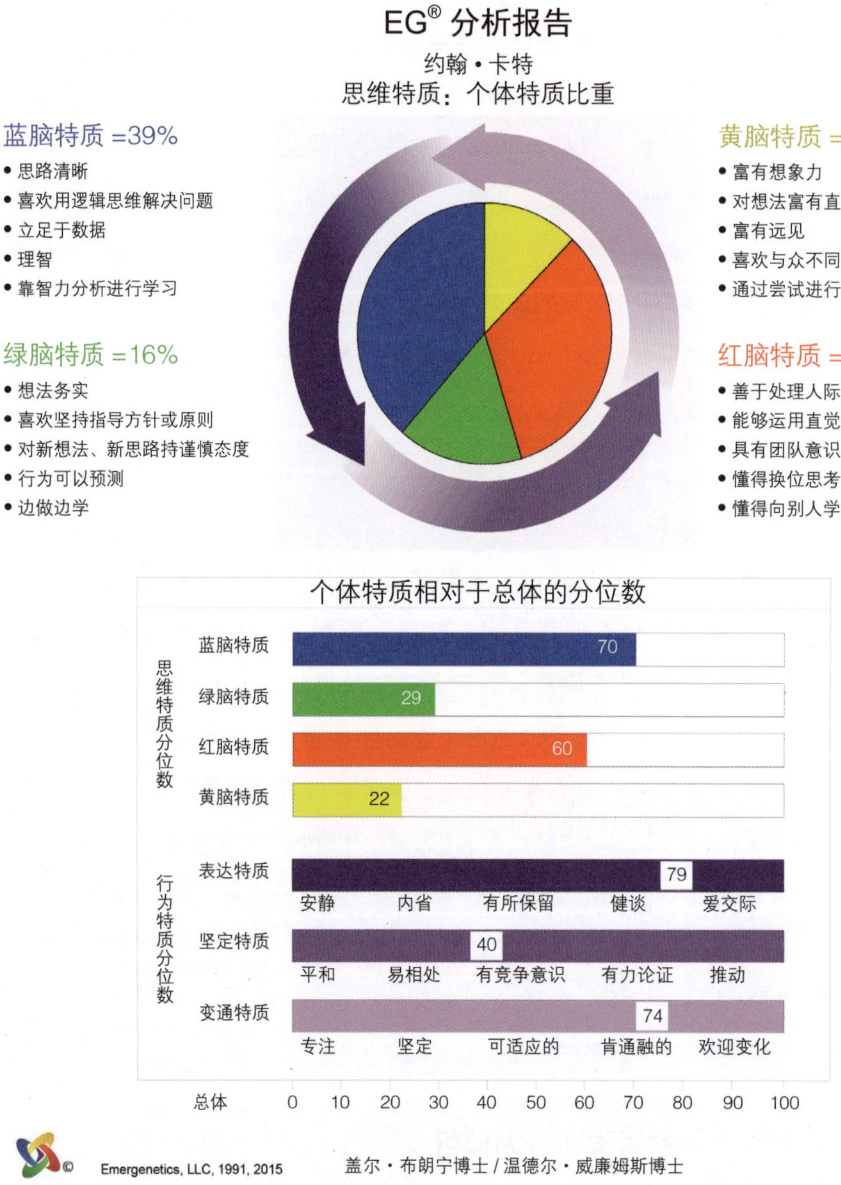

图 5-30

在跟他人合作时，约翰可能很喜欢向他们解释数据。基本而言，他是一个比较健谈的人，喜欢跟别人沟通，很享受和谐、融洽的环境，愿意顺应大家的想法。约翰的特质写照，可能是“渊博、热心”。

简・威廉姆斯（*T*C222，分析报告见图 5-31）

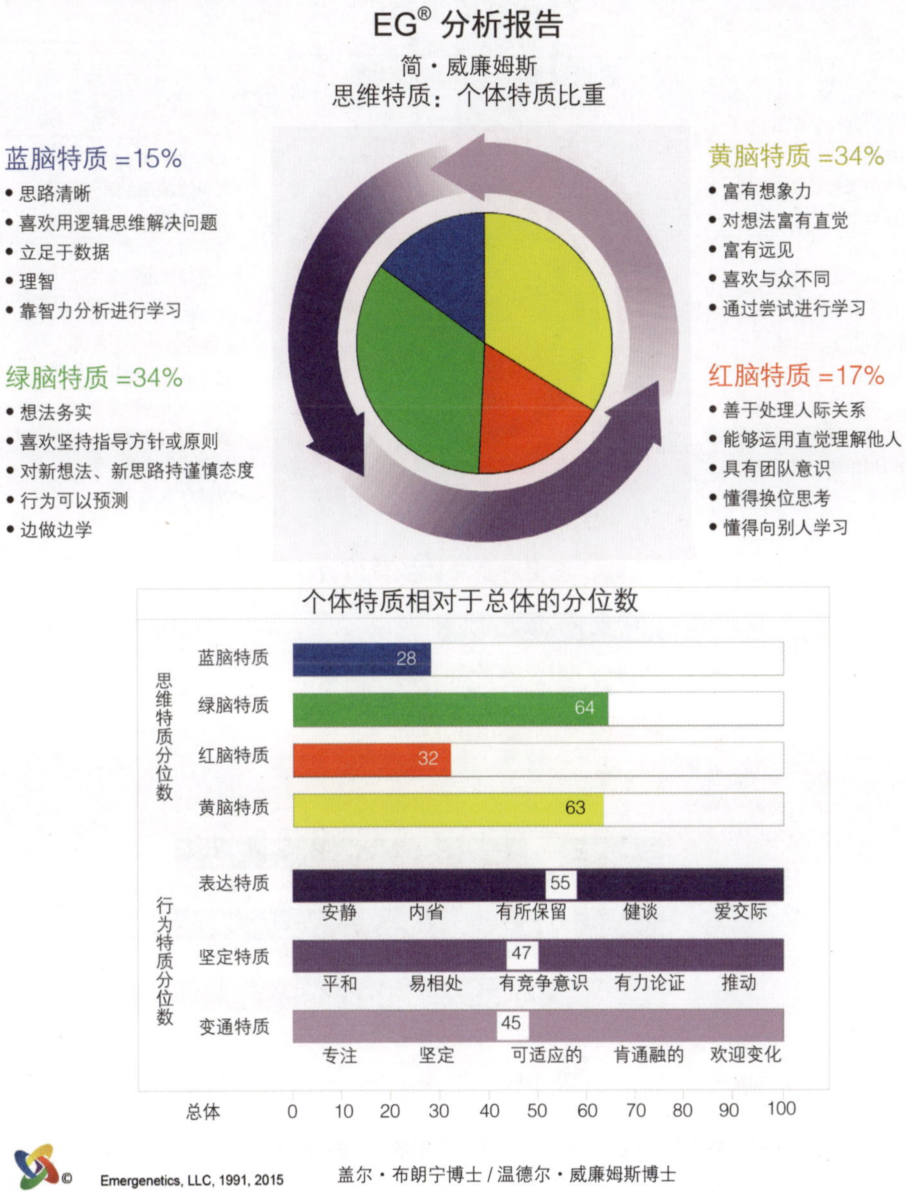

图 5-31

简是一个富有远见的执行者，她的具体行为取决于具体环境。简的特质写照为“把不可能，变为可能”。

马利克·詹姆斯（ATS*111，分析报告见图 5-32）

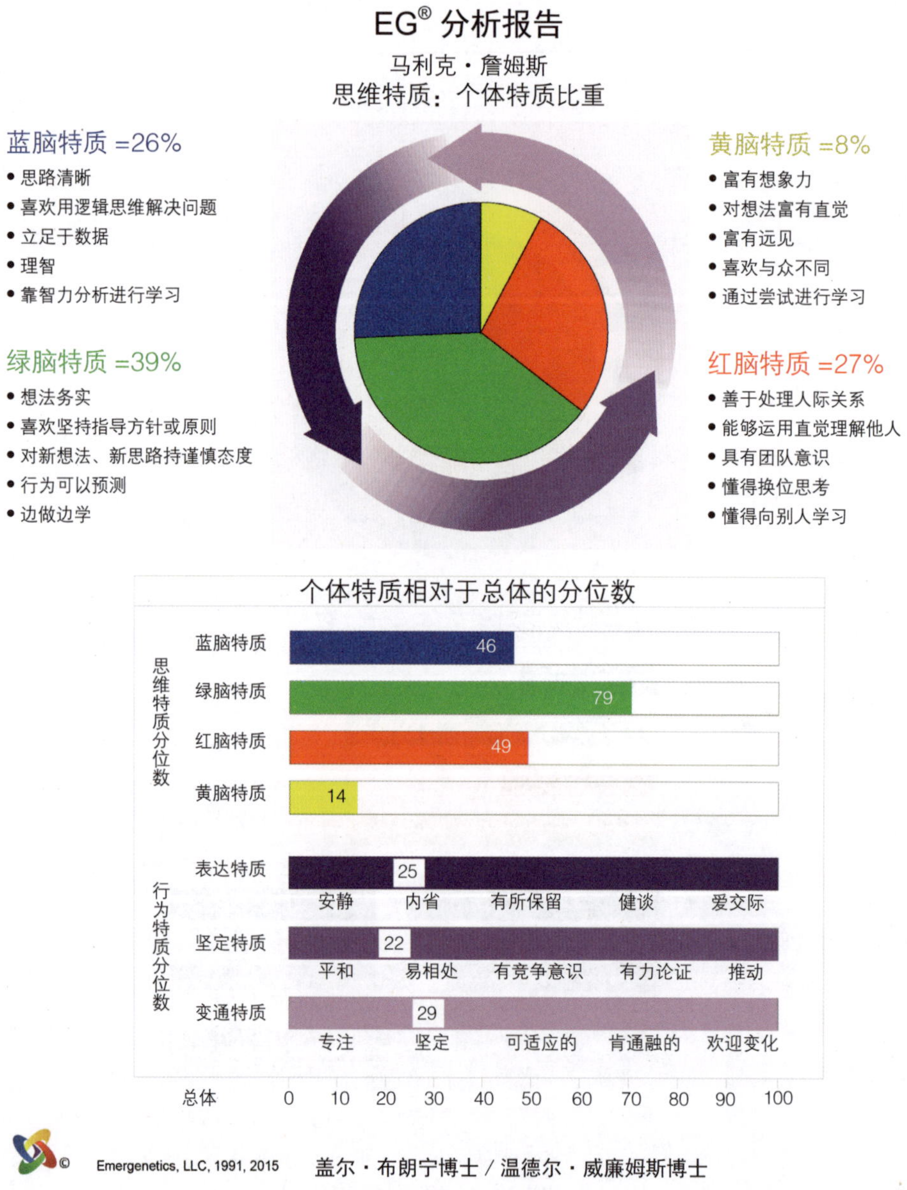

图 5-32

马利克是任务的施行者，喜欢跟他人一起合作。他的特质写照为“有效率，也顾及感受”。他一般会喜欢安静、和睦的环境，这样他就可以专注地一次性完成某项任务。

安吉拉·赫尔南德斯（AT*C121，分析报告见图 5-33）

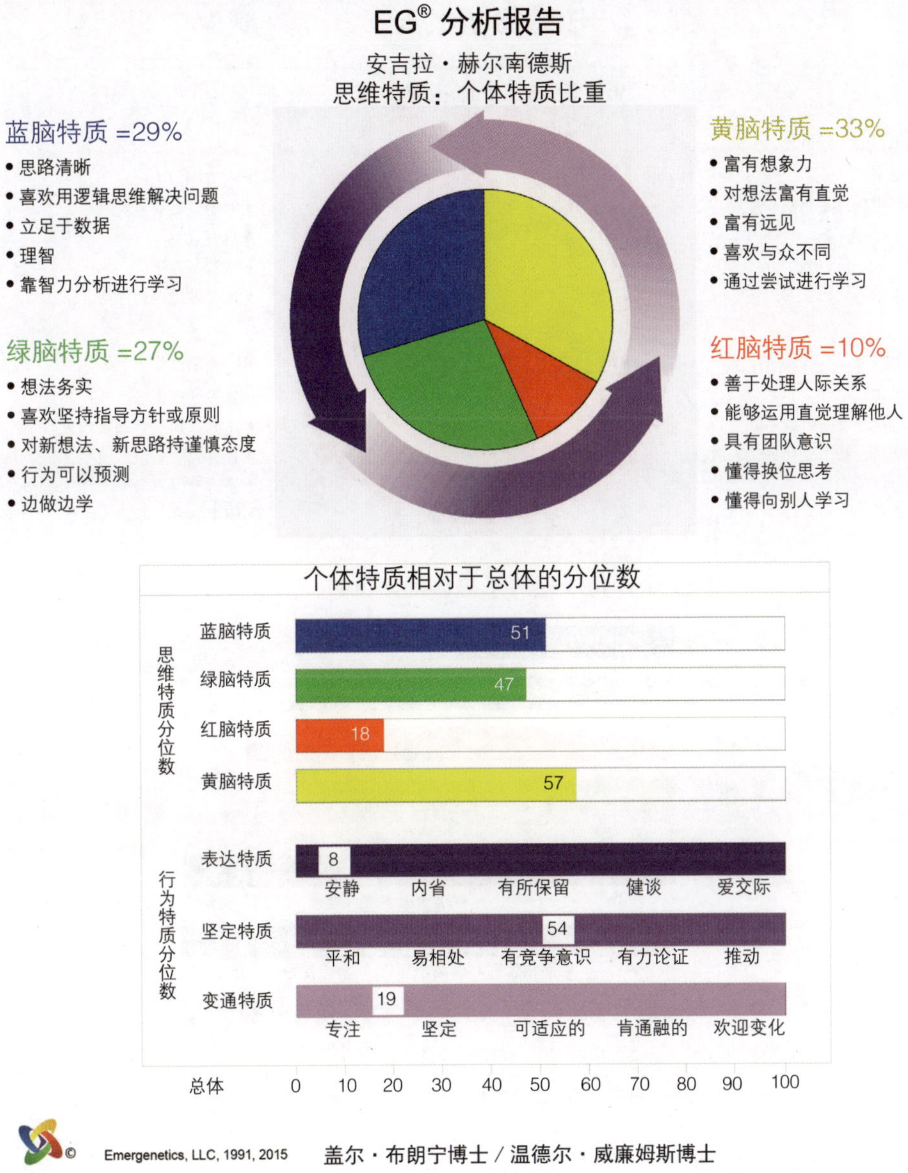

图 5-33

安吉拉喜欢在任务实施过程中钻研新想法。安吉拉的特质写照为“想法为行动服务”。她大概是一个安静的人，但是一旦下了决定，她会坚持不懈，全神贯注。

珍妮特·沃克（*TSC213，分析报告见图 5-34）

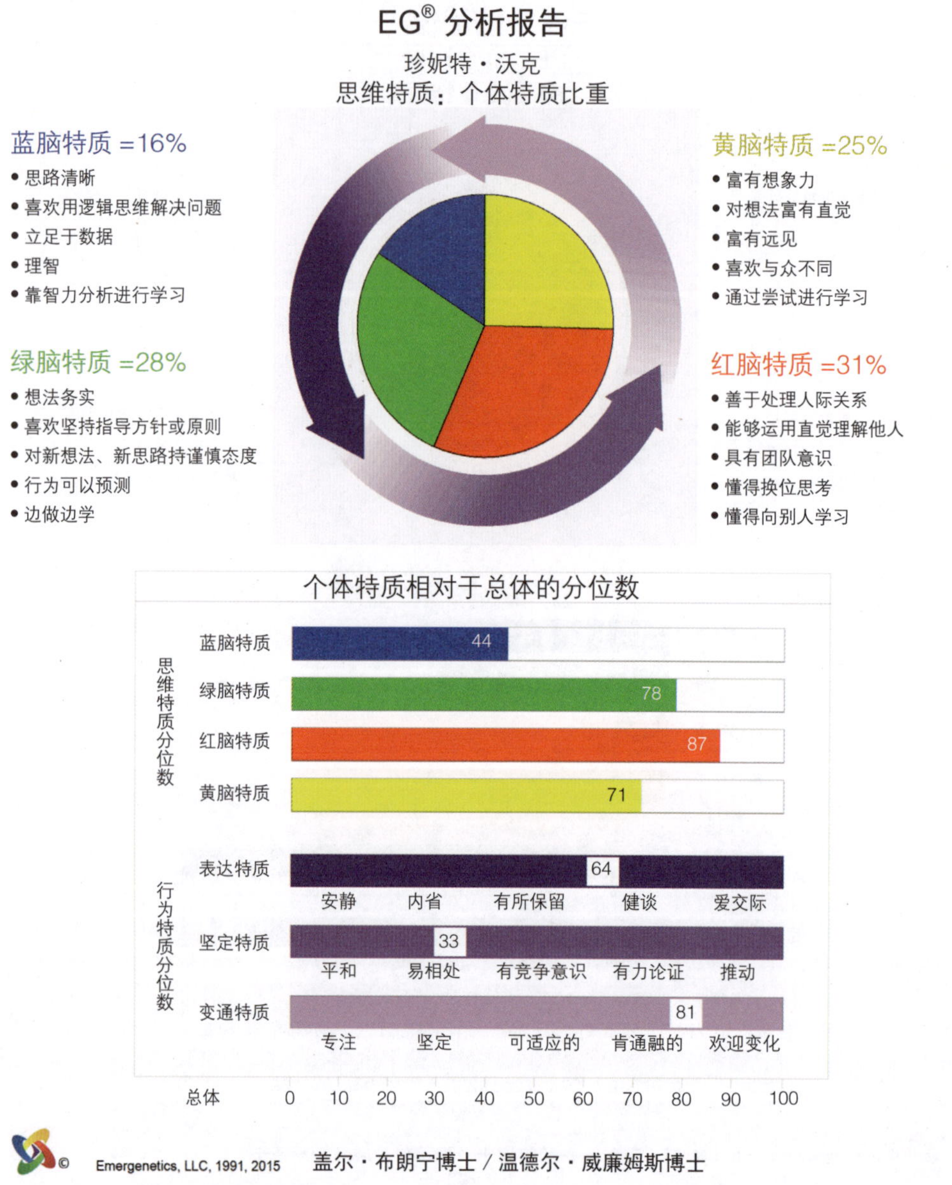

图 5-34

珍妮特是新想法的践行者。她的特质写照为“情绪受控的创意思考”。根据具体的情境，她既可以文静恬淡，也会爱好社交。她喜欢和睦的环境，愿意顺应大家的意见。

罗杰·麦克唐纳（A***122，分析报告见图 5-35）

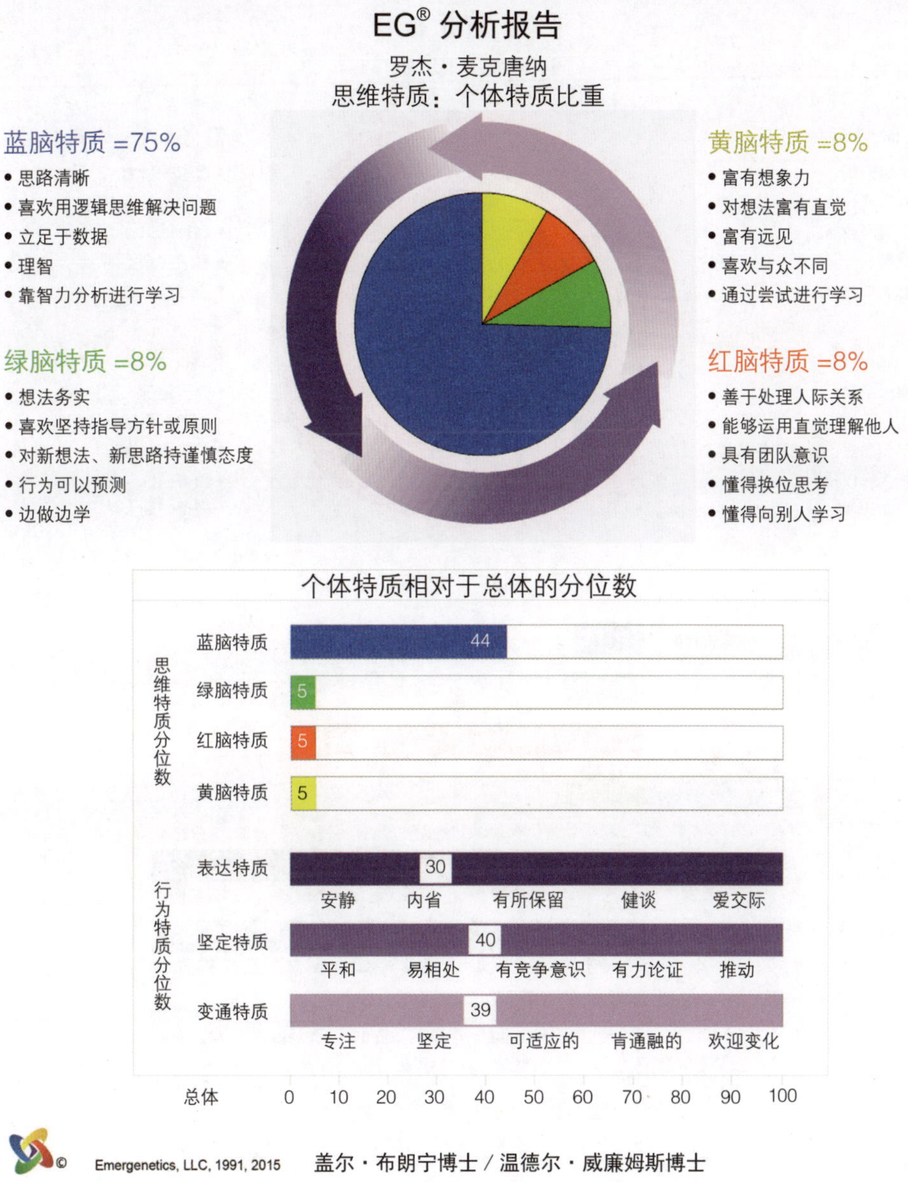

图 5-35

罗杰天生富有怀疑精神，生活、工作节奏快，非常理性。他的特质写照为“除了上天……其他人都得带数据来”。他沉默少语，其坚定特质和变通特质的程度由具体的环境决定。

谢丽尔 · 琼斯（**S*222，分析报告见图 5-36）

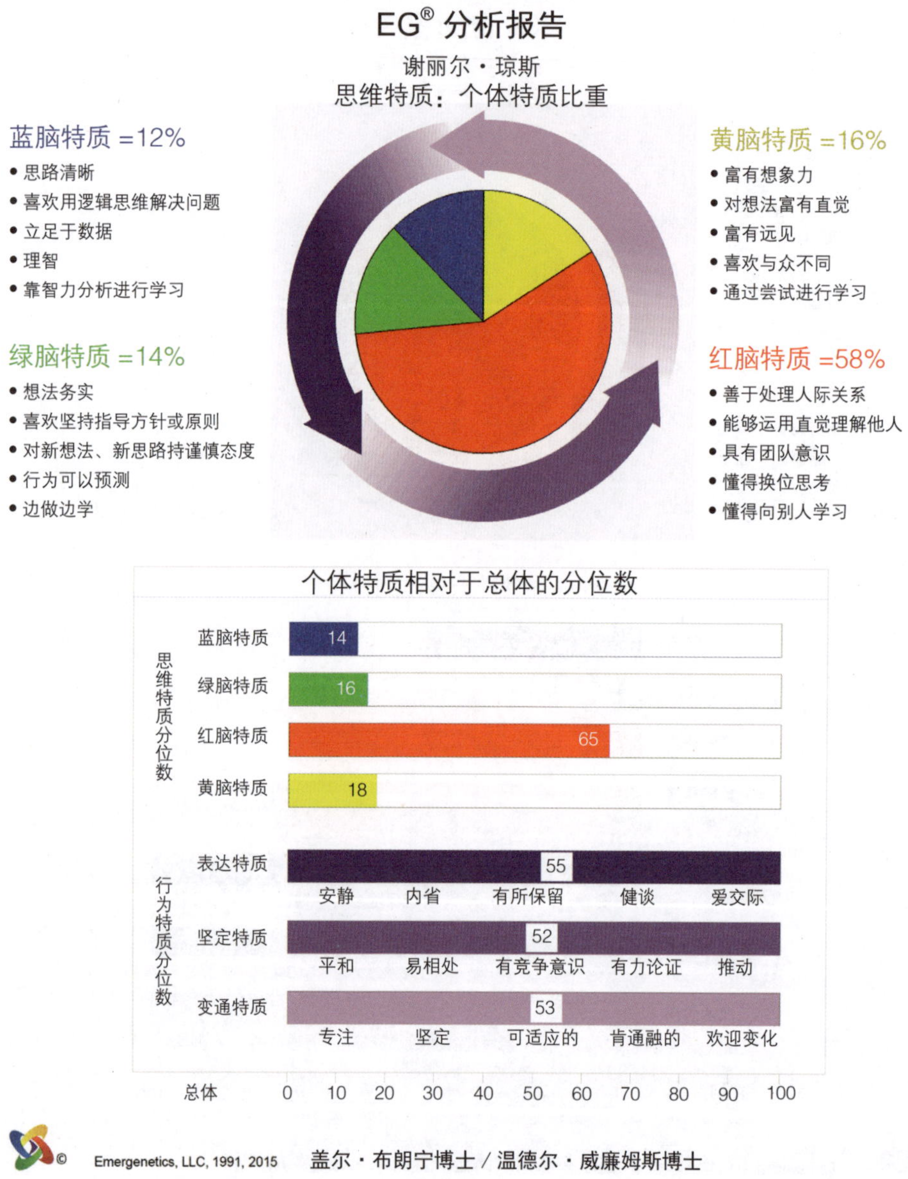

图 5-36

对谢丽尔来说，他人的感受至关重要。她的特质写照为“我一眼就看穿了我身边的人”。她的任何一项行为特质程度都能根据具体环境的不同，而切换为第一区或第三区。

杰夫·斯通（***C231，分析报告见图 5-37）

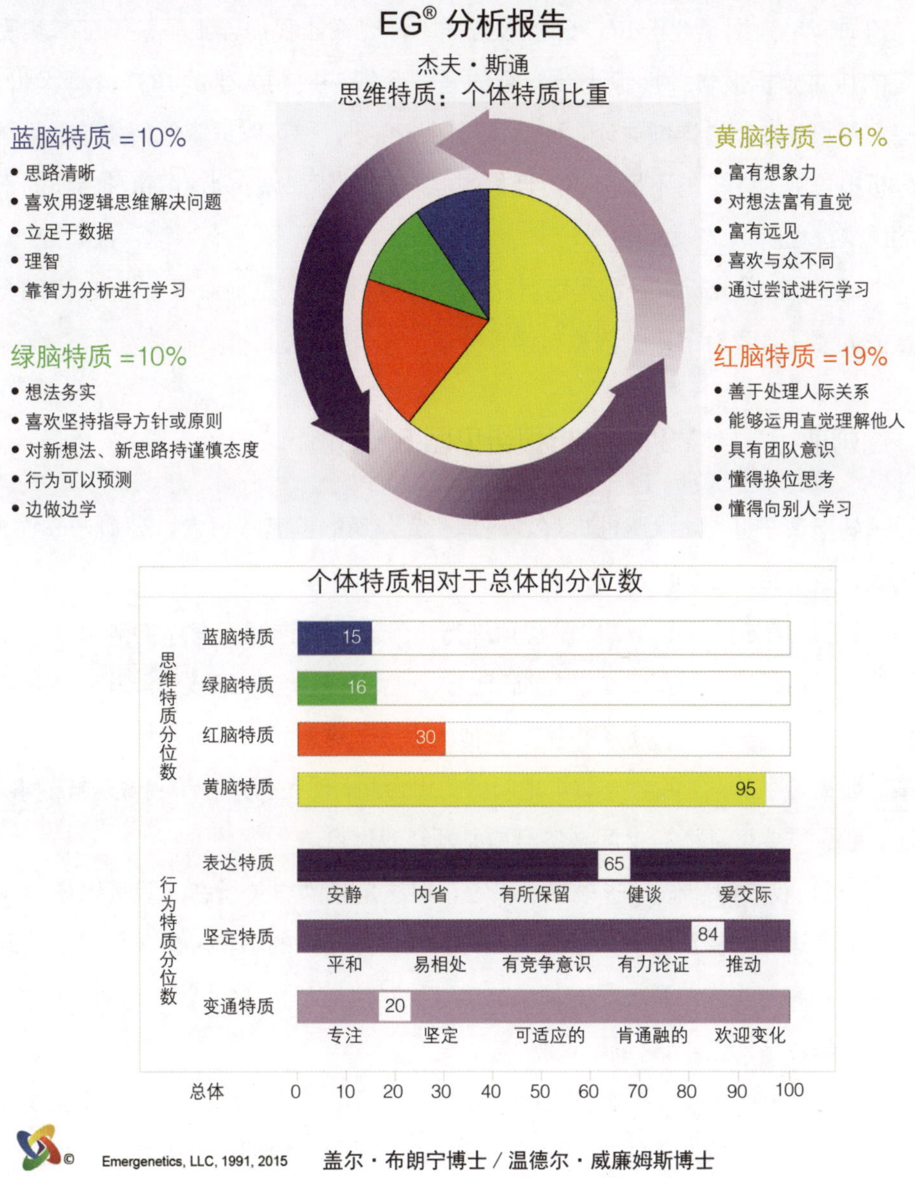

图 5-37

杰夫的脑子里能迸发出很多想法，他常常喜欢展望未来。他会在决策过程中思索很多种方案，一旦做决定，他会坚持遵循决定。杰夫的特质写照为“我感觉自己置身于另外一个平行时空”。

真实案例

前面简单介绍了 8 份 EG® 分析报告样本，现在让我们详细了解一下真实受访者的特质分析报告。接下来要介绍的是各个领域成功人士的 EG® 分析报告。这些人都跟我进行过详细面谈，因此通过以下介绍，你可以理解他们如何描述自己分析报告中的才华与不足。通过他们的描述，我们可以深刻理解每种特质的不同的思维过程。

请记住，EG® 分析报告都是绝对保密的，未经允许我是绝对不会将其公开的。而这些人都同意我将下面的信息与读者分享。

◆ 詹姆斯（AT**231，分析报告见图 5-38）

詹姆斯属于蓝脑 / 绿脑性偏好。他是一家公司的首席执行官，公司产值约 3 亿美元，员工超过 2 600 人。

“我总是优先使用蓝脑 / 绿脑视角进行工作。我有详细、有序的清单，保证我沿既定轨道行进。我是一个注重细节的人。以前，我会仔细核对涉及公司业务的所有条文，后来这项任务不得不交给他人完成，这对我来说，是最不情愿的一件事。如果可以的话，我会一页页地阅览每份合同，现在有人在帮我做这样的事。所以，我只需要保证所有合同在签订前必须让我过目。

“有时，我不得不做一些艰难的决定，但这是我的职责所在。我可以说，我是一个非常理性的决策者。为了公司业务，我会做该做的事情。如果公司人事调整，需要解雇一些人，我会尽力保证交接过程对他们有利，但我不会在意他们的感受。他们应该知道，这纯属公事公办。

“每天，每个小时，我都会给我的财务人员打电话，了解公司又有多少钱进账了。所有人都骂我是个浑蛋，但我不在乎。我是说，他们之所以能倚靠我，就是因为我就是那样的人，我才是承担责任的人。人们喜欢为我工作，是因为我会清楚地告诉他们，我想让他们做什么，然后确保他们都能完成。我会检验他们有没有达到我的预期。你不可能保证面面俱到，但是如果你把能做的事情都做好，你就至少能把不确定性降低到最低水平。如果我告诉自己的员工我们要做什么，我们就一定会去做什么。

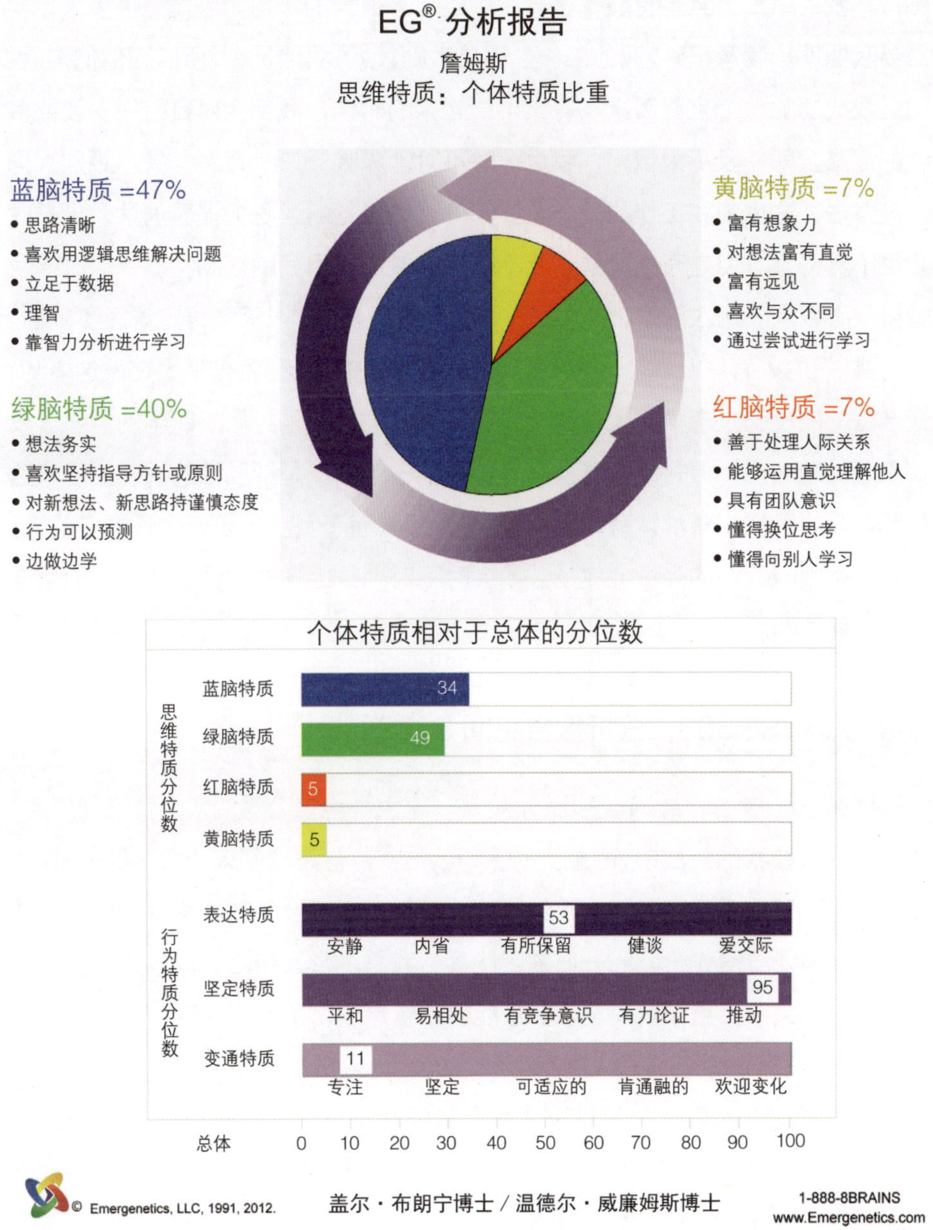

图 5-38

“我的团队决定要建一家酒店，最初，我的选址方案每个人都觉得不可行。现在，这个酒店已经破土动工了。我们只要下定决心去做，就一定能把它做成。我觉得，我的第三区坚定特质在这方面可能起了很大的作用。公司有很多人际问题需要我处理。我意识到，我的工作主要是激励、动员我的员工，所以跟他们沟通、互动是我成功的一个重要因素。每天早上起床的时候，我都会对自己说，我要多用我的红脑。即使我不太情愿，我也得时不时地深吸一口气，笑一笑，跟别人沟通。没办法，这也是我工作的一个重要部分。如果是阅读财务报表的话，再长时间我也不觉得累。但是有些时候，我不得不大量地使用我的红脑特质，这时候我会觉得身心疲惫。每次回家，我太太一眼就能看出来，这一天我肯定说了不少话。

“我认识的人有好几百个，但我没几个关系亲密的朋友。我也不太在乎这事儿。我最亲近的朋友都是中学或大学的校友，因为我们的关系经历了四年的锤炼。我比较愿意听别人说，但是不太喜欢聊天。我的一个朋友是红脑性的人，处于表达特质第三区。我们都喜欢体育，我们经常一起看体育节目。他是一个话很多的人，所以我不用担心我们的谈话会冷场。我会时不时地插上一两句话，然后我的朋友接上话，继续聊。”

◆ 苏珊（**SC333，分析报告见图 5-39）

苏珊属于红脑 / 黄脑性偏好组合。她是一家大型电信公司的人力资源副总监。

“我觉得，在我的特质中，最重要的才华就是我能注意到别人注意不到的东西，我能够迅速调整、适应变化。在电信行业，有很多企业合并与收购，我总能稍微比别人快一步，占得先机。离开旧的团队后，我总能带领新团队取得成绩。我会迅速建立人际关系，结识新朋友，而且能适应新想法，接受新创意。

“有时，我有点看不懂别人的行为和态度，觉得自己格格不入。我原来还不太会跟着直觉走。实际上，我后来才懂得如何利用自己的直觉。是 EG® 分析报告帮我认清了自己，使我明白我不是另类，我的特质也并不需要去克服。以前，为了能更好地在商界生存，我也曾尝试去改变自己的特质。

“因为我的红脑偏好很强烈，我常常很在意别人是否会接受某件事物，而不是直接做决定，然后开始行动。我想让别人满意、开心，同时也希望别人能喜欢我，赞同我。

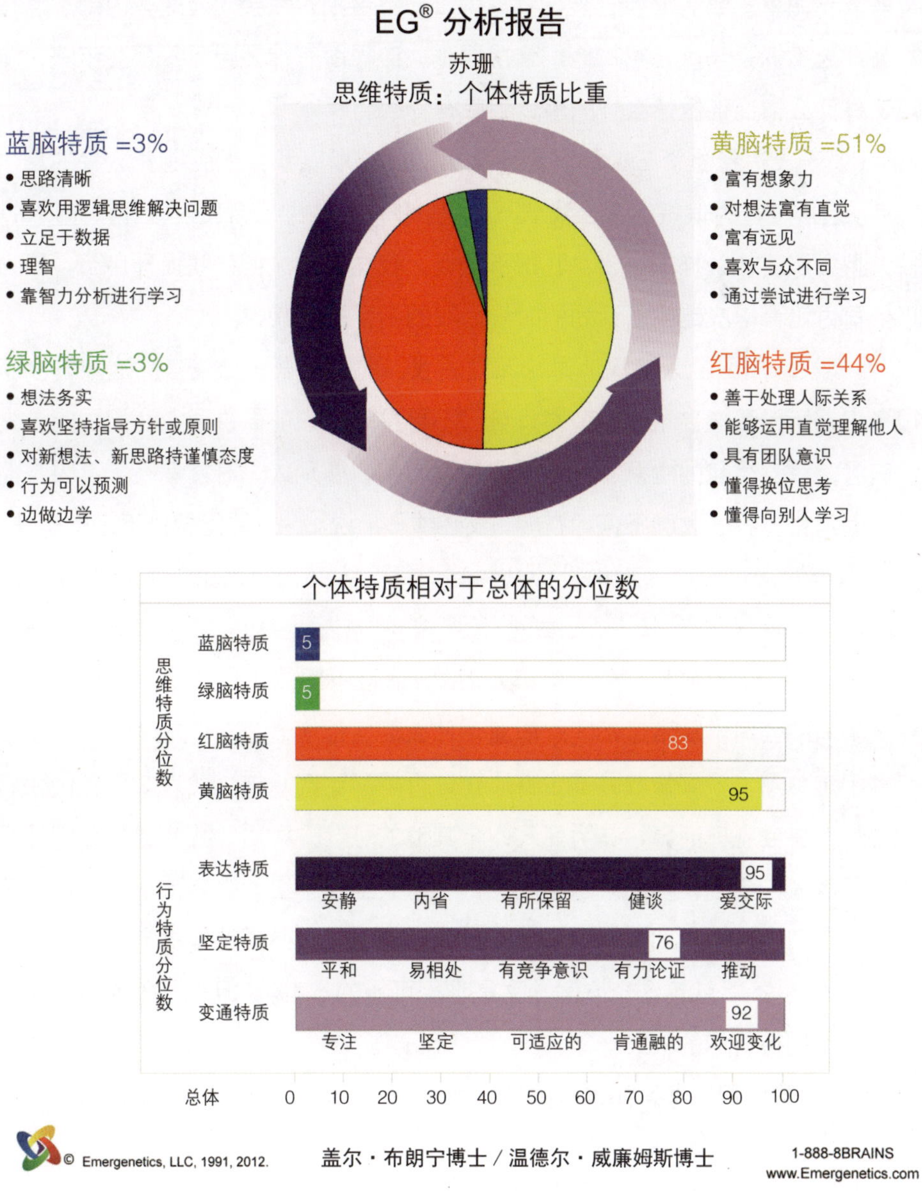

图 5-39

“每当我或别人提出一个新方案时，而且这个方案能够更好地帮助我们管理公司，帮助我们开拓进取，我都感到很振奋。另外，有时我觉得，自己和公司里的有些人步调不一致。很多时候，我觉得自己不合拍，我会想，这些人到底怎么了？为什么不抓紧一点儿呢？他们瞎摆弄那些流程图有什么用呢？那些步骤、流程规定好什么情况下做什么样的事，到底有什么用呢？

“我处于表达特质第三区和坚定特质第三区，所以我会大胆地表达我的想法和观点。这两种行为偏好组合让我从不畏惧。我能在各种场合发言、致辞、做演讲，主持大型会议。什么样的场合，我都不怯场。我觉得，这能帮我提升自己，因为每当公司讨论晋职决定或新计划的时候，我的名字总在其中。

“我喜欢跟周围的人愉快地讨论问题。我以前总是第一个发言。这常常会惹恼很多人，所以我学会了放缓节奏，自己不再抢在别人前面讲话，让周围的人先说。有时，我觉得我的主意、我的话突然涌出来，而别人一时接受不了，因为他们没时间消化。我的大脑不停地在转，我必须马上说出来，才能做接下来的事情。我觉得这样做，对一群人来说没什么影响。每个人都用自己的方式，形成自己的结论。

“我处于变通特质第三区，这可以帮助我适应不同的工作环境。我在不同的行业、不同的公司，从事过不同的职业，什么环境都能适应。但是这个特点使我有点拿不定主意，就好像我的坚定特质在进行拔河比赛一样。我只要一有什么感受、感觉，总会脱口而出，在听完三四个其他的可选方案后，我又觉得它们都有道理。所以人们会问，你同意这个观点？一整天坐在那里聆听各种观点，是一件折磨人的事情，而且对团队来说没什么好处。有时候，必须得做决定，才能继续前进。我不会说：‘就用这个方案，这是唯一可行的方案。’但是，如果你是领导的话，人们期待着你的决策。

“聊天能帮助我思考，如果真的想思考一些问题，我会找个人聊聊天。”

◆ 安妮特（A**C331，分析报告见图 5-40）

安妮特属于蓝脑 / 黄脑性偏好组合。她是一家科技型企业的首席执行官，曾经拿过很多杰出企业家奖，是全国知名人物，其中包括《西班牙裔商业期刊》的年度企业家大奖。

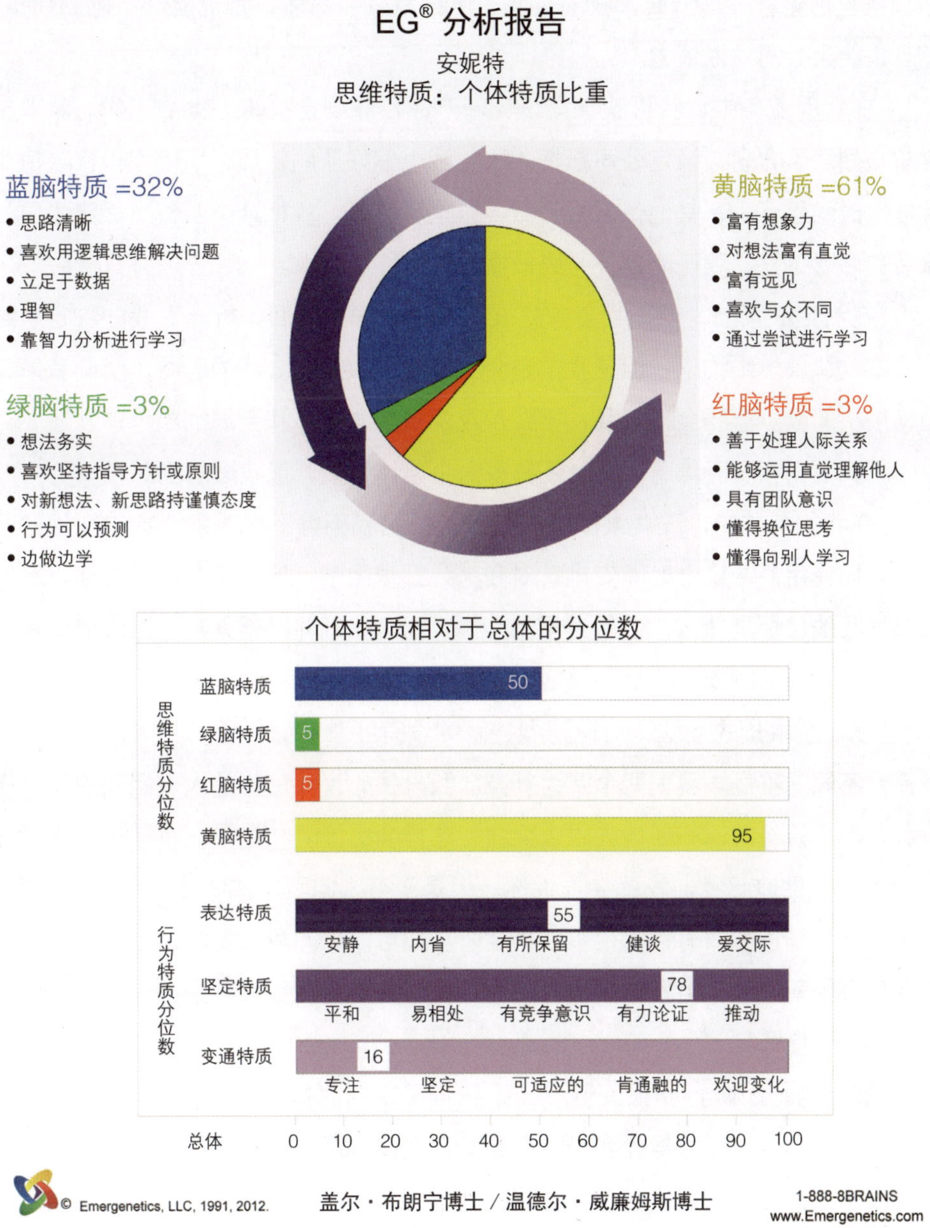

图 5-40

“我的黄脑特质使我富有远见。我认为，我是我们公司里最有创新精神的人。信息技术是一种战略型行业。在这一行业，你必须利用创造性思维去解决问题，必须得有远见。在这方面，我的黄脑思维让我获益良多，我也能从中感到快乐，而且也能为公司注入活力。

“在我的业务中，我喜欢参与设计新产品，或制定策略之类的工作。我非常喜欢规划发展方向，设定公司愿景。因为我也偏好蓝脑特质，所以我很喜欢每个月抽出时间坐下来，其他什么都不做，只是算算账。我把这个叫作‘极客内质’。除了首席财务官，我可能是公司里最擅长做这件事的人。

“在制定决策的时候，我会首先展望一下未来，然后分析一下我的决定。虽然我喜欢跳出思维约束，但是我总是会着眼于现实数据。我的蓝脑负责向我解释如何解决问题。蓝脑会提醒我，不要仅仅沉浸在对整体和全局的思考中，还要立足于现实数据和现有信息，同时还要有一个整体框架，帮我理解全部意义。

“在我的特质中，没有太多绿脑特质，所以我不得不把注意力集中在周密部署上。即使每周制定个时间安排，对我来说都很困难，但我明白这很重要。尽管我知道我的目标是什么，但是对于怎么去实现，我却并不感兴趣。当人们向我抱怨步骤不清晰的时候，我都会很恼火。这些人难道自己不会解决吗?

“我们董事长的红脑特质很强烈，我并没有红脑偏好，所以我跟董事长的个性完全不同。不过，我们两个互为补充。我只关心为我工作的人，但我的员工告诉我，我应该经常、不断地去跟人交流，这样会更好。我觉得，我是一个开诚布公的人。如果你问我，我就会告诉你。但是没有人问我，或者找不到机会问我。当人们跟我倾诉感情时，我根本没兴趣听。你可以来问我公司的大政方针，可以找我解释公司决策，但不要指望我给你什么精神支持。我又不是，也不愿做他们的‘心理治疗师’。

“我认为，团队合作很关键。如果我们不团结协作的话，什么事也做不成。只有大家一起合作，才能让我们轻而易举地发现机遇，让我们直接受益。团队合作必须得有效率，不然，我也不会花时间跟大家合作。但是，这并不是说，跟人一起工作就叫团队合作。团队合作，落脚点是效率。我并不是因为喜欢跟大家一起工作，才参与团队合作的。

“因为我处于坚定特质第三区和表达特质第三区，所以周围的人总能知道我在想什么。同时，一旦我做了决定，那就是最终的决定。

“我这个人，非常简单。我为人诚实、坦率，重视协作，不是那种以自我为中心的人。”

◆ 马克（*TS*322，分析报告见图 5-41）

马克是加拿大一家大型广告公司的前任首席执行官，现在担任顾问。他属于绿脑 / 红脑性偏好组合，却从事了非常需要黄脑偏好的职业。我曾问他，他靠什么取得这么突出的成就。他回答我，他的成功诀窍在于，他懂得欣赏别人的创意，并能把创意卖个好价钱。

“我一般会花很长时间去思考怎么才能把事情做好。如果别人提交给我的方案我觉得不好，我就会思考怎么能把它变好。

“在从事早先的工作时（在一家大型机构），我的主要优势是我能系统思考怎么做才会对公司有利。我的一项工作是跟公司的客户经理打交道，而他们主要负责跟客户交流，我要判断出哪些人具有领导能力，以及如何利用他们的专长。后来，我进了董事会，我发现公司管理人员的人事变动率高达 50%。这么高的人事变动率我是无法接受的。每年更换一半的客户经理，怎么能保证公司平稳运转？于是，我就落实了一套方案，为他们提供所需的在职培训，这能帮助他们提升职业技能。我喜欢为员工提供机遇，帮助他们成功。我们详细界定职位描述，这样员工就能知道自己应该做什么。我们还让员工明白，怎么才能获得升职加薪的机会。后来，他们都明白了基本的规则和标准，第二年，我们的人事变动率从 50% 降到了 12%。我认为，我的绿脑偏好和红脑偏好在这件事上给我帮了大忙。

“因为我偏好红脑思维，所以我喜欢跟人打交道，我需要融入员工。我现在从事的工作，使我不能每天跟大家一起工作，我觉得有些失落。以前，只要一从客户手里接到项目，我就跟客户的员工一起工作，我会感到兴奋，能量满满。现在做顾问，我觉得有些孤独，因为不能整天跟客户打交道。

EG® 分析报告

马克

思维特质：个体特质比重

蓝脑特质 =6%

- 思路清晰
- 喜欢用逻辑思维解决问题
- 立足于数据
- 理智
- 靠智力分析进行学习

绿脑特质 =37%

- 想法务实
- 喜欢坚持指导方针或原则
- 对新想法、新思路持谨慎态度
- 行为可以预测
- 边做边学

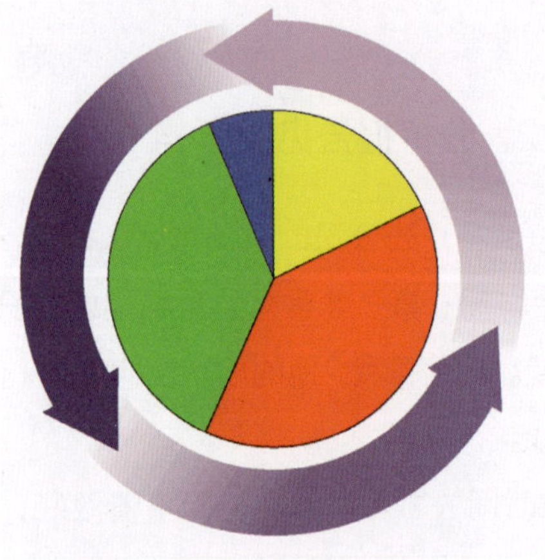

黄脑特质 =18%

- 富有想象力
- 对想法富有直觉
- 富有远见
- 喜欢与众不同
- 通过尝试进行学习

红脑特质 =39%

- 善于处理人际关系
- 能够运用直觉理解他人
- 具有团队意识
- 懂得换位思考
- 懂得向别人学习

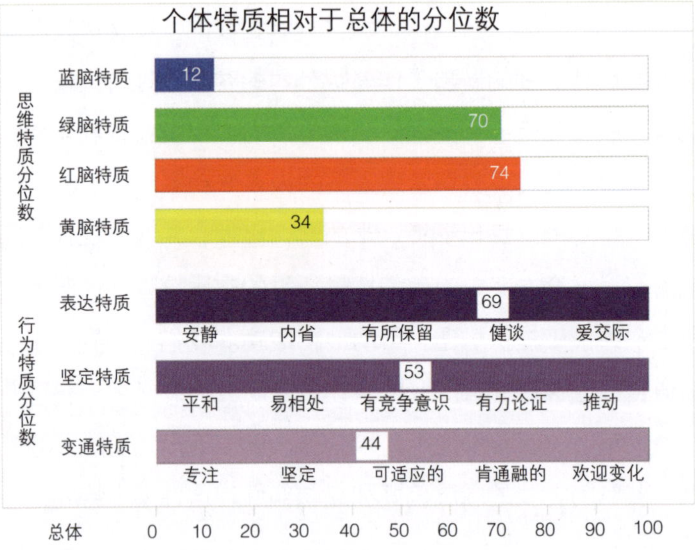

盖尔・布朗宁博士 / 温德尔・威廉姆斯博士

1-888-8BRAINS
www.Emergenetics.com

图 5-41

“我当首席执行官的时候，从不会待在自己的办公室里一整天不出来。我会走进工作间，我需要了解员工。我会坐在他们的办公室里，问问他们工作中遇到了什么样的困难。我们会一起看设计方案，一起欣赏方案，一起庆祝我们的成绩。我觉得，我为我们的公司带来了一种畅所欲言的氛围，所以大家都知道公司在做什么，以及为什么做这样的事。这样，我们就能实现我们所追求的目标。我的领导风格就是‘跟员工打成一片’。我觉得，员工们都清楚他们可以直接走进我的办公室。虽然如此，他们还是很尊重 CEO 办公室的。他们知道，我随时欢迎他们来我的办公室，如果他们找我谈话，他们可以直接过来跟我交流。

“我周围的人都很有才华，都是黄脑偏好型的，我觉得我没有他们那种才华。但是我懂得欣赏好的设计作品，懂得如何去营造一个积极的环境，去激发他们的潜质，让他们劳有所得，让他们都有归属感。因为我有能力鉴别出好的作品，所以我对他们的才华很有信心。我知道如何让员工人尽其才，也知道如何为他们营造一个环境，让他们充分施展才华。

“我处于表达特质第三区，对于公司的日常安排，我从不藏着掖着，这些全都是公开的。我喜欢直接说出我的想法，我觉得自己是个正直、诚实的人。我的人际关系是建立在我的这些价值观上的。人们知道，我是个值得依靠的人；人们也知道，我言出必行。没有什么需要担心的，我说话从不拐弯抹角。当然，这样做也会给我带来一些麻烦，因为有时候我跟一些人建立了信任关系，后来却发现他们根本不值得信任。这样，我会很失望。做生意，不要轻易相信别人，除非他们能够赢得你的信任，但是以前我常常会轻信别人。现在，我比以前慎重了许多，因为必须得这样做。

“我是一个好胜心强的人，在我生活的各个方面，我都很好胜。我从不害怕，也从不避免跟别人争论，但是如果是我错了，我就想改正过来。如果别人能从不同的角度提出强有力的理由或证据，我会认真听取他们的意见，否则我是不会听取的。我父亲也是这样的人。如果你想向他表达一种想法，你最好能充分准备好，拿出依据，否则他是不会同意你的。我相信自己的直觉，相信自己的感觉，相信别人都支持的观点。但是，如果有人向我提出战略建议或方案之类的东西，我会思考这些东西的合理依据是什么。”

◆ 建（A*SC333，分析报告见图 5-42）

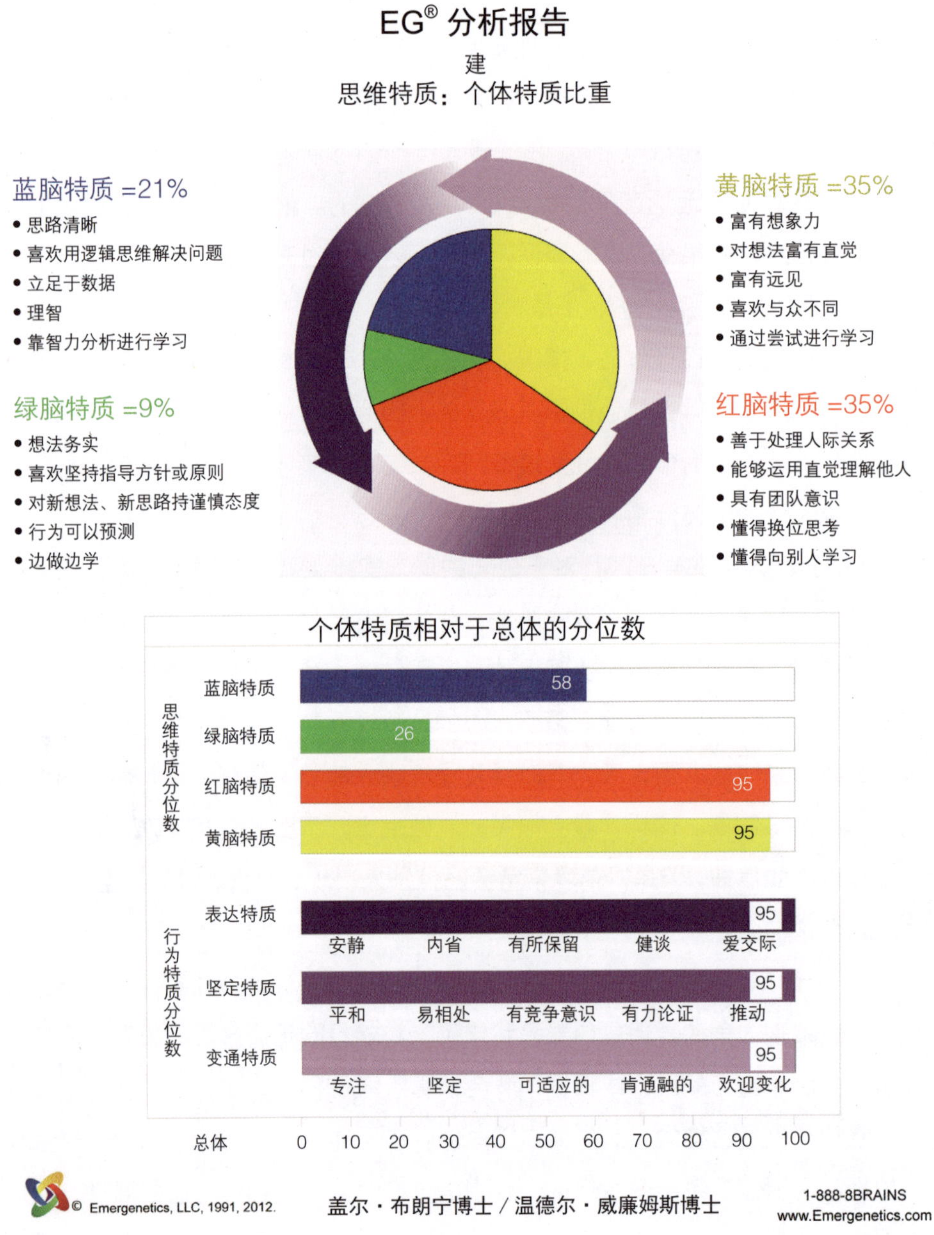

图 5-42

建是一名执业 34 年的资深律师，在台北一家律师事务所工作。他的思维偏好为红脑、黄脑和蓝脑。另外，他的三种行为特质都处于第三区。建的性格外向，行事洒脱，同时又自信、态度坚定。

“首先，我的兴趣重点，跟绝大多数律师不同。我主要感兴趣的是，提出一些创新理念，有些是关于法律事务的，有些是关于商业环境的，有些是针对社会问题的，还有些是关于政治的。其次，我对公共政策和公司战略，很感兴趣。我下一个感兴趣的，才是具体的法律事务。

“我有三种思维偏好，所以我能一心二用。我不喜欢一次只做一件事。最近，我决定关注一下公共政策建议，提出一些创新理念。我帮助政府和私营企业，转换他们对制定政策、法律和规章的思路。为了帮助人们进行创新的战略性思考，我开办了一家独立的咨询公司。我还是一名教授，在一所大学教法律，这所大学的商学院还让我去他们那里讲课。另外，我还积极参与了一家非营利组织的工作，这个组织的主要任务是对新公司提出创业指导。

“我喜欢当律师的一个原因是，当律师的职业选择很多。律师可以从政，可以在大公司做销售，也可以经商。看上去，好像我换了很多职业领域，其实内心深处，我觉得我没有更换职业领域，我只是把我的法律技能升高到一个新层次，这让我能够思考法律是如何制定的。

“法律事务重视细节，重视技术层面，这一点我不太喜欢，所以我会把法律事务委托给年轻律师。我算不上一个优秀的刑事律师，我不喜欢一辈子只专注于一个狭隘的领域。我认为，优秀的律师应该有创造力，所以我教育我的徒弟，要学会创新思维。法律事务的创新，往往局限在怎么打官司、怎么解决法律问题上，但我觉得，如果律师能去思考经济环境、社会结构的话，就能发挥更大的作用。同时，我也认为，如果能接触客户工作的方方面面，我对客户的作用会更大。

“因为我偏好红脑和黄脑思维，所以我喜欢以一个宏大的战略性视角思考问题。我喜欢寻找合作伙伴，一起共事。我处于变通特质第三区，这让我能够拿得起，放得下。别人提出异议或不同意见，我也不会耿耿于怀，这让我成为一个清醒的旁观者。我是一个外向的人，我喜欢向大家抛出很多想法，然后看看大家的反应。另外，我非常喜欢头脑风暴。

“在做自己非常感兴趣的事情时，时间不是什么大问题，挤一挤总会有的。而且，有些事情原本需要一个小时，你五分钟就可以搞定。我会寻找最有效的方式表达自己的想法。因为跟高端人士打交道，你只有三分钟的时间陈述自己的想法，所以必须简明扼要。

“人们可能会批评我不够专注。我很厌烦跟别人讨论财务问题。我喜欢让懂财务的人直接告诉我结果，告诉我我们到底是在赚钱还是赔钱。我不会单打独斗，因为我需要有人给我提供后勤保障。我一直在想，怎么才能组建最有效率的团队完成一项工作，一旦找到符合条件的人，我就会录用他们。”

◆ 贾妮斯（*T**111，分析报告见图 5-43）

跟前面介绍的建一样，贾妮斯也是名律师。她是当地一家知名律师事务所的合伙人。她的特质分析报告，是我们数据库里最有趣的报告之一。她属于单元绿脑思维偏好，而且她的行为特质均处于第一区。贾妮斯和一众高管们参加了我开办的 EG® 研习班，我几乎没有注意到她。研习班结束后，我对她说，我觉得她的特质与众不同，并让她说说自己的看法。贾妮斯说：“1967 年，我进入法学院学习法律，当时只有四个女生，我是唯一一个非裔女生。你觉得，我是靠什么坚持下来的？”我回答：“我明白。你埋头读书，然后靠你的才华战胜同学。”不过，贾妮斯是个相当谦虚的人，她并不承认自己是当时最优秀的学生。

“我认为，我的绿脑是我最大的优势，无论是在工作中还是生活中。它让我立足现实，不相信‘天上掉馅儿饼’。我会这样思考：如果这是第一步，这个起点会引导我们走向何处？如果直接从第一步跳到第三步，会有什么后果？

“我喜欢边做边学，我觉得这也是我的一个长处。我认为，一件事如果我做一次就能做成功，或者如果做一次就能熟练掌握，那么第二次再做的话，我还能做成功，不会犯同样的错误。我发现，尽管环境在变，道理都是一样的。如果你能学会通过经验学习，你会发现这很管用。

“我的一个盲点是，我对新想法很谨慎。我知道，因为我真的不喜欢改变，所以错过了一些机会。例如，我曾经有两次机会做很有风险的投资，但我的谨慎性格不允许我去冒险。其中一次，我的决定是对的，事实证明那次确实是个亏钱的项目。但是，另一次就不一样了，往里投钱的人最后都赚了。

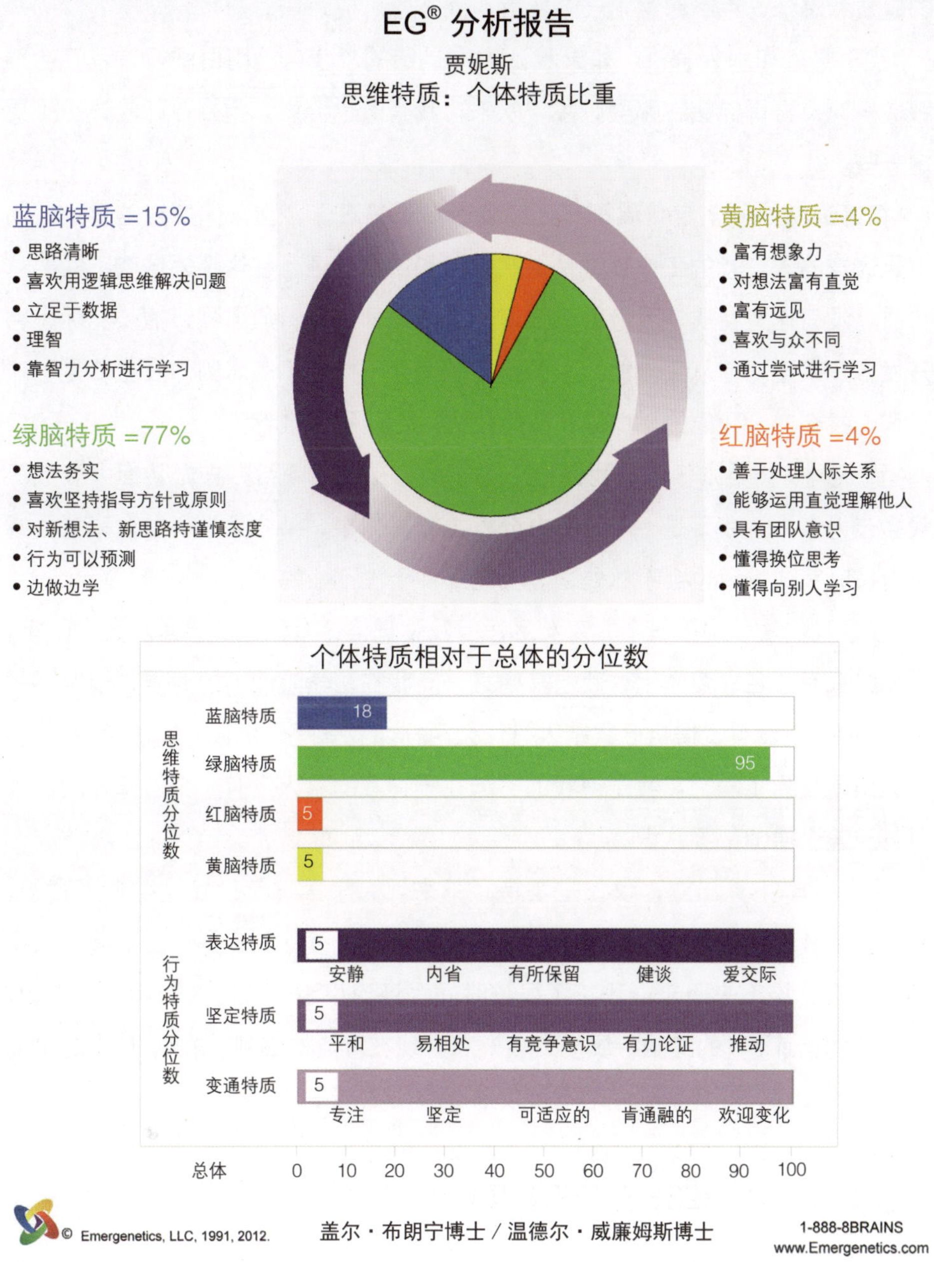

图 5-43

“由于我处于表达特质第一区，我不喜欢第一个发言。我宁愿去接受先发言者的看法和想法，也不愿意第一个发言，我不愿意成为焦点。

“我不愿意和别人争执。如果我认为你是错的，我自己明白就行，我不会继续跟你争论，告诉你错在哪里。多年以来，我有时也会意识到，自己应该态度更坚定一些。

“律师通常处于坚定特质第三区和表达特质第三区，通常偏好红脑思维，而我不是这样的人。我的工作领域是财产规划和遗嘱认证，在这个领域我不需要这些特质。没有这些特质，我做得也很好。有些律师红脑特质强烈，擅长交际，喜欢开发客户渠道，但从工作能力来看，我做得并不比他们差。因为我主要是一对一跟客户打交道。我靠的是口碑，熟悉我的人会向别人推荐我。

“我不太擅长委派任务。我会把一些事情，交给律师帮办去做，但大多数工作我会亲力亲为。我不是一个好的办公室主管。如果，某个人没有做对事情，或者没有按时完成，我也会泰然处之。我是那种个性不强的人。

“我是我们法学院第一个非裔女生，但我没觉得这有什么不寻常。大学四年，整个学院只有三名非裔学生，我是其中之一。我在法学院读书的时候，情况不是特别好，但我也没有觉得自己跟别人有什么两样。我只是一个普通的法学院学生，我来这里就是为了学习。我觉得我的劣势在于，我的家人没有一个做律师的。我当时甚至连个律师都不认识。

“我的才华不算出众，仅仅是坚持了下来。大学第一年，我过得很不容易，分数出来后我才知道成绩比预期的要好。我的平均成绩让我赢得了一次参加法律评论的机会，接下来两年，我花了很长时间跟评论小组的人待在一起。我希望，经过几年的历练，我的红脑特质能更多一点。现在可能提高到了 6%，原先是 4%。进入老年阶段后，我意识到生活不仅仅需要务实的态度。”

◆ 永俊（ATSC323，分析报告见图 5-44）

永俊是首尔一家工业集团的首席执行官。公司是他一手创办的，到现在已有 31 年的历史。永俊属于四元思维偏好组合，坚定特质处于第二区，表达特质和变通特质都处于第三区。

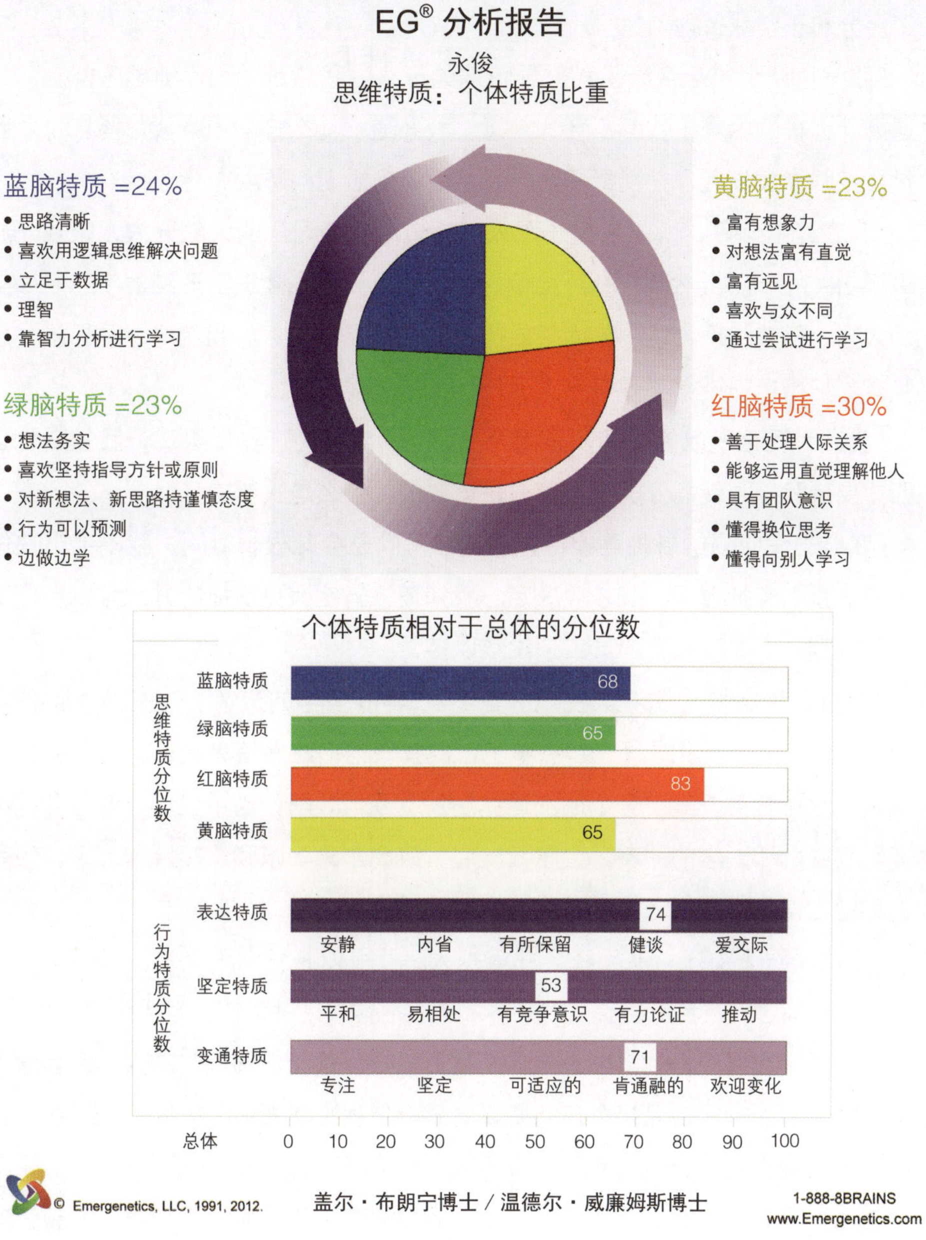
EG® 分析报告
永俊
思维特质：个体特质比重
蓝脑特质 =24%
• 思路清晰
• 喜欢用逻辑思维解决问题
• 立足于数据
• 理智
• 靠智力分析进行学习
绿脑特质 =23%
• 想法务实
• 喜欢坚持指导方针或原则
• 对新想法、新思路持谨慎态度
• 行为可以预测
• 边做边学
黄脑特质 =23%
• 富有想象力
• 对想法富有直觉
• 富有远见
• 喜欢与众不同
• 通过尝试进行学习
红脑特质 =30%
• 善于处理人际关系
• 能够运用直觉理解他人
• 具有团队意识
• 懂得换位思考
• 懂得向别人学习
个体特质相对于总体的分位数
思维特质分位数
蓝脑特质 68
绿脑特质 65
红脑特质 83
黄脑特质 65
行为特质分位数
表达特质 74
安静 内省 有所保留 健谈 爱交际
坚定特质 53
平和 易相处 有竞争意识 有力论证 推动
变通特质 71
专注 坚定 可适应的 肯通融的 欢迎变化
总体 0 10 20 30 40 50 60 70 80 90 100
© Emergenetics, LLC, 1991, 2012.
盖尔·布朗宁博士 / 温德尔·威廉姆斯博士
1-888-8BRAINS
www.Emergenetics.com

图 5-44

“我有一半业务是种树，另一半业务跟门窗、地板、家具有关。我们的林场和工厂分布于全球各地。

“我一直认为，上帝给了我一种特殊的天赋。我总是会积极地思考问题。无论遇到什么样的困难，我都不会太在意。我知道，什么样的困难我都能应付。我总是会把眼光放长远，把视野拓宽。我从不考虑短期问题。

“我有红脑偏好，所以我擅长跟人打交道。我公司里的大部分人，跟我一起共事了 28~30 年。虽然我也有蓝脑偏好，但我不太擅长处理图形和数字。我确实比别人强，但我发现，我的艺术气质比务实精神更浓一点。我偏好绿脑思维，所以我喜欢把事情安排得整齐有序。另外，我的时间观念很强。

“我认为我之所以能成功，是因为：第一，我努力工作；第二，我知道什么东西重要。我一眼就能分辨出，什么是重要的，什么是次要的。

“我会思考问题的各种可能性，这样思考问题会花很长时间。我不会很快做出决定。直到有把握了，我才会决定。我知道，肯定有更快捷的方式可以制定决策，但那种方式对我和我的员工来说难以接受。

“我有各种类型的朋友。我和一些朋友有 40 多年的交情。一些商业伙伴从 20 世纪 70 年代，就没跟我一起共事了，但我跟他们还保持着联系。我们会抽个时间，一起见个面。其中有个朋友退休后加入我们公司，当了我们美国分公司的总裁。我中学和大学的朋友，会跟我一起打打高尔夫，跟我一起娱乐一下，但是他们可能觉得我比他们老。有时候，这让我很郁闷。

“我擅长跟人交流，而且我会尊重别人。我可以跟任何人交流。我觉得，大部分人都很有趣，但我不喜欢话特别多的人，不喜欢只讲跟自己有关的事情的人。这样的谈话没完没了，话里面也没什么重点。我喜欢会仔细倾听的人，我喜欢睿智的人。年轻的时候，我是个情绪暴躁的人，但现在我知道怎么给别人一些建设性的建议。我会把没解决的问题记录下来，积攒起来，半年或一年之后，我再拿出来看看自己写的东西。我能发现，其中有些事情没那么重要。如果我发现还有一两件重要的事情没解决，我会约负责的人一起喝咖啡交流一下。我对这样的事，非常严格。我会尽力与人维持良好的人际关系。

“我一般不与别人争论。我处于坚定特质第二区，所以如果我的脾气上来，我会等一等，仔细再想想。有时候，我会发现我是错的。如果我认为是别人错了，我会再找个时间跟他聊聊，用更平和的态度再跟他沟通一下。我总会试着从他的立场考虑一下问题。

“我总能说服别人，我也不知道这是因为什么。我从不会为了实现短期目的欺骗别人。我喜欢实话实说，而且我觉得这很重要。你只要欺骗别人一次，第二次别人就不会相信你了。”

世界范围内的EG®

每次开研讨班，我都会提前拿到所有学员的 EG® 分析报告。我会利用这些分析报告生成一份统计图表，显示学员们各项特质的平均数值。我发现一个事实，无论哪里的人，总体上他们有共性，但每个人都与众不同。如果统计一个组织内的所有员工，做成一个统计图表，你会发现这里面会有各种类型的思维模式。如果作图比较不同文化背景群体的统计图表，你会发现结果很相似。

在跟经理们一起共事的时候，我们发现，这些经理无论来自莫斯科、肯尼亚，还是来自越南、新加坡，他们的统计图表都跟美国经理们的图表非常相似。我曾经给两组首席执行官们上过课，他们都是世界青年总裁组织的成员。其中一组，来自瑞典，另一组来自美国。有趣的是，虽然瑞典语里没有“坚定特质”这个词语，但他们的 EG® 分析报告与他们的美国同行相比，几乎完全一样。我们可以通过图 5-45 中的比较，发现这个相似之处。

迄今为止，在我们的数据库中，有 42% 的 EG® 分析报告，来自美国之外的国家和地区，有的来自美洲，有的来自亚太地区，还有的来自欧洲和非洲。我发现，EG® 特质在全球范围存在共性，但是有时候，特定的文化背景会提倡人们调整自己的行为，以符合一些社会常规或习惯。例如，我曾经为 50 名埃及经理举办过研习班。从旁观者的角度看，整个小组都处于行为特质的第三区。但是在分析完他们的思维数据后，我发现小组里也有处于行为特质第一区的人。他们只是表现得很像处于特质第三区的人。他们在面对其他人时，都会调整自己的行为，所以每天结束后，他们都会感觉疲惫不堪。

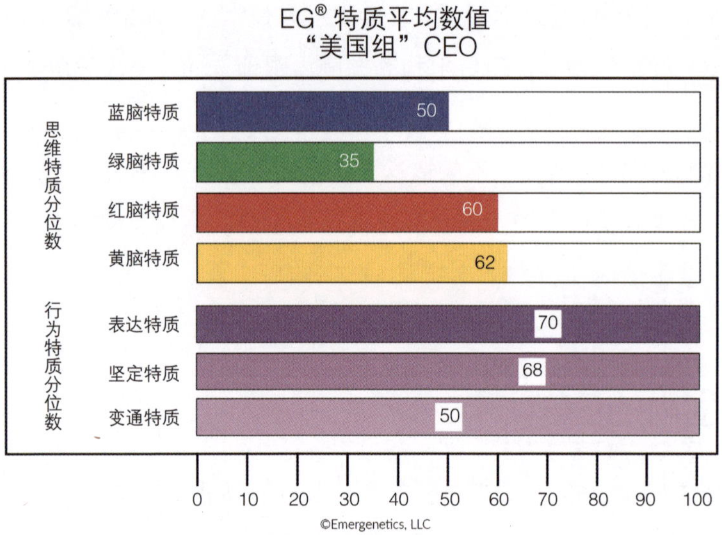

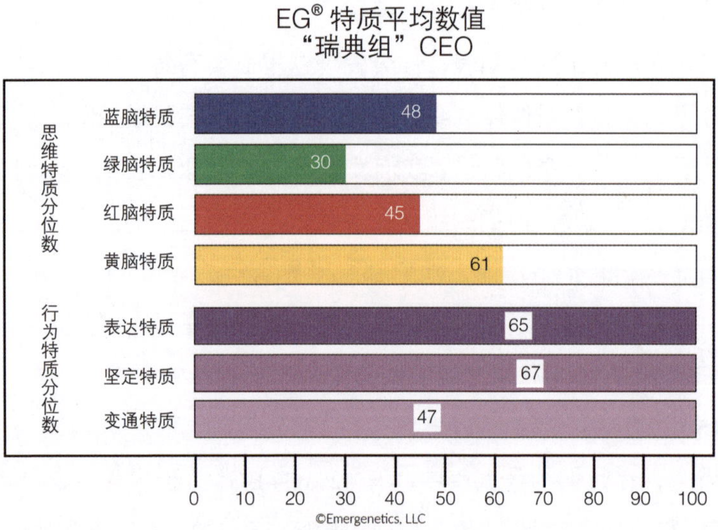

图 5-45

小测验：预测他人

下面有五道题目，分别描述了不同类型特质的人，根据这些描述，你能预测他们的言行吗？

（1）凯瑟琳是名中年妇女，她属于绿脑偏好者，处于坚定特质第三区（*T**131）。有一天，她的同事艾琳（凯瑟琳稍微年长）走进她的办公室，对她说："我感觉自己老了，因为我觉得我的身高变矮了。我去库房拿纸，发现我够不到架子的顶部了，以前我是可以够到的。你说，我该怎么办呢？"凯瑟琳回答：

A．"这样的事确实很让人苦恼，我们必须明白，我们在不断变老。我也知道，你不想麻烦别人帮你拿纸"

B．"踩着凳子就能够着了"

（2）大卫是名建筑师，他有一家小公司。他属于蓝脑 / 绿脑性偏好组合，行为特质处于表达特质第一区、坚定特质第三区和变通特质第一区（AT**131）。大卫注意到，他办公室的一名制图员达米安，工作一直都不积极。更糟糕的是，他的行为开始影响到了其他员工。大卫会怎么做？

A．把达米安叫到自己的办公室，给他提六个建议，希望他能改进

B．约达米安一起吃个午餐，态度温和地问问他，一切是否正常，并尽他所能帮助达米安

（3）琳恩属于红脑 / 黄脑性偏好组合，表达特质处于第三区。在一场气氛活跃的聚会上，她和一位朋友一直站在房间的角落里。亚历克斯同样属于红脑 / 黄脑偏好组合，但是他的表达特质处于第三区。亚历克斯走到他们俩跟前，对他们说："我看你们两个整晚都在角落里。我不想你们太受冷落。要不你们过来，跟大家伙一起玩吧？"琳恩回答：

A．"哦，谢谢你，亚历克斯。我们正等着有人把我们叫过去，一起跳跳康茄（康茄舞是一种拉美舞，跳起来大家相互抱腰连成一线。——译者注）呢"

B．"谢谢你的好意，我俩在一起挺开心的。我们喜欢看别人开心玩耍"

（4）布拉德属于蓝脑 / 红脑性偏好组合，他的表达特质和坚定特质都处于第三区。他的同事桑迪要做一个分析报告，布拉德走上前热情地跟她拥抱了一下，面带微笑地鼓励了她。在桑迪陈述期间，布拉德觉得她的逻辑不够清晰。他会怎么做？

A．听其自然，不去过问，并由此断定桑迪根本不懂自己在讲什么

B．不留情面地一个问题接一个地诘问她，直到她思路清晰为止

（5）朱莉属于绿脑 / 黄脑性偏好组合，她的表达特质处于第一区，坚定特质也处于第一区。她是一名优秀的税务律师，但是她并不喜欢自己的职业。内心深处，她想放弃现有的工作，去做一名音乐家。她找了一名就业咨询师，向他请教自己该怎么做。咨询师告诉她，她应该去追求自己的梦想。她最终会如何决定?

A．她放弃了自己的梦想，觉得这个想法太疯狂、太不现实了，于是继续做律师。以后，她也会常常考虑从事新职业，但是她从不会毅然决然地转行

B．她听从了咨询师的建议，放弃了律师的工作，现在在强尼酒吧演奏音乐

答案：

（1）B

（2）A

（3）B

（4）B

（5）A

通过前两章的学习，读者对自己的思维和行为特质做了一下评估。如果想“温故”一下，你可以翻到第 285 页的图 A-2，阅读“快速判断自己思维特质和行为特质的方法”。如果想知道自己的偏好如何影响自己的阅读风格，可以通过图 5-46 查看“不同思维偏好的人如何阅读本书”。

不同思维偏好的人如何阅读本书？

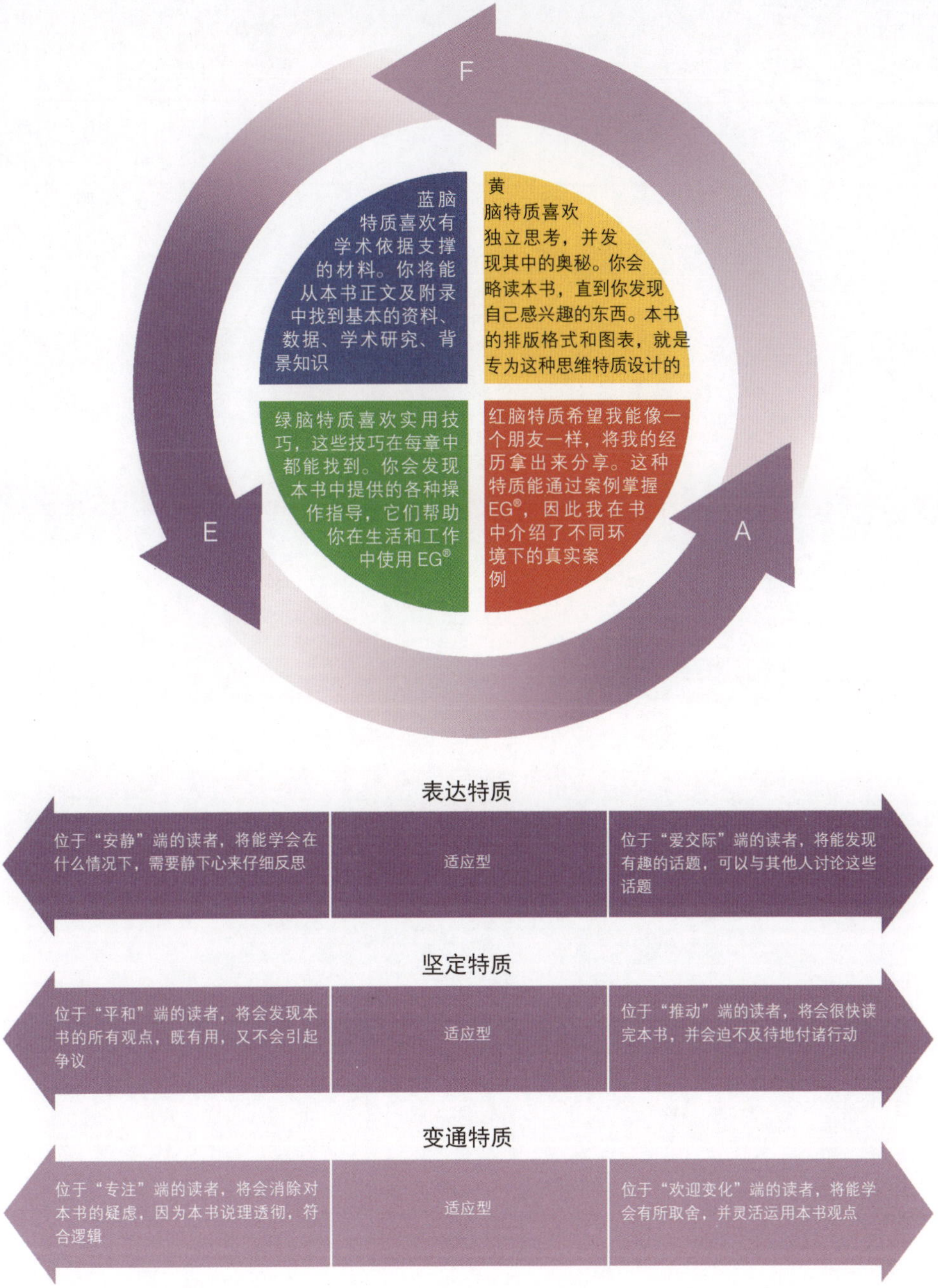

图 5-46

Part II Applying **Emergenetics®**

第 2 部分

应用EG®

第6章

你可以改变自己

但是为什么要去改变自己呢

任何人都能改变自己吗?

“我不敢对着那么多人讲话。我不擅长公开发言。”

“我的助手每天上班都会迟到，她不在的时候，我都快疯了。她不知道应该准时上班吗？”

“我知道，我需要坚持自己的观点，但我就是愣在那里，说不出话来。而事后，我很生气，对我自己感到气愤！”

“我老婆说，我从不对她说我爱她。我不明白，这有什么问题，但是她觉得很不满意。”

每个人都有提升的空间。事实上，尝试新事物，或者用新办法解决旧问题，能对大脑产生积极影响，会让你的思维更敏锐，思维能力更持久。而且，人们也希望能改变自己。哈得逊和弗莱雷，对 6 800 名年龄在 18~70 岁的成年人进行了研究。他们发现，其中至少 78% 的研究对象想改变自己性格中的某些方面。年龄越大的人，目标会越小，但这种意愿仍然存在。我们能不能毫不费力并且显著地改变自己呢？从我们的研究来看，答案是否定的。

我们进行了测试和重测分析，第一次测试和第二次测试的时间间隔在 10 年以上。受访者再次完成 EG® 分析报告时，填写的答案与第一次的基本相同。重测的黄脑数值比第一次测试的数值，略微有所升高。我们认为，升高的原因可能出于 EG®“研习班效应”——参与者通过 EG® 研习班，了解到黄脑思维是个“好东西”。随着年龄的增长，我们的锐气逐渐磨平。但是，一般来说，我们的特质不会发生显著变化，除非人生中发生了某种重大事件。

可以大胆猜想，如果人们每天上班时都变得截然不同将会发生什么？社会稳定的原因在于人们行为的一致性。人们很少从行为特质第一区跳跃到行为特质第三区，反之亦然，除非他们刻意改变自己的特质，或者除非他们的人生经历了能够改变他们自身的重大事件。

这是不是意味着，在每种情境下，某个人的行为模式完全相同呢？当然不是。人们的适应能力是非常强的。人们如何表现自己的思维和行为特质，部分取决于他们所面临的环境。通常，人们在家里的行为模式与工作时的行为模式有相当大的区别。但是，这并不意味着，在生活中和工作中人们有两套不同的特质。

卢克参加了我的研习班，他拿到了自己的分析报告。报告表明，他是蓝脑 / 绿脑性偏好组合。下课后，他走到我面前对我说："我的分析报告，能准确描述我上班时的情况。但是，我在家里可不是这个样子。如果我的家人填写关于我的调查问卷，他们的答案会大不相同。我回答的答案，仅仅是针对工作时的情况。如果在家里回答这些问题，我的答案会不一样。"

卢克有四个孩子，在家时他会把心思放在家庭上，不去思考工作上的事情。于是我建议他，回到家里再填一份问卷。

一个星期后，我们得到了他的第二份分析报告。我们发现，两份分析结果非常相似。为什么会这样？这是因为，虽然他的分析报告中显示红脑比重为 18%，但是跟家人在一起的时候，他的红脑特质会用得多一点；而在工作中，他的红脑特质会用得少一点。他在生活和工作中并不是两种不同的人，他仅仅是针对不同情况使用不同的特质而已。

事实上，人们每次回答 EG® 问卷时，提供的所有答案也不会完全相同。每次在进行测试时，当时情况下的心理感受也会影响你的答案。如果当时的心情愉悦，你的某些答案的数值可能会提高一两分。而当你情绪有些失落时，你的某些答案的数值可能会降低一两分。这可能会导致总数值在 95%~80% 分位数变动，它的位置不可能从第三区转为第一区。

每种 EG® 特质，就像橡皮筋一样有弹性。大多数情况下，这跟橡皮筋处于既不拉伸也不收缩的状态。但是在某些特定的情况下，你需要把它拉长，但当事情做完之后，这根橡皮筋又恢复到了原来的状态。

当需要调整自己的特质时，你会发现自己很容易疲惫。我们可以回想一下前面提到的福斯特的案例：他在非洲时给大家组织了一场别开生面的餐后娱乐节目，然后因为疲惫，花了一天时间才恢复了精力。他能够为表演调整自己的表达特质，但是却因此耗尽精力。运用自己并不偏好的思维或行为特质时很容易导致后劲不足，而解决后劲不足的办法就是充分利用自己的最大偏好特质进行调整。

运用自己的优势进行工作

我们没有必要为了完成大脑并不擅长的工作，而从根本上改变自己的特质构成。我们可以通过利用自己的优势来完成自己的任务，并不需要永久性地改变自己的思维特质。

假设这样一种情况：你要参加自己行业的年度会议，在此期间，你需要聆听别人的发言、会见客户、出席午餐和晚餐、参加晚会。这场活动就像一场马拉松，需要耗费好几天的精力。你会怎么去应对这次活动呢？

- 如果蓝脑思维是你的最大偏好，那么你可以利用蓝脑特质度过这次年会。如果你有权选择聆听某些发言陈述，你需要做个调查，查清楚哪些陈述人跟你的业务最相关，而且消息灵通。提前知道这些人中谁会出席午餐、晚餐或晚会，这样你就能在出席这些活动时与他们会面、洽谈。
- 如果绿脑思维是你的最大偏好，你可以罗列出你需要会见的客户。然后，对他们的重要程度进行排序。例如，有些人属于“必须会面”的，有些人则属于“有时间再去会面”的。准备好三个关键问题，以便会面时进行讨论。为了充分利用时间，你可以提前跟他们预约好。
- 如果红脑思维是你的最大偏好，而且你处于表达特质第三区，那么这场年度会议将是你施展拳脚的最佳舞台。每个人都是你的沟通对象。
- 如果黄脑思维是你的最大偏好，你可以预留出足够多的时间，到处走走看看，这样就可以接触新想法、了解新趋势。
- 如果你处于表达特质第一区或坚定特质第一区，太多的谈话、快节奏的会议，会让你疲惫不堪。但是如果你处于表达特质第三区或坚定特质第三区，你会在众多讨论和在一个接一个的活动中，如鱼得水。当然，一天结束后，你也会感到疲倦，但是你能在很短的时间内恢复精力。

- 所有的活动都结束后，你的感受取决于你的变通特质的程度，以及你是否依照自己的偏好来参与这些活动。

接下来要介绍的是，如何利用自己的最大偏好思维特质开展工作，并取得成功。当然，每个人如何运用这些指南，将会受到自己行为特质的影响。我可以把思维和行为特质的所有组合，全部列举出来，分门别类地讨论每种组合的指南。但是，这样做耗时太长，读者也没有足够的时间去阅读。

◆ 将蓝脑偏好运用于工作中

我和斯图尔特曾在同一个讲台上面对一群广告公司的首席执行官做报告。首先是他做报告。他告诉听众，有 10 种方法可以使广告公司取得成功。他列举的第 10 个方法是："因为我们公司给员工发的薪水并不是太多，而且他们的自尊心又特别强，所以我们一定要经常称赞、表扬他们。"听到这里，我很惊讶。因为，我有斯图尔特的 EG® 分析报告，我知道他属于蓝脑 / 黄脑性（习惯于抽象思维）偏好组合，处于表达特质第三区和坚定特质第三区（A**C331），但是他的红脑特质微乎其微。他是如何知道称赞他人的重要性的呢？

后来，我就这个问题咨询了斯图尔特。他说："我也读了不少企业管理类的书，所以我知道我应该表扬别人，这样他们的表现就会更好。"

依我看，这并不是他固有的行事方式。对他来说，能记住表扬自己的团队，就已经很不错了。然后，他掏出自己的日程本（当时还没有智能手机）给我看，在每个月的 27 日都有一个提示，他提示自己要在这一天巡视自己的公司，表扬自己的员工。

运用自己的蓝脑偏好去发挥自己的红脑特质是非常重要的，而斯图尔特很清楚这样做的意义。考虑到他的公司是最成功的广告公司之一，我猜想，他的做法还是行之有效的。而斯图尔特并没有实质性地改变自己的特质构成，当然，他也不愿这样做。相反，他通过利用自己的蓝脑偏好，并调动自己的表达特质和坚定特质，去完成红脑性的任务。在每个月的 27 日，他都能将自己的那一丝红脑思维呈现出来。

运用自己的蓝脑偏好，加强其他思维特质

加强绿脑特质

- 写一首结构严谨的小诗，如绝句、律诗，或者一首词。
- 按字母表顺序，整理自己的书籍。

加强红脑特质

- 像斯图尔特一样，通过一些小技巧提醒自己，在一些特定的日子里展现自己的红脑特质。你可以表扬自己的员工，体贴一下自己的同事，或者给别人一个拥抱。我就认识这样一个 IT 发烧友，他编了一个程序，提醒自己不定期地给自己的女朋友送花。
- 一本关于人际交往技巧的书。

加强黄脑特质

- 工作时，聆听古典音乐（如莫扎特、巴赫、维瓦尔第等人的作品）。
- 听一听别人的“异想天开”的想法，但不要去评价这种想法。

◆ 将绿脑偏好运用于工作中

玛吉属于绿脑偏好，表达特质和坚定特质都处于第一区（*T**112）。她总是很厌烦开头脑风暴会议，因为她觉得自己思考得不够快。她有自己的主意，但却不能完整地表达出来，或者常常在会议结束后才想出一个主意出来。我鼓励她，在开这类会议之前，先给自己来一场头脑风暴，并记录下某些想法。如果没有条件这样做，也可以在会后第二天，把自己的想法提交上去。玛吉并不是思维迟钝的人，她只是需要时间去运用自己的绿脑偏好，加工自己的想法，斟酌各种想法的利弊。

于是，每次开会前，她都运用自己的绿脑偏好，详细记录自己的各种想法。这种方法帮了玛吉的大忙，她觉得，开会时自己能轻而易举地表达出自己的想法。

而且，别人对她的想法也非常认可，这使她变得更加自信。很快，她就不再需要自己事先进行头脑风暴了，她的黄脑思维虽然较弱，但也能在会议上运用自如了。

运用自己的绿脑偏好，加强其他思维特质

加强蓝脑特质

- 针对某个工作项目，制订一个逐步实现的方案。把它用含有示意图、箭头的流程图展示出来。
- 阅读一些自己没打算看的书籍，列出其中的内容梗概。

加强红脑特质

- 在电话旁列举一些人际交流的话题。打几通电话，每次通话至少要用上一个话题。
- 请别人帮你想一些想法，并详细记录下来。

加强黄脑特质

- 把办公室挂着的钟表取下来。
- 把一项任务委派给别人做，在截止日期前不要过问这项任务。

◆ 将红脑偏好运用于工作中

格里芬的红脑性偏好非常强烈，而且她处于表达特质第一区、坚定特质第一区和变通特质第三区（**S*113）。她是一家大型企业中最早当上高层领导的女性之一。在她的特质构成中并没有绿脑偏好，而且她的坚定特质处于第一区。按照很多成功的执行官的方式去实现晋升，对她来说是相当不合适的。我了解了她的职业发展历程，她从第一个管理岗位一步步升到财务副主管。格里芬花了很多年才明白，自己之所以能够不断晋升，是因为她能理解其他人的工作的重要性，她能够让其他人安心从事各自的工作。格里芬低估了自己的天赋，她一直以为自己不会再得到晋升，因为她觉得自己对下一个岗位一无所知。但她依然不断地得到晋升，而且每次她都能胜任自己的新岗位。

格里芬没有必要知道，怎么去从事其他人的工作，因为她非常善于从别人那里获取信息。即使她没有蓝脑偏好，她也能从别人那里获取自己所需的数据，记住其中的信息。同时她还会“感知”数据，利用直觉（第二大脑）判断这些数据。事实上，她的员工通过 EG® 研习班才了解到，她的特质构成中并没有蓝脑偏好，他们都觉得非常惊讶。

因为格里芬非常懂得欣赏员工们的工作，所以他们喜欢为她工作。她让员工们能体会到各自工作的重要性，让他们明白每个人都对公司做出了重要贡献。当其他的经理都在为提升生产效率和公司士气而伤尽脑筋时，格里芬却能用自己的方式成功地调动起每个员工的积极性。

运用自己的黄脑偏好，加强其他思维特质

加强蓝脑特质

- 读一读别人的经历，最好选择商业杂志，如华尔街日报或福布斯杂志。
- 跟朋友一起参加一些体育活动。

加强绿脑特质

- 向绿脑偏好的朋友请教，怎么才能准时到达某个地方。问他们花多长时间才能到达你的目的地，按照他们建议的时间动身出发。
- 把你需要拜访的人，记到一份清单上。在完成其他工作后，一定要记得前去拜访他们。

加强黄脑特质

- 把日常问候语换成："我有个好主意！"然后，想出一个主意。
- 带朋友去看一场带字幕的电影。

◆ 将黄脑偏好运用于工作中

我的合伙人斯考特是一个有很强烈黄脑偏好的人，同时他处于表达特质第三区和坚定特质第三区（**SC332）。他的绿脑特质位于 5% 分位数上。他将分析报告里，绿脑特质度量条上剩余 95% 的空白部分，称为“该死的空白”。

斯考特比较擅长秩序井然的工作，以及重视细节的管理工作，这一点大多数人都不知道。如果你邀请他一起吃晚餐，第二天他就发邮件感谢你。如果他收到账单，他三天内就能把支票送出去。我对此非常惊讶，于是就问他怎么做到的。斯考特告诉我："我的坚定特质程度超过 93% 的人，而且我知道，我必须完成这些事项。所以我每天早上 5 点起床后，会花一个小时的时间去处理这些绿脑性事务。那段时间，我的仅有的那点绿脑特质开始发挥作用，一天中其余的时间我就再也没有精力进行绿脑思考了。"

斯考特用他的黄脑想出了一个完成绿脑性事务的绝佳方法。不过，随着时间的推移，他的绿脑特质也在一天天地改变他自己。某年 1 月，我们收到了他的一份忘记签署的支票，上面写着："1928 号发票，非常重要。"

运用自己的红脑偏好，加强其他思维特质

加强蓝脑特质

- 把你的预算计划用示意图表达出来。
- 把一些想法串联在一起，思考出不同概念间的联系。

加强红脑特质

- 告诉你的至亲，没有他们的支持你就无法完成自己的工作。
- 当面赞扬那些向你提出过精妙想法的人。

加强绿脑特质

- 为会议议程设计一个信息图。
- 设计一种方法，帮你执行绿脑性的任务。例如，列举出你要完成的重要事项，然后在每周五，一个一个地按照顺序完成。如果自己做到了，可以做一次按摩来奖励自己。

从上面的例子我们可以看出，每个人都有能力完成不属于自己偏好特质的工作。每个人的特质构成，都是自己无与伦比的天赋，而每个人都没有必要改变。但如果你下定决心，想彻底改变自己的特质，也是可以做到的。下面的内容，介绍了彻底改变自己特质的最好办法。

彻底改变自己的特质的方法

贝丝是一名保险公司的精算师，公司位于美国中西部。在她参加我的研讨班时，我发现她的蓝脑特质数值是当时我们数据库中最高的，除此之外，她还有一点儿绿脑思维偏好。贝丝的变通特质处于第一区，这表明对待自己的主意她的态度异常坚定。

研讨班结束后，贝丝问我，她能不能改变自己的特质构成。我告诉她，她的大脑非常适合现在的工作，并且改变自己的特质构成难度相当大。但她下定主意，要提高其他的思维特质。她的特质构成相当独特，只有 1% 的人有这样的特质构成，但她并不觉得这是一项天赋。她想用其他的视角看待事物，也想跟人建立密切的人际关系。“你不了解我，”她说，“一旦我下定决心，没有我办不到的事情。”因为她处于坚定特质第三区，所以我相信她能说到做到。

三个月后，贝丝打电话给我，她向我承认，摆脱自己的蓝脑思维远比自己设想的还要困难。“我做了三件以前做不到的事情，”她说，“第一件，我报名参加了钢琴课。我发现，我的钢琴老师根本不用传统方法教我。第一天，我带着我的崭新的钢琴教材去上课，老师却让我把手放在琴键上弄出声响就行了。我一头雾水，觉得这纯粹是浪费时间。不过，我还是听从了老师的要求把手放在键盘上，然后钢琴发出了悦耳的声音，我觉得这真的很神奇。

“第二件事情。我们部门有个叫泰德的人，我觉得，他应该属于红脑和黄脑性。我问他，能不能每周五跟我一起吃午饭。以前我觉得跟他不熟悉，总是避免跟他接触。所以，我觉得约他每个星期一起吃一次午饭是个不错的主意。我们会一起去高管餐厅，找个靠窗的位置坐下来，一边看下面的城市风景，一边聊天。我记不得他具体跟我谈了什么，隐隐约约记得我们谈了很长时间关于云朵的话题。

“第三件事情是最难的。我决定，故意不准时参加三次会议。但是我的蓝脑特质还是让我跟往常一样，提前出现在会议地点，因为这是我本应该做的。但是到达那里之后，我躲在洗手间里，直到会议进行了十分钟后，我才出来。我是第一次这样做，所以额头上全是汗水，我紧张地走进会议室，担心有人会责怪我迟到。结果发现，这场会议还没有开始。到第三场会议时，我还是流了不少汗，因为迟到而紧张不安，但我发现，好像没人在意这件事，也没有人为此点名批评我。”

两个月后，贝丝打电话给我，告诉我一件大事。她说，她的思维发生了显著变化。“今天，我和泰德一起吃了午饭，”她说，“这一次，我总算明白了他所说的话。”

多年之后，我发现贝丝的特质构成发生了实质性变化。原来的她有极强烈的蓝脑偏好，少量绿脑偏好。后来，她的思维偏好变为蓝脑/绿脑/红脑性偏好组合（左型三元偏好组合）。她的行为特质没有发生改变。她对我说：“你以前说过，特质不同的人相互吸引。我丈夫，肯特的特质，跟我就不一样，他有很强烈的红脑/黄脑偏好。我俩第一次见面时，他那种玩世不恭的性格深深地迷住了我。当然，婚后很多年，他的有些方面也确实让我很烦躁。不过，现在我也能够理解他的想法了。”

又过了一年，贝丝决定参加一个诗歌课程。课程结束前，他的老师告诉她，她写的诗完全可以发表出去。接下来的几个月里，她的特质构成又改变了很多，从左型三元思维偏好，变为蓝脑/黄脑性偏好。另外，她的表达特质也从第一区变成了第三区。

最后，贝丝意识到，自己在那家保险公司工作得并不顺心。于是，她辞去了那份工作，搬到另一座城市生活。利用自己的精算技能，加上自己的冒险精神，她成了一名职业精算顾问。能做这项工作的人，从全国范围来看，屈指可数。

贝丝承认，改变自己的思维偏好，对她来说确实是一件难度极大的挑战。但是因为自己的意愿太强烈了，所以最终她能坚持下来。这些年来，我们之间还保持着联系。她对我说，虽然她更喜欢现在的自己，但是有时候，她也会怀念原来的那个偏好蓝脑的自己。“以前，我相信数据，因为数据不会撒谎。但是在黄脑世界里，我并不总能确信自己是对的。”

贝丝的故事，让我感触良多。我开始思考这样一个问题：人们改变自己特质构成的难度，到底有多大。于是，我学习了研究大脑的相关资料。我想从神经生物学的角度，看待这个问题：为什么人们很难改变自我？

◆ 改变自己的特质构成，为什么那么难

每当我们学习新事物时，大脑就会创建一个新的神经通路。刚出生时，在大

脑中，只有基本的神经回路可供使用。在接下来几年，神经元数量高速增长，使我们能够学习、记忆、说话和活动。从青春期开始，神经元增速放缓。青少年阶段，有些神经通路经常得到使用，大脑会加强这类神经回路间的联系。而那些很少用到或从来没用过的神经回路或神经元，就会通过神经修剪被删除掉了。

图 6-1 表明，在人生的不同阶段，大脑皮层的神经元数量是大不相同的。儿童阶段，我们的生活经历会引发大脑内部的神经联系。随后，很少使用或从未用过的神经和神经回路就会被修剪掉。“熟能生巧”的原因在于，重复地做相同的事情会加强神经回路。反过来，我们很难戒除一些根深蒂固的习惯，因为这些思考或行事习惯不需要有意识的努力就能做到。

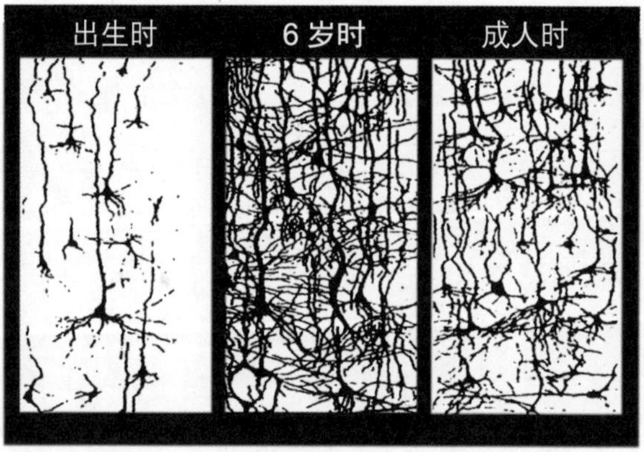

图 6-1

有效的神经通路，会让我们很容易“自然而然”地做某些事情。而有些坏习惯，我们很难戒除掉。其中一个原因是，这些习惯在大脑里面已经根深蒂固，习惯一旦养成，就成了自然而然的事情了。查尔斯·杜希格有一部著作，名叫《习惯的力量：为什么我们会这样生活，那样工作》。他在书中指出，形成新习惯，就像在大脑里面，构建一个习惯回路系统。他把这个回路简化为三个步骤：

第一步，习惯始于暗示。为了响应暗示，大脑会指示人执行某个行为，这时大脑会自觉记住这个过程。大脑会将纹状体和中脑联系起来，并为这个行为提供奖赏。无论是好行为还是坏行为，大脑都从奖赏中得到了满足。

第二步，形成惯常行为。行为逐渐习以为常，大脑皮质的另一部分也参与进来，这时大脑不需要刻意暗示，也能指示人完成这项行为。

第三步，习惯固定下来，被大脑“记住”。惯常行为就变成了自发行为。只要出现相应的暗示，人就会自发执行某项行为。

> 要改变习惯，你必须留住旧习惯回路中的暗示，提供旧习惯回路中的奖赏，但要插入一个新的惯常行为。
>
> ——查尔斯·杜希格
>
> 《习惯的力量：为什么我们会这样生活，那样工作》

杜希格认为，我们从不会戒除旧有的坏习惯，我们却能够在同样的暗示的激发下，形成新的暗示—惯常—奖赏回路。怎么才能做到呢？

（1）识别自己坏习惯的暗示—惯常—奖赏回路机制。

（2）为了替换根深蒂固的习惯，可以尝试不同的、更健康的奖赏。

（3）利用详细而具体的手段，隔断暗示。杜希格指出，暗示有五种形式：特定的地点、一天中的某个时段、某种情绪状态、他人，以及其他能将习惯转化为行动的事情。

（4）针对暗示，形成新的惯常行为，坚持下去，直到形成新习惯（见图 6-2）。

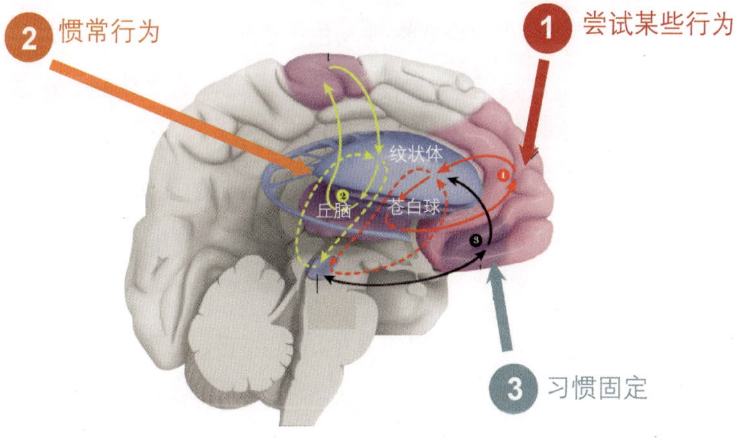

图 6-2

下面举一个例子，说明习惯的强大力量。先记住下面这句话：

“我们的习惯真的很难改过来！”

合上这本书，写下这句话。要求：遇到笔画“横”，从右向左写；遇到笔画“撇”，用笔画“提”代替；遇到笔画“提”，用笔画“撇”代替。

这句话你写得怎么样？绝大多数人，都不能非常顺利地写出来。如果你觉得自己写得很好，可以拿给别人看。因为如果你读错了，那么你可能也会写错。

我想说的是，并不是你做不到。人类的潜力是无穷的，我们可以做到我们想做的事情。如果你努力去改变坏习惯，你会变得更好。但是，坏习惯的神经通路一旦根深蒂固，你就很难把它戒除。对儿童来说，改掉习惯并非难事，那是因为他们大脑中的神经回路还没有固化下来。

随着大脑的不断发育，大脑会进行更加专业化的思考，通过不断地重复，神经元会重组，功能不断强化。为了学习一项新技能，你必须不断地重复某些活动，这些活动会组建新的神经通路，并强化这些新的神经通路。

如果我们想改变自己，我们需要花费很长时间，重复地改写有意识和无意识的突触回路，才能形成新习惯。如果我们希望形成新习惯，或者掌握新技能，我们需要不断进行有意识的努力，直到这些新行为进入我们的无意识心理中。

美国国立卫生研究院大脑与认知实验室主任莱斯利·G. 安格雷德，曾进行过一项实验。他让志愿者们学习一套手指活动，在他们学习的过程中，安格雷德用 fMRIs 技术（功能核磁共振成像技术）扫描志愿者的大脑。这样的活动，每周进行一次。他发现，大脑的活动模式逐渐发生了改变。在第一周，大脑活动是全新的，跟以往不同。安格雷德猜测，神经元通过重组，纳入控制手指活动系列的神经网络中。随着时间的推移，手指活动越来越熟练。当志愿者在进行手指活动练习时，越来越多的神经元被重组进来。此外，一年后仍能检测到大脑活动的改变，而此时手指训练早已结束。这就是为什么我们常听到这样的话：“我们得花 21 天才能改变一项习惯。”

最新的研究表明，改变一项习惯所花的时间要超过 21 天。菲利帕·拉莱供职于英国癌症研究中心健康行为研究部，这所研究部隶属于伦敦大学流行病与公共卫生学院。她与同事进行过一项研究，他们发现，形成一项新习惯平均需要

66 天时间。当然，每个被研究的个体所需要的时间都是不一样的，最少的仅需要 18 天，最多的需要 254 天才能形成一项新习惯。因此，如果你想改变自身的特质构成，你需要知道，这可能需要付出不懈的努力，需要大量的时间积累，才能实现。

◆ 有志者事竟成

有一种现象，叫作安慰剂效应。给患者服下一片糖药丸，并使他相信这是一种疗效显著的药物，患者会感觉症状得到了缓解。很明显，信念能促进自我目标的实现。如果你希望改变自己的特质构成，你首先应相信自己能做到。

> 杏仁核区是大脑边缘系统的一部分，它主要处理跟我们坚定的信念及价值观相关的情绪，这是一种无意识的过程。这种处理过程，要比大脑皮质进行有意识思考要快得多，后者善于进行理性思考。
>
> ——玛丽·蔡斯，医学博士、EG®合伙人

虽然，很明显，理性思考相当重要，但是情绪也是决定我们成败的一个重要因素。有些来自杏仁核区的情绪暗示或潜意识暗示，不会通过理性的大脑皮质进行处理。这就解释了，当这些非理性因素跟我们的主观努力不一致时，会对主观努力起到破坏作用。反过来，如果我们大脑的所有部分，无论是理性思考部分，还是执行非理性功能的部分，都能朝着一个目标工作，我们就会无往而不利。

杏仁核区是一个相当敏感的脑部组织，它能对我们最深刻的信仰和价值观产生响应。反过来，我们可以有意识地修改这些信念和价值观。如果我们重复地坚持某些信念，那么这些信念就会存入杏仁核区，从而影响我们的行为。这一过程，有助于实现理想、信念与潜意识的一致。

有意识的、积极的信念，如"这次考试，我一定能取得好成绩"或"今天我感觉心情愉悦，精力充沛"等，确实可以影响结果。马丁·塞利格曼写过一些关于积极心理学的著作，其中一本叫作《真实的幸福》。他曾经针对宾夕法尼亚大

学的大一新生，做过一项研究。他发现，那些实际成绩超过各自预期的学生，使用“乐观自省”的方法，帮助他们牢牢记住自己的目标。另外，塞利格曼还指出，仅仅重复地相信一个积极的信念，对结果的影响并不大。他认为，积极思考的方法还包括个人应该有意识地与自己的消极思维和消极观念做斗争，要有正确的归因心态，即我们会如何面对挫折、如何对所遇到的挫折进行自省。例如，如果你的事业遇到挫折，你要告诉你自己：“我能解决这个问题。”

如果你决定改变自己，你必须尽可能地说服自己，让你相信你所期盼的结果。这样做会非常有效，这是因为大脑无法区分真实与生动的想象之间的区别，它会把生动的想象当成真实的事情。

麻省理工学院曾经做过一项研究。研究人员先向志愿者展示一些照片，然后要求他们回忆这些照片。无论志愿者是在观看真实照片，还是用大脑回忆照片，大脑的同一个区域都会被激活。同样，当你想象未来时，最好能够将自己的情绪、视觉、听觉和味觉全都调动起来，这样你就能够将信念植入大脑，帮助你实现目标。

我们知道，世界一流的运动员，无论是高尔夫球员、赛车手还是滑雪运动员，他们都会提前想象自己的下一个动作。在奥运会上，这些最优秀的运动员，都会在自己的脑海里预演自己在赛场上的动作。研究表明，在内心世界预演这些动作，有助于提高赛场表现。

如果我们在意识层面和非意识层面都坚信自己的想象、梦想或目标，并将一些新的、具体的信息融入其中，我们就能到达一个全新的境界，甚至跨越这一境界。能够看到、听到、感受到完成目标时的情景，将会有助于你实现目标。

> 我很相信运气，事实上我发现我越努力，我的运气越好。
>
> ——托马斯·杰弗逊

我们应该注意自己所说的话，因为我们的大脑在时刻聆听自己的语言。例如，“我会尽力而为”跟“我会竭尽全力”表达的意思，并不相同；“我忘了”与“我还没有想起来”也是有区别的。另外，“我是名车手”的意愿，要比“我想当车手”的意愿，要强烈得多。

我们的内心世界在不断斗争。我们的内心产生的消极态度会严重打击自己的精神和热情。想象一下，如果你的肩上坐着一个小人儿，它每天只知道对你进行冷嘲热讽："你怎么这么蠢""你的数学烂到家了""你太无聊了"，等等。我相信，你会毫不犹豫地把它踹飞。

跟自己的负面态度做斗争，除了需要积极的语言、坚定的信念、对成功的渴望外，还需要乐观的面部表情。加利福尼亚大学的马尔科·亚科波尼的研究表明，面部表情与杏仁核区的活动之间存在着联系。做出气愤的表情，你真的会感觉到生气。而做出大笑的表情，你的心态也会变得乐观。

你可以采用这些方法，因为它们真的很管用。

> 我们这个时代，最伟大的发现是，人们可以通过改变自己的态度改变生活。
>
> ——威廉·詹姆斯

◆ 改变自己的四个步骤

每个人的头脑，都具有非凡的天赋和独特的优势，都能为团队贡献宝贵的洞察力。每个人都是独一无二的。但是，如果你确实希望改变自己的思维和行为偏好，我给你以下建议。

1. 选择一个"肯定"型的动机

动机是改变自己的关键。就像一个老笑话讲得那样："换个电灯泡需要多少位心理学家？""一个，前提是灯泡想被换掉。"

如果有人要求你，不要想象一只粉色的大象，你第一时间会想到什么？正确，你会想到粉色大象。大脑思维属于"肯定"型思维。它会试图将思考置于一定的语境中。积极的目标，可以与积极的行为联系起来，但是消极的目标，是不会置于一定语境中的。如果你说，"我不想做顽固不化的人"，那么，你的大脑只会听到"顽固不化"。反过来，如果你说，"我想做个灵活变通的人"，大脑会听到"灵活变通”。因此，你需要找一个积极、肯定型的动机，而不是否定型的动机。我们对自己说，“不要酒后驾车”，而大脑实际听到的却是“酒后驾车”，所以更好的说法是“饮酒须谨慎”。要想成功地改变自己，我们需要把“否定”型的动机，(“我不想成为一个顽固不化的人”)替换为“肯定型”动机(“我是一个灵活变通的人”)。

假如你想成为一个更直率的人，你可以在便笺上写上“我很直率”，贴到你天天能看到的地方。可以贴在浴室镜子上、冰箱上、汽车仪表盘上、电脑显示屏上，这些地方也可以都贴上。这是你的动机，你需要为此坚持下去。

2. 想象自己的目标

你想改变自我，或许是因为你想更全面地开发自己的能力，能在一个更大的舞台上施展自己，而为了能抓住机遇你必须改变自己。或许你的目标是，在老年阶段，保持敏捷的思维能力。无论你的长远目标是什么，你都需要想象出将来的自己。你需要利用自己的优势思维偏好，想象出实现自己目标时的画面，让自己享受一下这个画面。如果想象不出来这种画面，你可以利用其他想象力，去感觉、倾听或用嗅觉感知，体会你成功后的情景。大脑的抽象思维(蓝脑/黄脑)部分，会渴望更加宏大的目标。它需要在了解具体如何实现前，先把握整体目标。

3. 制订一个21天计划

大脑的具体思维部分，则注重目标的实现细节。这里，你需要认真确定，为实现你的长远目标，第一步应该做什么。要实现任何持久改变，你必须连续21天执行你的行动。要实现你的目标，你必须每天都要执行你的计划。如果某一天行动没有执行，那就必须再从第一天的行动开始。需要注意，我们建议，先从一个21天计划开始，目的只是想帮你确定，这个为期21天的经历对你的影响到底多大。最新的研究表明，要形成一个新习惯，每个人需要的时间是不一样的，有的仅需要18天，有的却需要254天。21天的努力，会让你明白，自己是否愿意再继续下去。

把自己每天要做的事情，记录下来。如果你处于坚定特质第三区，你会觉得这个清单很有用，因为你知道，这个计划会帮你尽快实现自己的目标。如果你处于坚定特质第一区，这个任务清单会强化你的意愿。

如果你处于变通特质第三区，随着计划的逐步执行，你可能会对计划进行调整。或许，你可以发现，做计划之外的事情效果会更好。如果你处于变通特质第一区，一旦确定自己的计划，你会严格遵守计划的每个步骤。因为你知道，这些步骤都是最适合你的。

4. 请别人帮忙

找到能帮你实现目标的人，或者那些你实现目标后能得到好处的人。如果你把自己的目标告诉别人，你就会对这个目标更有决心。告诉多少人，取决于你的表达特质程度。如果你处于表达特质第一区，你可能只会告诉一个朋友。如果你处于表达特质第三区，你甚至会想告诉全世界。

> 亚马逊网刚成立的时候，我的朋友卡罗尔·亨特跟我说："现在能在网上买书了，我连续 21 天，每天都在网上买书。现在，到了第 22 天了，我感觉自己非要买书不可。怎么做才能让我停下来？"

改变自己EG®特质的21天计划

史蒂夫是名经理，他立下决心，制订一个 21 天计划，并严格遵守。现在，他已经觉察到，自己已经改变了很多。虽然史蒂夫身材高大，但他形容自己只有 1.5 米高，因为他觉得自己处于坚定特质第一区拖了自己的后腿。

下面是史蒂夫的 21 天计划的执行日记。史蒂夫精心设计，并严格遵守了自己的计划。最后，他不仅改变了自己的坚定特质，还改变了自己的黄脑、绿脑和蓝脑特质。因为这些特质是协同工作的，所以其他特质的改变，并没有在他的计划之内。

现在，史蒂夫很满意自己在业务发展咨询部的工作，这个部门是他所在银行的管理咨询部门。史蒂夫说，在他为银行开展业务时，处于坚定特质第三区是非常有帮助的，而且红脑特质的提高使他的家庭生活更加和谐。

◆《提高自己坚定特质数值的 21 天计划》执行日记

第 1 天：我所在的团队是一个建立商业技能的团队。今天，我第一个向团队陈述了自己的方案。以前都是别人陈述完我才开始陈述，这次，我担心轮到我陈述时时间不够用，或者所有想法都让别人考虑完了。

第 2 天：我推掉了一个项目，因为很明显，这个项目跟我的其他项目时间上有冲突。

第 3 天：我从会议上溜了出来，亲自把结婚纪念鲜花送到我太太工作的地方，并当着她老板和几个中学生的面吻了她。对我这样的俄德混血儿来说，这样公开示爱的行为确实少见。

第 4 天：我没有让大家讨论就餐的地点，而是直接选了一个我喜欢的餐厅。

第 5 天：我用了家里最好的电视机，收看野马队的超级碗比赛。

第 6 天：虽然不是规定的便装日，我还是穿上了野马队队服，去银行上班。

第 7 天：我邀请了一个不熟悉的同事，一起吃午饭。

第 8 天：眼科医院的一名客服打电话给我，提醒我当天我有一个门诊预约。我提醒她，我预约的是明天。她后来承认是自己弄错了。要在以前，我是不会这样说的。

第 9 天：我打电话给丹佛邮报，告诉他们，我的报纸没有在上午 6:00 送到，他们在广告上可是做了承诺的，而且那个时候，我确实需要那份报纸。

第 10 天：我的女儿想让我提前给她点儿零花钱，但我上次预支给她的钱到现在她还没有还给我。我告诉她，把拖欠的钱还完，我才会预支她零花钱。

第 11 天：我之前曾和一个朋友谈论过，我的父亲对我们生活造成的影响。我把这件事告诉了我的弟弟。虽然这是一个很敏感的话题，一开始我俩都有点尴尬，不过我们都说出了自己对父亲的看法，增进了我们之间的相互理解。

第 12 天：下班时间到了，可我的同事要求我加会儿班，以往我总是勉强同意。这次我没有理会他，按时下了班，去健身房锻炼。

第 13 天：我对一项合同提案据理力争，对方同意了我的条款。以往，他们总是希望我能妥协。

第 14 天：在管理层会议上，我主动提出了一项营销计划。

第 15 天：虽然没有提前准备，我还是在宴会上做了即兴发言。

第 16 天：在股东年度大会上，我提了一个尖锐的问题。以前，这个场合我总是一言不发。

第 17 天：我在一家餐厅退掉了一份菜，因为他们没有按我的要求做。这样的事情，我以前从没有做过。

第 18 天：我的大女儿没有按时回家，于是我不准她再出去玩。不需要吓唬她，就用这种直接处罚的方法更有效，也更容易让她认识自己的错误。

第 19 天：在教堂里，我自告奋勇承担奉盘仪式，尽管以前从没有做过，也没有注意过仪式的具体过程。

第 20 天：我去跟高级经理商量，想接手原属于他的一项方案，我认为这个项目应该属于我的部门。我也不知道这样做是为了解决管理权限冲突，还是为了提高自己的坚定特质。

第 21 天：今天我向银行的经营机构（大概有 50 人）做了公开发言，向他们介绍了市场调查的开展情况。我利用这次机会，跟大家分享了我的个人观点——我们来这里工作的全部意义是什么。我认为，不仅仅是为了按月领工资。

接下来将介绍，帮你改变思维和行为特质的 21 天计划。这些计划可以帮你：

- 提高蓝脑特质。
- 提高绿脑特质。
- 提高红脑特质。
- 提高黄脑特质。
- 更喜欢人际活动（表达特质第三区）。
- 更能灵活处事（变通特质第三区）。
- 出言更谨慎（表达特质第一区）。
- 态度更平和（表达特质第一区）。
- 行事更果断（表达特质第一区）。

◆ 提高蓝脑特质的21天计划

（1）阅读商业评论的分析报告。

（2）学会自动付款。

（3）为全年的食品支出做个预算。

（4）把食品预算削减10%。

（5）用预算软件处理自己的财务问题。

（6）在超市付款前，算出自己需要支付多少。

（7）玩一个锻炼思考能力的游戏。

（8）整理好个人的财务报表。

（9）帮孩子完成数学作业。

（10）阅读跟自己工作有关的科技期刊。

（11）阅读一份商业期刊。、

（12）计算自己车子的每公里油耗，看看自己的油还能用多久。

（13）写一篇1 000字的短文，分析一下自己的工作环境。

（14）阅读国外商业刊物，比较分析这些刊物与国内刊物的不同。

（15）买一个智能手表，设定好准确的时间。

（16）全面调查某种最新款的智能设备。

（17）买下你调查好的智能设备，学会怎么操作。

（18）去一趟博物馆，读一读里面展品的介绍，分析一下哪个展品最贵。

（19）跟朋友一起讨论、理性分析一下国内外热点大事。

（20）看一场悬疑电影。

（21）阅读有深度的分析性报纸。

每天必做的事情：

- 做脑筋急转弯。
- 上飞行课。
- 追踪自己公司的股票价格。

◆ 提高绿脑特质的 21 天计划

（1）计划好当天的活动安排，严格遵守。

（2）把自己的任务分成两部分：重要任务和不重要任务，只做重要任务。

（3）给自己的重要任务做一个编号，按顺序一件一件完成。

（4）睡觉前，给自己的咖啡壶设定个预约时间。

（5）整理自己的杂物间，把一年内没用过的东西扔掉。

（6）整理壁橱，把一年内没用过的东西扔掉。

（7）整理厨房抽屉，把一年内没用过的东西扔掉。

（8）整理自己的衣柜，把相同颜色的衬衫挂到一起。

（9）当天的所有会议，都要提前 7 分钟到场。

（10）戴上机械手表，设定好准确时间。

（11）根据商店的物品排列位置，规划好自己拣选商品的顺序。

（12）做一份项目清单。

（13）做项目前，仔细阅读项目说明，从头读到尾。

（14）写一个总结，详细总结当天发生的事情，以及发生的具体时间。

（15）仔细编辑自己要发出的每份邮件。

（16）谨慎考虑别人提出的想法、观点。

（17）开车路上，观察好限速标志。

（18）根据食谱做一份晚餐，严格按照食谱说明做。

（19）坐在电脑桌前，一天全用电脑进行工作。

（20）买个日程本，严格根据日程本的说明记录事情。

（21）对办公室设备的使用说明进行归档，按照字母表顺序归档。

每天必做的事情：

- 睡觉前，把第二天要穿的衣服整理好。
- 把每天收到的发票、收据、小票整理好，存起来，记下每天的具体花销。
- 读一本名为《如何……》或《……教程》的书。

◆ 提高红脑特质的 21 天计划

（1）主持一场宴会。

（2）打电话跟朋友闲聊一下。

（3）做一些糕点，送给邻居。

（4）就个人问题向朋友们寻求意见，这些朋友最好偏好不同的思维类型。

（5）给某个人一个拥抱。

（6）跟客户正式讨论前，先了解一下对方的个人情况。

（7）购物时，跟商店店员闲聊一下。

（8）给某个员工送一张纸条，上面写上称赞或认可的语句。

（9）讲一下自己的某个个人经历。

（10）认真倾听朋友的经历。

（11）给某个人送一束鲜花。

（12）请某个人为你解释一下你要做的任务。

（13）执行决定前，先想想会对别人造成什么影响。

（14）鼓励别人说出自己的想法。

（15）对犹豫不决的事情，用“抛硬币”的方法做个决定。

（16）戴个颜色酷炫的手表。

（17）在办公桌上放上自己家人的照片。

（18）捐款给慈善机构。

（19）拥抱两个人。

（20）打电话给两个朋友，闲聊一下。

（21）参加一场志愿活动，去帮助别人。

每天必做的事情：

- 跟某个朋友交流一下。
- 读一本爱情小说。
- 跟别人一同进入某个场所时，主动为别人开门。

◆ 提高黄脑特质的 21 天计划

（1）重新摆放一下自己办公室的家具。

（2）不要查看手机。

（3）装饰一下自己的办公室。

（4）在家里或办公室里，放一张抽象派画作。

（5）选择去一家异国情调的餐厅吃午餐。

（6）选择与以前不同的时间、不同的路线去上班。

（7）光看图片，不看安装说明，尝试安装一个家具、设备。

（8）在办公室里欣赏爵士乐。

（9）做一些你觉得“好玩”的事情。

（10）穿着样式独特的衣服去上班。

（11）不看菜谱，完整地做一份晚餐。

（12）把旧衣服改装成一套新衣服。

（13）来一次说走就走的旅行，可以带一个行李箱。

（14）晚上吃早餐的饭菜。

（15）随心所欲地散散步，或者慢跑。

（16）买个新奇的玩意儿，最好不知怎么用，只是觉得很特别。

（17）做一份 20 年的个人发展计划。

（18）想出能解决老问题的新办法。

（19）观察云朵，联想一下云朵像什么。

（20）跳五分钟即兴舞蹈。

（21）想出完成某项任务的新方法。

每天必做的事情：

- 学习一门艺术课程。
- 随便幻想一下。
- 做做瑜伽，或者打打太极。

◆ 提高人际交往能力的 21 天计划

（1）告诉你亲近的人你的感受、感觉。

（2）当众发言。

（3）在会议上，第一个起来表达自己的观点。

（4）计划一场派对。

（5）午餐时间，跟大家讲讲今天学到了什么东西。

（6）跟陌生人打招呼。

（7）讲一个笑话。

（8）主动教别人你熟悉的事情。

（9）在会议上响亮地回答问题。

（10）谈话期间，从容打断别人的讲话。

（11）虽然对新方案没有完全理解，但也要告诉别人你对新方案的想法。

（12）如果对某个同事的工作不太了解，可以请他给你解释一下。

（13）跟别人说说你的周末活动。

（14）会议前，先想好两三个问题。

（15）跟别人交谈时，运用自己的肢体语言。

（16）站起来表达自己的观点。

（17）声音洪亮地跟别人交谈。

（18）给很久没联系的朋友打个电话。

（19）穿着活力四射的衣服去上班。

（20）加入一个演讲俱乐部。

（21）跟收银员、店员闲聊几句。

每天必做的事情：

- 遇到很高兴的事情，欢呼出来。
- 晚餐时，跟别人聊聊天，注意不要冷场。
- 参加一项拓展训练。

◆ 提高灵活处事能力的 21 天计划

（1）让别人选择你办公室的装饰颜色。

（2）换一个最喜欢的品牌。

（3）听从别人的建议，最好是自己不情愿的建议。

（4）平时喝茶，今天就喝咖啡；平时喝咖啡，今天就喝茶。

（5）用跟以往不同的笔，或者用个不同颜色的笔。

（6）在床的另一侧睡觉。

（7）把卫生间的卫生纸放在另一个位置。

（8）用另一只手刷牙。

（9）让同事、朋友等帮你计划周末活动，并遵守这个计划。

（10）跟朋友聊聊电影，同意他的观点，不发表自己的看法。

（11）让别人帮你订餐，并吃光他所定的餐。

（12）去别人选的餐厅进餐。

（13）工作中遇到别人有请求，停下手上的工作。

（14）邀请不同饮食习惯的人一起吃晚餐。

（15）摘下办公室的所有钟表。

（16）不去计划今天要做的事。

（17）告诉每个人，你理解他们的观点。

（18）故意迟到。

（19）虽然已经有了自己的选择，但在会议上，提供不同的可选方案。

（20）想出一个完成旧任务的新方法。

（21）穿没有特色的衣服。

每天必做的事情：

- 即使别人没有跟你预约好时间，也要抽出时间会面。
- 每天选一个不同的路线去上班。
- 用另一只手接听电话。

◆ 学会谨慎表达的 21 天计划

（1）背着手跟别人谈话。

（2）开会时，先听完三个人的发言，然后再表达自己的观点。

（3）克制自己，一整天都不跟别人讲自己的事情。

（4）克制自己，一整天都不要开玩笑。

（5）努力让自己一整天都不受大家关注。

（6）一个人待上一个小时，不要受到任何外界干扰，在此期间不用手机，不看电视，不发邮件，不看邮件等。你可以读读写写，但不要用电子设备。

（7）一个人待上一整天，不要受到任何外界干扰，在此期间不用手机，不看电视，不发邮件，不看邮件等。你可以读读写写，但不要用电子设备。

（8）在回答别人的问题前，留出 5 秒的思考时间。

（9）会上不发言。

（10）在日记中记下自己想说的话，但不要说出来。

（11）问一个能引起大家表达欲的问题。

（12）别人讲话时，听他讲完要说的话，然后自己再说。

（13）想到问题的答案或解决办法时，不要把它说出来，而是把它写下来。

（14）会议上不要主动做任何事情。

（15）穿颜色朴素的衣服，不要搭配任何耀眼的配饰。

（16）一整天都不要打断别人的谈话。

（17）发信息时，不要加任何表情符号，也不要加感叹号。

（18）参加会议时，不要跟别人分享你的事情。

（19）一整天不发短信、QQ、微信。

（20）只谈工作、公务，不说客套话。

（21）面部表情要从容，不要转动眼珠，或者吐舌头等。

每天必做的事情：

- 尽量不用肢体语言。
- 少说话。
- 让别人先说。

◆ 让自己态度更平和的 21 天计划

（1）执行方案时，态度要平和。

（2）公路上遇到超车，主动让路。

（3）根据限速要求驾车。

（4）礼貌驾驶，不要随意鸣笛，不要有任何粗鲁的驾驶行为。

（5）排队时，容忍别人插队。

（6）安排活动时，留出一定的机动时间，以应对一些意外事情。

（7）不紧不慢地去赴约。

（8）保留自己的意见。

（9）主动帮别人做一件事情，最好是以前不情愿做的事情。

（10）当大家一起讨论聚餐地点时保持安静，听从大家的决定。

（11）听从别人的观点。

（12）做自动扶梯时，站在原来的位置，直到抵达地点。

（13）按电梯时，只按一下。

（14）开会时，不主动举手发言。

（15）安排下个星期、下个月的任务计划，不要安排今天的任务计划。

（16）静静地坐一个小时。

（17）不去干涉别人做事情。

（18）让别人决定看什么电影。

（19）同意别人的决定。

（20）深思熟虑后再采取行动。

（21）做决定前，多花点时间思考。

每天必做的事情：

- 默许别人的决定。
- 即使不同意，也不去评论。
- 礼让他人。

◆ 让自己行事更果断的 21 天计划

（1）坐车前，先决定好自己去哪里、做什么。

（2）把任务拆解，分给不同的小组做。

（3）拒绝额外的加班。

（4）在完成自己的任务前，拒绝接受新任务。

（5）如果没有意外情况，坚持执行原先的计划。

（6）告诉大家离开的时间，并遵守。

（7）每次开会都要宣布开始和结束的时间，并严格遵守。

（8）表达出自己的观点，并提前准备好支撑观点的理由。

（9）做好外出旅行的计划，确定好路线，严格遵守计划。

（10）从各种方案中选出最好的方案，表述出来。

（11）设定好当天的会议程序，并公布出来，每项会议程序都要严格控制在分配的时间内。

（12）执行具体方案时，要有始有终，不要偏题。

（13）阅读操作手册时，从第一页读到最后一页。

（14）制订方案时，要有严格的操作程序。

（15）准时上班，准时下班。

（16）一整天坐在同一个椅子上。

（17）集中精力做一件事。

（18）如果别人不同意你的观点，坚持自己的观点。

（19）工作完成前，不要接听任何电话。

（20）手机关机一整天。

（21）把办公桌上的东西放在特定的位置，用完之后放回原处。

每天必做的事情：

- 当天的事情当天完成。
- 每天同一时间起床。
- 每天同一时间，沿着同一路径散步。

◆ 改变自我，任重道远

改变自己的特质构成，需要付出坚持不懈的努力，只有意志坚定地持之以恒，才能成功。但是，如果在改变自我的过程中，你觉得这并不是你想要的，也没有关系。

达琳属于具体思维（绿脑 / 红脑性组合偏好）型，行为特质组合为 231。她有两个合伙人，都属于抽象思维（蓝脑 / 黄脑性组合偏好）型，行为特质组合为 332。他们合伙开了一家金融企业。达琳决定提高自己特质构成中的黄脑特质，因为她觉得这样能方便自己跟合伙人进行沟通。遇到这种情况，我常常劝客户不要试图改变自己，所以我也劝她不要这样做。我告诉她，她的具体思维能力对他们的合伙关系来说是一项巨大的财富。她不听我的劝说，仍然坚持自己的想法，想改变自己。因此，我建议她先制订一个 21 天计划，帮她提高自己的黄脑特质。她满脸疑惑地望着我，对我说："你知道，我的黄脑特质不高，所以我怎么可能设计出一个 21 天计划呢？"

她说得对，但是我们不是孤立地生活在这个社会中的，所以我建议她找几个黄脑特质多的朋友，商量一下。达琳请了七个黄脑特质最多的朋友一起吃午饭，让他们出出主意，提高一下自己的黄脑特质。最后，她的朋友们拟订了一个计划。第二天，达琳就开始实施这个计划了。

计划执行到了第 16 天时，达琳打电话给我，跟我说："你说对了。我不喜欢做黄脑特质多的人。我不改了。"

"遇到什么事情，让你决定不改了？"我问她。

"今天，我本来应该把用过的餐具留在洗碗槽里，然后直接上班，"达琳回答，"可是对我来说，这实在是太难了。"

◆ 任何改变都有一定的限度

假设你处于坚定特质第一区，你觉得自己总是受人摆布。像史蒂夫一样，你也执行了自己的 21 天计划，而且很满意自己取得的进步。自己的行为特质，调整到坚定特质第三区的程度，态度更加直率，你能做自己以前不愿做的事情。例如，直接告诉自己的姐姐，自己不同意她的育儿建议；或者看电影的时候，告诉旁边的人，不要讲话，保持安静。你会像天生处于坚定特质第三区的人一样直率吗？我觉得，不太可能。

马丁属于抽象思维（绿脑 / 黄脑性组合偏好）型，表达特质处于第一区，坚定特质处于第三区。一天，他打电话给我，开始他是这样跟我谈话的："我现在把合同传真给你……哦，盖尔，最近怎么样？"

我回答："还好。你怎么话讲到一半，就不讲下去了？"

他回答："我在练习提高自己的红脑特质。听到我这样问候你，你是不是很高兴？要在以前，我只会跟你说，我现在把合同发给你，然后就不跟你继续聊下去了。"

于是，我说："你这样问候我，我很开心。我现在已经准备好享受假期了。我的儿子瑞安周二要回家，摩根周三回家，另一个儿子已经到家了。一家人马上要团聚了……"

马丁打断我："好的，知道了。现在我们再谈谈合同吧？"

虽然，马丁在尽力提高自己的红脑特质，但最后，他的蓝脑 / 黄脑特质还是占了上风。

当然，马丁能够加强自己的红脑特质，但是他的红脑特质不可能像天生的红脑偏好者一样强烈。最后，他能够学习和理解红脑偏好者的决策过程，但是他不会像使用蓝脑、黄脑那样自如地使用自己的红脑特质。而且，虽然马丁提高红脑特质的努力值得赞扬，但是天生具有红脑偏好的人还是能够察觉他的非偏好特质的。就像斯图尔特一样，偏好蓝脑特质的他每个月按时表扬自己的员工，这样做也肯定会被天生红脑偏好的人察觉出来。天生具备某种思维或行为特质的人，能够通过细微的线索，知道某个人是否具备跟他们一样的特质。

当然，你如果想开发自己不偏好的特质，也不要因此气馁，只需要记住，自己的强项是自己的天赋。锆石跟钻石一样，也会闪光，但锆石始终是锆石，不是钻石。

◆ 有时改变会在不经意间发生

有时，你不需要刻意改变自己的特质，有些特质会自动发生改变。有时，人们告诉我，他们没有努力去改变自己的特质构成，但它自然地发生了变化。每次遇到这种情况，我就会问他们，最近一次完成 EG® 问卷后，在他们的生活中发生了什么变化。通常，人们都会告诉我他们经历了什么。有的人会告诉我，他们过渡到了中年阶段。有的人会告诉我，自己经历了人生中的一件大事。通过第 7 章的学习，我们知道，大脑一直会对生活经历进行回应，因此，不言而喻，人的特质构成也会受到影响。

◆ 人生不同阶段的生活意义是什么

一些心理学家认为，可以把人生划分为不同的人生阶段。如果这些心理学家对划分阶段的方法、划分依据都没有异议，那么问题就简单多了。但是实际上，对这些问题，每个心理学家都有自己的观点。

埃里克·埃里克森认为，从心理学角度出发，人从出生到死亡，人生会逐渐步入不同的阶段或周期。他认为从生到死，人的一生可以划分为八个阶段，每个阶段都有不同的危机或困境。例如，独立自我与维持亲密关系的矛盾。

丹尼尔·莱文森是《男人一生的不同阶段》与《女人一生的不同阶段》的作者。他曾经根据盖尔·希伊的畅销书《人生变迁》做过一项调查。莱文森将人生划分为五个阶段，每个阶段都包含一段稳定期和过渡期。是他第一次提出，人在 40 岁左右会经历一段过渡期，这就是“中年危机”一词的由来。

《身呼吸，心生活》的作者琼·波利森科有不同的划分方法。她在《女人的生命之书》中，以 7 年为一个周期，将女人的一生划分为若干阶段。这种划分方法，我们没有找到任何科学依据，从经验上看，却是一种非常实用的手段。

> 我研究了卡尔·荣格的著作，研究了摩西五经，还研究了新约全书、莎士比亚著作、美国民间故事、印第安人传说、佛经、古希腊数学家毕达哥拉斯的哲学观，月亮每7天一个循环的盈缺变化，由此提出7年一个周期的观点。
>
> ——琼·波利森科博士《女人的生命之书》

上述这些专家们，每个人的观点都有可取之处。对人生阶段与生理阶段间的联系的研究，目前还仅停留在理论层面。25 年来，我跟成千上万的人交谈过。根据我的经验，我认为，神经学家们最终会发现，波利森科的观点不但适用于女性，还适用于男性。我相信，大脑每隔 7 年会进入一个不同的阶段。我还相信，我们在不同的年龄会问自己不同的问题；从一个阶段到达另一个阶段后，我们会首先回答自己提出的特定问题。

在进入或离开 7 年一段的人生周期时，我们的特质构成会发生短期的变化。但是我们的研究表明，从总体的角度来看，我们的特质构成基本维持不变。根据所处的不同人生阶段，可能会出微小的、短期的不同，但从长期来看，你的特质数值会围绕基础特质数值上下波动。

人生每个阶段需要回答的问题

人生的每个阶段，都要回答特定的问题。根据琼·波利森科的观点，每 7 年为一个周期，我总结了每个周期的问题，从 21 岁那个周期开始。在进入下一个周期前，你要回答即将要步入的那一个周期的问题。

21~28 岁阶段：

- 怎样转型为成人？
- 我对职业有什么要求？
- 我想交什么样的朋友？
- 我想有一个挚爱吗？
- 我想要孩子吗？

28~35 岁阶段：

- 我的价值观是什么？
- 我怎么权衡他人的需要和我的需要？
- 成功的标准是什么？
- 我能做什么贡献？

35~42 岁阶段：

- 成功的意义是什么？
- 我的价值观与外在生活是否一致？
- 我的感情生活是否幸福？

42~49 岁阶段：

- 我剩下的人生该如何度过？
- 什么是幸福？
- 我怎么才能全身心投入我所重视的事情上？

49~56 岁阶段：

- 我的人生有什么不平凡的意义吗？
- 我死了，人们会怎么看待我的一生？
- 我怎么运用能力和智慧，让世界更加美好？

56~63 岁阶段：

- 我该怎样利用自己的“中年后热情”？
- 我怎样才能服务他人，回馈社会？

63~70 岁阶段：

- 怎样做一个有远见、有智慧的爷爷或奶奶？
- 面对熙熙攘攘的世界，怎么才能保持内心平静？

70~84 岁阶段：

- 我一生最大的成就是什么，我一生的主旋律是什么？

◆ 人生周期：你会感觉困惑吗

我发现，7 年为一个周期，每个周期又可分为 3 个子周期。我在开办研习班的时候，总会问学员们处于哪个子周期中。过去 5 年，每年我都会跟接近一万人交谈，我发现处于以下 3 个子周期的学员各占 1/3。

舒适期：人生还不错。生活中没有大起大落，事业、生活都还可以，生活稳定。但是，突然有一天，早上醒来，觉得不对劲。于是，你就步入了下个子周期。

困惑期：人生令人迷惑不解。觉得事情不对劲。有时你知道哪里不对劲，有时你一头雾水。在这一个子周期，你可能会问你自己：我应该怎样生活。你的答案会改变你的生活态度，也会影响你回答 EG® 问题的判断。不过，一旦你调整好自己，你会进入下一个子周期。

过度热情期：人生真是太精彩了。当你知道余下的人生如何度过后，你会激情洋溢。有了一个新的人生规划，而且你对这个规划很满意。一段时期过后，你的热情逐渐消退，于是你又步入了舒适期。

困惑期是人们进入新旧人生周期的过渡时期。这个子周期，会让你经历特质构成的短期改变。我还发现，这段过渡期，是人生重大事件发生的理想阶段。

◆ 人生重大事件

我曾经说过，你就是你，除非你刻意改变自己，或者经历了人生中的重大事件。这类重大事件，有可能是结婚、生子、有了新家，或者换了份新工作、离婚、出车祸、做手术、丢了工作等。有时候，重大人生事件与所处的人生阶段或人生周期紧密相关。有时，重大人生事件会出乎意料地突然发生。

无论是儿童、青少年还是老人，每个人都会经历重大人生事件。但是，随着年龄的增长，人们会越来越容易认识这类事件。年轻人成长得很快，经历的事情又瞬息万变，因此对他们来说，每件事的意义都很重大。他们可能会花很多年才能理解。

有时候，在经历一场重大事件后，人们的特质构成会发生改变，当然有时也可能不发生改变。有时，特质改变的原因很难解释，也有时，原因不言而喻。例如，第一次生完孩子的母亲，她们往往会更加偏好红脑特质，或许是因为体内催产素水平提高所导致的。这些改变，有的是永久性的，有的是临时性的。因此，这会加大对人们进行 EG® 分析的难度，不过我们所设计的 EG® 调查问卷能够反映出人们特质构成的改变，这一点让我很欣慰。

举个例子：安妮原来属于四元思维偏好组合，行为特质都处于二区。她有三个孩子，婚姻幸福，生活美满。她的丈夫，亚纶，决定开创新事业。一开始，事情进行得还算顺利。但是后来，他的一个合伙人管理不善，亏了很多钱，然后一跑了之。留给他们的是无穷的债务，整个家庭几乎濒临破产。每天，亚纶都会安慰安妮："没事的。"亚纶利用黄脑特质想出了应对危机的计划，运用蓝脑特质想出了偿还债务的方法。但是他的表达特质处于第一区，所以他没有告诉别人自己的计划。安妮只能通过绿脑特质精打细算，节省开销。他们家只要用到钱，必须经过她的同意。

7 年后，他们还完了所有债务。安妮失去了她的其他偏好特质，仅仅保留了绿脑偏好。她认为，是她的精打细算把他们一家从破产边缘拉了回来。她承认，亚纶教她："顺其自然，一切都会好过来的。"而亚纶也开始尝试提高表达自己内心想法的能力，因为在这段艰难时期，改善夫妻间的沟通挽救了他们的婚姻。

第7章

了解你所面对的人

学会使用 EG® 评测他人

我原本没有打算写这一章，因为我一直告诉读者，我们很难知道别人在想什么，我们只能观察到别人在做什么。没有 EG® 问卷的帮助，我们很难准确知道他人的特质构成。不过，别人还是建议我，撰写这一章。因为跟别人打交道时，能够利用 EG® 原理是非常有帮助的，而且只要掌握一定技巧，还是可以推测出他人的偏好特质的。事实上，我们曾经做过研究，调查人们是否仅仅通过与他人的沟通、接触，就能够判断出对方的特质构成。我们的研究表明，大多数人能够识别出他人的一两项偏好特质，但是很难推断出别人的详细的总体特质构成。我最终决定撰写这一章，是因为在与别人交流时，如果能从对方偏好特质的角度出发，你会获得更好的沟通效果。

如果人们能掌握这些技巧，情况会大有不同。例如，一个掌握这些技巧的人可能会这样想："哦，我明白了。他并不是在跟我争论。他是个偏好绿脑思维的人，喜欢深思熟虑，他只是想弄清楚具体信息。"或者这样想："好吧。安排假日聚会的这些人根本不知道，这一次又超出了预算。但是，这里就我一个人有蓝脑偏好。如果我说什么，他们肯定又觉得我斤斤计较。"如果能这样思考，结果会大有不同。

无论是跟同事建立人际关系，还是与经理一起共事，无论是培训新职员，还是录取新员工或向客户推销产品，如果你采用的方法与对方的偏好一致，那么你就能轻而易举地跟对方建立互信、融洽的关系。但是多数情况下，我们是不了解别人的特质构成的。如果不了解对方的特质构成，那么我们就很难知道对方是什么类型的人。

本章将教你学会如何快速、方便地识别他人的 EG® 线索。在与人接触时，我会留意一些小细节，帮我判断他们可能具有的思维和行为偏好。我会观察，他们是不是在不停地按电梯按钮？这样的行为，常常是处于坚定特质第三区的人。讲话时，他们会不会运用很多肢体语言？这样的行为，常常是处于表达特质第三区的人。他们是不是很乐意帮助别人？这样的行为，常常是处于变通特质第三区的人。他们是不是很在意你的任职资格或信誉？这是表明蓝脑偏好的一个迹象。他们是不是非常看重公司的标准作业流程？这是表明绿脑偏好的一个迹象。他们是不是很关心你的个人生活？这是表明红脑偏好的一个迹象。他们是不是佩戴着新颖别致的珠宝首饰？这或许是表明黄脑思维的一个迹象。

虽然我鼓励你留意这些细节，但是我也提醒你，不要仓促下结论。人是十分复杂的。你对别人的第一印象，可能是对的，也可能是错的。有些人，尤其是有多重偏好的人，能够从一种特质切换到另一种。而且，行为特质有时会掩盖思维特质。三种行为特质都属于第一区的人，是很难通过外在表现去判断的。而有些人常常认为，这类人拥有蓝脑偏好，这种判断可能准确也可能不准确。一个偏好红脑而又安静的人，常被误认为没有红脑偏好。随着观察经验越来越丰富，你就能够把所有线索综合起来，形成富有洞察力的见解。

> 学习是种体验。其他一切只是信息。
>
> ——阿尔伯特·爱因斯坦

表面想象可能只是假象

要理解他人的偏好特质，不仅要观察他们在做什么，还要清楚他们为什么会这样做。要知道，他们行为的动机是什么。

◆ 安德里亚的动机是什么

我们一组人去西班牙开会。参会者每个人都完成了 EG® 问卷。他们都觉得，自己能够猜出别人的特质构成，于是我们就开始了一场游戏。

安德里亚是小组的一员，她是我们小组里最会跳舞的人。每个人都猜对了，她处于表达特质第三区。前一天晚上，她曾在舞池里表演过劈叉，这更坚定了大家的看法。有一天，我们计划好了去马德里的戴普拉多博物馆参观，安德里亚原本不想去，最后还是跟大家一起去参观。晚上，我们一起去吃晚餐，我们问她对博物馆的看法，她回答：“我里里外外看了几分钟，剩下的时间，我去给办公室同事买了几件礼物。”

其他人一致认为：“考虑到她喜欢人际交往，现在，我们知道她有红脑偏好。”

然后，我问安德里亚：“你今天为什么买这些礼物？”

她解释：“因为买礼物这件事，在我的计划之内，而且我觉得，完成这件事，比在戴普拉多博物馆待几个小时，要重要得多。直到把这件事做完，我才觉得轻松了很多。”

明白了吗？安德里亚的首要偏好不是红脑特质，而是绿脑特质。

◆ 马克的实际偏好特质是什么

在一家公司的 EG® 研习班上，当马克的同事们看到他的特质分析报告时，他们都惊呆了。他只有一点点红脑特质，与此相比，他的蓝脑特质多得惊人。因为他们觉得，马克似乎是世界上最有魅力的人。所以看到他的分析报告后，他们都怀疑是不是 EG® 理论出了问题。然后，从马克那里传来一句咕哝，他表示自己不同意他们的观点。

“马克，为什么，”夏洛特问道，“今天早上，你还夸我的新发型漂亮呢，我觉得你的嘴太甜了。其他人都没有注意到我的新发型。”

其实，马克第一时间的想法，不是夏洛特的发型漂亮，他只是觉得，她跟以前不一样。他的蓝脑在思考，到底夏洛特跟以前有什么不一样呢。然后跟她说：“你的发型真漂亮”。这样说，仅仅是因为，他觉得自己盯着她不好意思，必须得说点什么。

◆ 柯尔斯顿是不是一直都这样灵活变通

柯尔斯顿是名律师，在一家大型运输公司工作。她的分析报告表明，她属于抽象思维（蓝脑 / 黄脑性组合偏好）型，而且处于变通特质第一区。事实上，她位于变通特质范围的 15% 分位数上。但是她的同事都认为柯尔斯顿处于变通特质第三区，因为她很容易相处，而且在工作评价上也是这样描述她的。是不是她的分析报告错了呢？不是。

于是，我们对她的同事也做了 EG® 分析。我们发现，他们很多人都位于变通特质的 5% 分位数附近。跟她的同事相比，柯尔斯顿的变通特质是最靠右的。这就是为什么他们觉得她那么容易相处。

◆ 是形式追随时尚还是形式追随功能

几年前，我去了尼尔的办公室，跟他讨论 EG® 分析报告的优势。尼尔是家公司的首席执行官。在他邀请我进入办公室的时候，他对我说："欢迎你来到我的新办公室，我用新家具刚刚装饰了我的房间。我是这座城市第一个拥有这种款式的人。"

一进入他的办公室，我就被办公室的陈设吸引住了，我觉得只有黄脑偏好的人才会这样布置。所有的家具都很时尚，而且不同寻常。因为每件家具都用复杂的金属横杆连接起来。我觉得这些东西新颖、独特。尼尔很自豪，而且他的表达特质第三区通过热情的肢体语言表达出来。于是，我决定使用"黄脑偏好 + 表达特质第三区交流技巧"跟他沟通，借以跟他建立良好的人际关系。

我对他说："哇哦，这些设计太别致了，太超前了。跟我详细讲讲。"

尼尔眼睛一亮："我的办公室是我亲自设计的。这是我的办公桌，我用横杆把办公桌跟电脑桌连起来。电脑桌和文件盘也用横杆连起来，文件盘里放橡皮圈和回形针。还有个横杆连着桌子和会客椅。你会发现，这里没有其他家具，没有吊灯、沙发或咖啡桌。我这样设计的目的是提高效率，并且保证我的所有陈设都固定在各自的位置。"

原来是这样。这间办公室的风格属于实用型，而不是时尚型。于是我迅速转换策略，采用“绿脑偏好＋表达特质第三区交流技巧”。

如果我仍从黄脑性角度出发，继续跟他交谈。我会这样跟他说：“EG® 能唤醒你的心灵，启迪你的智慧，帮助你和你的员工深刻认识公司的发展方向。”这样的话，尼尔会满腹狐疑地望着我。

相反，我是这样说的：“EG® 将会给你提供指导，帮你成为更高效的领导者，而且会提高你团队的工作效率。今天上午，我打算跟你讲三件事：第一件，我会给你解释什么是 EG®；第二件，我会跟你介绍其他公司是如何运用 EG® 理念的；第三件，我会帮你理解如何将这些理念运用到你的企业中去。”

最后，我成功了。

你可以翻到第 8 章查阅一下，如何跟不同偏好的人建立亲密的人际关系。但在这里，我们的首要问题是如何判断他人的偏好。

通过询问关键问题判断EG®特质

因为我们对他人偏好的假设往往是错的，所以我的客户都幻想，让世界上每个人都穿上一件印有各自 EG® 分析报告的 T 恤衫。但这个愿望，目前还难以实现。因此下面介绍几个关键问题，帮你判断人们的思考和行为偏好。这些问题既可以在正式场合使用，也可以在非正式场合使用。

针对每个问题，我都会提供人们给我的实际回复。当你问这些问题的时候，你要通过他们给出的回复，寻找判断他们思维模式的线索。问他们在想什么或做什么，为什么这样想、这样做。问一些开放式的问题，这样人们就可以不受拘束地谈话，然后注意他们是如何回答的。

◆ 判断思维类型的主要问答

（1）如果离截止日期还有一个月，你会怎么完成你的项目，什么时候完成?

蓝脑思维：“只有在我仔细研究完所有最新调查之后，我才会设计一个执行计划。最可能的情况是，我会提前几天完成我的项目，这样我就有时间修改或补充。”

绿脑思维："我一般会制定一个详细的时间表，设定每个步骤的截止时间。这样，我就能保证按照进度做事，也能保证项目按计划推进。理想情况下，我会提前一个星期完成。"

红脑思维："首先，我会跟我办公室的同事商量一下，然后我会发几封邮件，给熟悉这类业务的朋友打几个电话。他们会给我提供指导。事情顺利的话，我会提前完成。当然，你也知道，有些人两个星期后才会回复你。"

黄脑思维："我首先会上网查查各种各样的办法。审视完这些方法后，我会静静地想一想，然后想出一个方案来。有时候，第二天就能想出来；有时候，离截止日还剩 3 天时，我才能想出来。一旦想出方案来，我会立刻实施。"

（2）你理想的工作环境是什么样子?

蓝脑思维："我喜欢这样的工作环境，办公室里装上最新的、最先进的科技产品。里面再放一个白板，这样我就能把自己的想法画成流程图。"

绿脑思维："所有设备和办公室必须精心布置，方便使用。所有设备必须稳定可靠。"

红脑思维："我想在办公室里放一个长沙发。人们过来拜访我，跟我简短交流一下，坐上这样的沙发，会很舒服。里面再放一个小圆桌。无论是哪个同事，还是客户来找我，我俩就可以面对面坐在一起，就不用再去会议室了。会议室太大了，不方便。"

黄脑思维："我觉得，办公室的陈设必须符合风水，这样创作活力才能流转。"

（3）你是如何决定人生中的重要事情的?

蓝脑思维："我会通过严谨的逻辑分析，做出合理的决定。"

绿脑思维："我一般会根据以往学到的经验做决定。"

红脑思维："我会征求朋友们和亲人们的意见。"

黄脑思维："我靠我的直觉下决定。"

（4）如果让你根据说明书组装家具，你会怎么做?

蓝脑思维："我会先看一下安装说明，大体了解一下安装程序。然后，我把所有的零件摆开，看看有没有遗漏的部件。然后，我就把这个安装过程当成一个游戏或谜题。我会试试自己能不能一个人把这个问题解决。"

绿脑思维："我会一字一句地详细地读完安装说明，然后再开始安装。我不想遗漏什么细节，如'要进行第六步必须完成第三步'之类的东西。读完安装说明后，我会按照说明一步一步地安装。"

红脑思维："要安装说明有什么用，我的朋友克莱尔就能帮我安装。她可是个这方面的高手。如果她能赶过来帮我，我会一直陪着她安装，最后送个礼物答谢她。"

黄脑思维："我会先看看包装箱上的图片，倒出所有部件，堆到地板上，然后开始安装。等我装完了，我会用说明书生个火。"

（5）你当上了经理，成立了一个新团队。第一次开会，你会用什么方法让大家介绍他们自己？

蓝脑思维："我会给每个人一叠材料，上面有每个人的个人简介。然后我通过这叠材料了解每个人。"

绿脑思维："我会让每个人站起来介绍自己，按照名字的字母顺序进行。"

红脑思维："我会让他们两个人结成一组，让他们相互了解一下。然后我会问他们，对自己刚刚认识的同事有什么印象。"

黄脑思维："我会让每个人站起来，讲讲自己做过的最疯狂的事情，这样的事情往往都是不为人知的事情。"

有时候，你能从别人的回答里面，听出他可能具有不同组合的思维偏好。这说明，你在跟一个多重思维偏好的人打交道。在跟这样的人打交道时，你要更关注自己没有听到的东西，而不是自己听到的东西，这样做会帮你省掉很多精力。

◆ 判断行为特质的主要问答

下面一些问题，可以帮你发现线索，进而可以判断出某个人的行为偏好。需要注意，处于行为特质第二区的人在回答这类问题时，既可能给出一种类型的答案，也可能给出另一种类型的答案。或者他们会回答你："这得看情况。"

（1）假设你提前 10 分钟到达会议地点。在等待会议开始的这段时间，你会做什么？

处于表达特质第一区的人："我一般会走进房间，看看有没有认识的人。有的话，我会过去跟他们聊聊，也可能不过去。如果里面没有认识的人，我会坐在我的位子上，看看会议安排。或者，出去透透风，看看手机有没有新信息。"

处于表达特质第三区的人："里面如果有熟人或认识的人，我就会过去聊聊天。如果里面的人我一个都不认识，我会坐在我的位置上。只要有人跟我对视一眼，我就能跟他聊起来。我要是跟别人谈起话来，会议不开始我是停不下来的。"

（2）如果你跟一群经理一起开会，会上提到了一个很有争议的问题，你会怎样主张自己的观点？

处于坚定特质第一区的人："需要我发言，我才会表明自己的观点。"

处于坚定特质第三区的人："不管有没有被叫起来发言，我都会说出我的观点。"

（3）如果你的经理改动了你的工作方案，你会怎么处理这件事？

处于变通特质第一区的人："我一般不太情愿改来改去，我喜欢按照原来的方案进行。"

处于变通特质第三区的人："无所谓，我会听从安排的。"

我们知道，思维特质与行为特质相互融合，相互影响。举个例子，如果你问处于变通特质第三区的人："你是如何对待计划的变化的？"他们的答案将取决于他们的思维特质。

- 蓝脑偏好的人，会回答："只要是基于理智的决定，符合逻辑，我会接受的。"
- 绿脑偏好的人，会回答："只要能改善执行过程，提高实行效率，我是没有意见的。"
- 红脑偏好的人，会回答："只要在执行过程中，没有人不满意，我是没有意见的。"
- 黄脑偏好的人，会回答："只要符合我们的长期目标，我是没有意见的。"
- 多重偏好的人，往往会从自己的多个思维偏好角度，看待这个问题。

◆ 注意：人们可能会说你想听的话

因为业务不断增加，我打算找一个新助手，协助我处理事务。我觉得，胜任这个职位的人应具备这样的条件：善于跟人打交道，能把我的办公室管理得井井有条，能同时执行多个任务。

一位申请者前来应聘，填写了 EG® 调查问卷。我们在招聘时，会要求应聘者完成问卷，因为我们想通过问卷，向应聘者说明我们工作的核心内容。测试结果出来了，她属于具体思维（绿脑 / 红脑性组合偏好）型，处于变通特质第一区。面试期间，我问了她几个问题，如“谈谈你对团队合作的理解”。她给出的答案都符合绿脑 / 红脑性组合偏好的特点。同样，我也问了一些有关变通特质的问题，但她的答案却符合变通特质第三区的特点。我觉得很有趣，于是我问她，愿不愿意同时执行多个任务，她回答：“愿意，这正是我的强项，而且我很想从事这份工作。”

她走了后，我仔细思考了这次面试，觉得有些事情不太对劲。处于变通特质第一区的人，一般不喜欢同时执行多项任务。于是，我决定查看一下她的推荐信，跟她以前的老板咨询一下。她以前的老板告诉我，她跟人相处融洽，而且分配给她的项目她总能按时完成。后来我问他：“她善不善于同时进行多项任务呢？”

她的前主管告诉我，她的能力是“专注于一项项目，从头到尾把它完成。只要她开始着手一项任务，其他的她都视而不见。如果你让她做当前项目之外的事情，她会很反感，很不愉快”。

通过这件事，我吸取了宝贵的经验。EG® 理论是一个基础，立足于这个基础，我们可以评估企业对人才的不同需求；立足于这个基础，我们也可以优化面试问题的设计。有人问我，能不能将应聘者的 EG® 分析报告作为决定是否录用的依据。我告诉他们，EG® 调查问卷不能衡量一个人的实际能力。问卷的立足点是，人们对自己偏好的自我评价，因此 EG® 问卷无法衡量人们是否胜任某个岗位的实际能力。此外，这种做法也是不合法的。这也是我们创建 EG® 遴选计划（ESP）的一个重要原因，EG® 遴选计划，能够衡量应聘者的求职动机、实际能力是否与岗位要求相符。

通过行文风格判断EG®特质

我们可以通过他人的行文和措辞风格判断人们的思维和行为偏好。下面有几封我收到的感谢信。这些信件都是多年来研修班的学员们发送给我的。我觉得把这些信件藏起来，有点自私，因此拿出来跟大家分享一下。我只会把不好的东西藏起来。

◆ 不同偏好的行文风格

每种特质都有自己喜欢的风格。

蓝脑偏好	黄脑偏好
叙述准确	善于比喻
逻辑性强	鼓舞人心
措辞规范	启迪心灵
以事实为依据	幽默风趣
绿脑偏好	**红脑偏好**
以过程为导向	融入个人情怀
叙述清晰	关心他人感受
明确	暖心
详细	偏重情感、感受
表达特质第一区	**表达特质第三区**
深思熟虑	喜欢用感叹号
含蓄	喜欢用第一人称表述
坚定特质第一区	**坚定特质第三区**
语言平和	态度坚定
富有合作精神	有魄力
变通特质第一区	**变通特质第三区**
专注	喜欢漫谈
用词谨慎	常用多种方式叙述同一件事情

信件 1：蓝脑 / 绿脑偏好型，表达特质第三区，变通特质第一区（AT**321）

盖尔：

参加这次研修班，太有收获了。作为一个有蓝脑偏好的人，我非常喜欢你讲的课。在回家的路上，我的太太（红脑偏好型）和我一直在谈论这次研习班。她想知道，怎么帮我提高我的变通特质，毕竟我的变通特质数值只有 6 分。当然，我告诉她，什么都不用做，没必要提高。

再次感谢你的帮助。虽然我的红脑特质少得可怜（5%），我还是想再说一遍，我非常喜欢这次研习班。

此致

敬礼！

彼得 · 胡乔特

信件 2：蓝脑偏好型，表达特质第一区（A***122）

收信人：盖尔 · 布朗宁

日期：2003.6.11

回复：XYZ 公司研习班

盖尔：

讲得不错！

凡恩

信件 3：绿脑偏好型，坚定特质第三区（*T**131）

布朗宁博士：

2004 年 10 月 13 日，我参加了科罗拉多州斯普林斯市的 USAD 会议，聆听了您的演讲。现在，我想谈谈我的感想。

第一，您跟我们主席伦纳德 · 鲁特进行了愉快的面谈。这次会谈非常有趣，主要是因为您学识渊博。谈论内容涵盖了从领导风格到家庭问题的众多话题。

第二，这场名为《才智的交融》的研习会，不仅趣味盎然，而且让我收获颇丰。您提供的材料独具吸引力，而且您的授课风格热情、风趣。没有足够的时间跟您沟通，有点遗憾。

第三，您的课件上有一页幻灯片，上面生动比较了七种 EG® 特质做陈述的方法。您可不可以概括一下，发给我。

此致

敬礼！

丽贝卡 · 琼斯 · 汉森

信件 4：红脑偏好型，表达特质第三区（**S*332）

盖尔：

在伯拉斯顿山谷度过的这个周末，真是太精彩了！你讲的 EG® 课程，实在是太精彩了！这一天我过得非常充实！

你是我遇到过的、听说过的、最有才华的老师！您的讲述太有见解了！

虽然只跟你接触了一天，但我的个人生活及职业生涯发生了翻天覆地的变化，我期待着把我学到的东西，用在我今后的人生中！

谢谢你，让我度过了人生中的重要一天！也感谢你，以后还能为我指点迷津！

此致

敬礼！

戴尔

信件 5：红脑 / 黄脑偏好型，“适应型”行为特质

盖尔：

昨天晚上的情景，仍在我的记忆深处徘徊。柔和的灯光，安静的炉火，亲切的笑容，自由的欢笑，轻松的交谈，还有可口的饭菜，构成一幅优美的画面。我很荣幸能成为这幅画面的一部分。这幅画面，静静地留在我的心底，任何时刻都能勾起我愉快的回忆。它为一场完美人生经历画上了完美的句号。

参加这次学习，其意义之重大我甚至都无法用语言表达出来。这些年来，从未有任何事情、任何人，能超过它对我的影响。我觉得，自己就像一块干海绵，这堂课程就像一溪活水，渗入我的每个毛孔，让我重获新生。我真诚地希望，它

能与我融为一体，让我焕然一新，活力无限，精神饱满，视野开阔，尤其是让我待人更加真诚，更能理解、体谅周围的人。

谢谢你，给我上了这么精彩的一课。

此致

敬礼！

露丝·玛丽

信件 6：四元思维偏好型，变通特质第三区（ATSC223）

具体内容如图 7-1 所示。

图 7-1

管理风格的奥秘

人们总是想理解他们领导的想法、做法。员工和领导之间的分歧，往往是相互不理解造成的。如果人们能理解对方的思考方式和解决问题的方式，这些误解其实是可以避免的。

接下来介绍的是不同类型领导的特点。要懂得欣赏自己领导的特点，不要抱有成见，这样会对你有所帮助。如果你发现，你的领导符合这些特征，你就能知道他们的 EG® 特质，并用相应的技巧跟他共事。

◆ 蓝脑性领导的优势

- 喜欢具体的、技术型信息（如规格、指标、公式、法律摘要）。
- 注重探讨我们需要生产什么，设计什么，或分析什么。
- 理性（而不感性）。
- 喜欢有事实依据的观点、建议。
- 给出的指示非常简短。
- 会提供翔实的信息，相信自己的员工能够做出正确的决定。
- 喜欢进行技术性、科学性的讨论。

如果你没有蓝脑偏好，你可能觉得自己的领导：

- 令人生畏。
- 难以亲近或态度冷淡。
- 难以理解。
- 过于理智。
- 不容置辩。
- 迂腐。
- 无聊。

◆ 绿脑性领导的优势

- 注重细节。
- 喜欢安全、可靠的事物。
- 规则明确，有严格的判断标准。
- 时间观念强，重视生产率或效率。
- 能够化紊乱为有序。

- 让人没有后顾之忧。
- 喜欢遵从先例。

如果你没有绿脑偏好，你可能觉得自己的领导：

- 吹毛求疵。
- 僵硬死板。
- 控制欲强。
- 缺乏想象力。
- 什么都管，管得太细。
- 不愿放权。
- 官腔浓厚。

◆ 红脑性领导的优势

- 对影响自己员工的规则和计划非常在意。
- 善于沟通。
- 不喜欢下刻板的决定。
- 喜欢面对面的直接交流。
- 善于察言观色。
- 善于鼓舞士气，重视团队合作。
- 重视人际关系。

如果你没有红脑偏好，你可能觉得自己的领导：

- 情绪化。
- 不够理性。
- 不会思考。
- 过于敏感。
- 心肠太软。
- 有些婆婆妈妈。
- 多愁善感。

◆ 黄脑性领导的优势

- 喜欢尝试。
- 思路开阔。
- 有大局观、全局意识，眼光长远。
- 对临时想到的灵感也有包容态度。
- 不喜欢条条框框的约束，不喜欢下达详细的指令。
- 会考虑各种可行方案的所有影响、后果。
- 希望下属能够与公司价值观保持一致，符合公司目标，服从公司大局。
- 如果下属的能力值得信任，愿意放权。

如果你没有黄脑偏好，你可能觉得自己的领导：

- 古怪。
- 不切实际。
- 不够细心。
- 散漫。
- 无组织，无纪律。
- 喜欢冒险。
- 不够务实。

◆ 处于表达特质第一区的领导的优势

- 用词简略，不说废话。
- 不张扬。
- 喜怒不形于色，镇定。
- 允许他人开启谈话。
- 会有选择性地发表意见。
- 面部表情不丰富，不太喜欢肢体语言。
- 会认真聆听别人的讲话。

如果你不处于表达特质第一区，你可能觉得自己的领导：

- 无动于衷。
- 沉默寡言。
- 不擅长表达。
- 冷漠。
- 冷淡。
- 不动声色。
- 缺乏团队精神。

◆ 处于表达特质第三区的领导的优势

- 热情洋溢。
- 爱交际。
- 能与下属分享信息。
- 喜欢参与讨论。
- 面部表情丰富，肢体语言丰富。
- 喜欢与下属打成一片。
- 喜欢用很多语言描述一个答案。

如果你不处于表达特质第三区，你可能觉得自己的领导：

- 举止夸张。
- 缺乏自控力。
- 任性。
- 爱出风头。
- 讲话大声，粗鲁，癫狂。
- 装模作样。
- 易激动。

◆ 处于坚定特质第一区的领导的优势

- 平易近人。

- 合群。
- 说话轻柔。
- 与人为善。
- 仪态镇定。
- 愿意花时间倾听别人。
- 喜欢仔细地表达自己的想法和意见。

如果你不处于坚定特质第一区，你可能觉得自己的领导：

- 想法不连贯。
- 懒散。
- 容易受人控制。
- 缺乏魄力。
- 被动。
- 态度摇摆不定。
- 不热心。

◆ 处于坚定特质第三区的领导的优势

- 喜欢掌控局面。
- 任务导向型。
- 果断。
- 有雄心。
- 对别人的期望很高。
- 有竞争意识。
- 喜欢表现。

如果你不处于坚定特质第三区，你可能觉得自己的领导：

- 态度傲慢。
- 喜欢对抗。
- 粗鲁。

- 独断专行。
- 喜欢打断别人的谈话，或者中断别人正在做的事情。
- 为了成功，不惜一切代价。
- 不够耐心。

◆ 处于变通特质第一区的领导的优势

- 要求下属做事必须准确无误。
- 喜欢设定一些基本规则，自己以身作则。
- 意志坚强。
- 对所追寻的目标、愿望，非常热切、坚定。
- 判断力强。
- 不会轻易与人发生争执。
- 言出必行。
- 如果你不处于变通特质第一区，你可能觉得自己的领导：
- 顽固。
- 一根筋。
- 观念保守。
- 总觉得自己才是正确的。
- 自私。
- 控制欲强。
- 武断。

◆ 处于变通特质第三区的领导的优势

- 喜欢平等待人。
- 能虚心接受别人的建议和想法。
- 可以接受计划的临时修改。
- 善于处理危机。

- 开放性态度。
- 能够理解变化也是工作的一部分。
- 能够想出替代方案。

如果你不处于变通特质第三区，你可能觉得自己的领导：

- 优柔寡断。
- 朝三暮四。
- 让人无所适从。
- 摇摆不定。
- 指令含混不清。
- 迟疑不决。
- 含糊。

◆ 自测题

现在通过几个练习，测试一下你识别偏好特质的能力。接下来的四个案例，讲的是四个人来你的办公室参加面试，应聘某个岗位。每个人就座后，你问了他（或她）这样一个问题：你喜欢什么样的工作?

根据他们的回答，判断每个应聘者的特质构成。除了其中一个人外，其他每个人都有两种或两种以上的思维偏好。

◆ 案例 1：妮可

妮可一来到你的办公室，你就立刻注意到她的衣着：炫丽的夹克上镶嵌着亮晶晶的饰片。她的握手很有劲道。你对她说，她的首饰很别致。她的眼睛一亮，然后滔滔不绝地向你讲述她的首饰的来历。面试期间，她告诉你她刚生完孩子，还让你看了孩子的照片。你觉得照片与众不同，因为照片只拍下了孩子的耳朵。当你问她“你喜欢什么样的工作”时，还没有等你问完，她就开始讲起来。

她说，自己喜欢探究事情“更高层面的意义”，喜欢从各种可能的角度看待问题。为了知道自己的长期发展规划，她会问自己“成功是什么”，然后追寻自己的目标。她发现,她喜欢实现工作的飞跃,而不是谨小慎微地按部就班。她承认,有时候她也会要求自己的其他团队成员制定出详细的步骤，实现她的想法。她喜欢别人给她解释清楚自己的职责框架，但是自己又会想出办法在工作中摆脱条条框框的束缚。

你试图打断妮可，问她下一个问题。但你发现，她不喜欢在解释自己的人生哲学时被人打断。当你向妮可解释这个岗位时，妮可做了一些很有意思的猜测。面试期间，你们谈了很多话题。

答案：妮可属于红脑 / 黄脑性思维偏好组合，处于表达特质第三区、坚定特质第三区、变通特质第三区（**SC333）。

◆ 案例 2：尼古拉斯

参加面试时，尼古拉斯穿了一件蓝色运动上衣、一条卡其色裤子，还配了一条“救助儿童”主题的领带。面试期间，尼古拉斯还向你展示了一张自己儿子的照片，这张照片是学校的摄影师拍摄的。他的儿子也穿着蓝色运动上衣、卡其色裤子，还有一条小号的“救助儿童”领带。你问他：“你喜欢什么样的工作？”尼古拉斯说，成功的关键在于过程清晰、组织有序。如果他组织一场会议的话，他总是做好会议的安排，然后整理会议各个项目的信息。他表示，自己喜欢指导、培训自己的团队成员，帮助他们实现目标。你问他，他是怎么解决工作中的问题的。他回答，他会听取其他人的想法，然后用自己的直觉做最后的决定。

尼古拉斯的行为没有特定的模式。对其中一个问题，他详细解释了自己的答案；另一个问题，他回答得简明扼要。你了解到，他是一个时间观念很强的人，他喜欢每天去星巴克喝自己最喜欢的咖啡。

答案：尼古拉斯属于红脑 / 绿脑性思维偏好组合，“适应型”行为偏好组合（*TS*222）。

◆ 案例 3：莎伦

莎伦参加面试时，穿了一身端庄的黑色正装，衣着较为传统。她化了淡妆，戴了一副钻石耳环。她戴了一块手表，表带是黑色的，表上没有数字，仅仅在十二点的位置嵌有一颗细钻。你问她："你喜欢什么样的工作？" 她回答，她喜欢新挑战，喜欢经历新体验，能轻松应对各种类型的工作任务。为了保证事情正常进行，她会做一份待办事项清单。她说，自己善于提出很多新想法，喜欢把这些想法做成可行的方案。你问她，喜欢依据什么做决定。她告诉你，她会收集信息、数据，然后根据这些，做一个合理的决定。莎伦认为，自己不喜欢闲聊。她说："我幻想，自己在进入房间前，能通过双向镜子观察 45 分钟。我觉得这样做比较舒服，这让我有时间去分析一下屋里的人，让我在进房间前，就能知道我想跟哪个人谈话。"

答案：你是不是觉得，莎伦的特质难以捉摸？这是因为她说的话具有不同特质的特点。你能通过她的话，判断出她有蓝脑偏好、绿脑偏好、黄脑偏好，处于表达特质第二区、坚定特质第三区和变通特质第三区（AT*C233）。需要注意的一点是，她绝对没有红脑偏好。如果你想跟她建立和谐的人际关系，尽量不使用红脑性言辞。

◆ 案例 4：保罗

面试时，保罗穿了一身西装，里面配着白色衬衣，戴着一条红蓝相间横纹的领带。你问他："你喜欢什么样的工作？" 保罗回答，对他来说，结果让人满意是至关重要的。他承认，自己最讨厌的就是人浮于事，自己喜欢单打独斗。他说，他能胜任不同节奏的工作，但是只要他开启一项方案，他就会全力以赴把它完成，然后才会去做别的事情。保罗回答问题简明扼要。

答案：保罗属于蓝脑偏好，处于表达特质第一区、坚定特质第二区、变通特质第一区（A***121）。

判断稳定的行为特质

通过人们安排时间的方法，他们的爱好、兴趣，所拥有汽车的类型，阅读的书籍，花钱的特点等，我们能够提取到关于他们的大量信息。根据本章前面的例子，我们知道，通过人们在不同场合下的言行判断他们的偏好特质，的确是一个很好的办法。随着观察人们行为的经验越来越丰富，我们就越来越善于把人们的言行综合起来，提取更有价值的信息判断他们偏好的思维和行为特质。当我们一次又一次地观察到他人一致的行为模式时，我们就能理解他们的偏好，预测他们的行为。时间能够证明，我们的初始判断是否正确。

EG® 特质组合间的区别是细微的，因此仅仅通过一次不经意的谈话，分析判断一个人的思维和行为模式是相当困难的。当我们了解到这些信息、线索时，我们应该知道，我们要谨慎对待最初印象。这就是为什么我原来没打算写这一章的原因——人们很容易曲解别人。

但也不要因此气馁。利用 EG® 特质判断他人，总会有所收获。只要能接受别人的偏好特质，我们就可以调整自己的谈话方式，适应他们的特质，这就是下一章的主要内容。

第8章

谆谆教导抑或煽情鼓动

如何与不同于自己的人交流

通过前面一章的学习，我们知道了如何合理推测别人的特质构成。在了解完我们在跟什么类型的人打交道之后，我们需要懂得怎样跟对方接触，怎么才能跟对方建立和谐的人际关系。掌握这样的技巧，并不是一件容易的事。举例而言，擅长技术交流的人要跟感情细腻的人进行交流，就需要相当巧妙的技巧。

假设这样一个场景：两个截然不同的人坐在会议桌的两边，一边是一个蓝脑偏好极强烈的人，他的表达特质处于第一区；一边是一个红脑偏好极强烈的人，她的表达特质处于第三区。猜猜看，哪个人会滔滔不绝地说下去？多数情况下，红脑偏好的那个人，会非常起劲地说下去，她可能会提到前一晚上看的电视节目，也可能会谈到上班途中发生的事情。她认为，这会增进两人间的理解，帮助她跟她的偏好蓝脑的同事建立和谐的人际关系。但可惜的是，这种做法适得其反。她谈得越多，对方越感到厌烦。或许，一两秒内，他就能做出结论，她是个无足重轻的小角色，总是谈一些无关紧要的事情。

能不能挽救这场谈话呢？当然可以。红脑偏好、处于表达特质第三区的那位女士，需要调整自己的谈话技巧，使自己的言行举止能够迎合蓝脑偏好、处于表达特质第一区的那位先生。这样，那位先生就能明白，那位小姐并非俗不可耐，只是比较友好、随性。虽然对他来说很难将自己的表达特质调整为第三区，但是他也能给予她恰当的评论，并迎合她的谈话风格，认可她的友善态度。

◆ 你的出发点是什么

我们都会根据自己的特质构成处理外界信息。谈话不是一件容易的事情，因为不同的思维风格会用不同的方式倾听和理解同一句话。你可能会认为，你在讲话时能清楚地表达自己，但实际上其他思维类型的人可能会误解你的意思。而解决的办法就是，学会从每种思维特质的角度看待、表述问题。同样，在聆听其他人讲话时，如果不从对方的特质构成出发，也可能误解对方。

> 在一次餐会上，一个黄脑偏好极强烈的人告诉我："我做过 45 分钟的童子军，唯一我还能记住的事情是，童军团长说过这样一句话：'这不是你去过的地方，而是你要去的地方。'"同桌的另一名参会者，是一名绿脑偏好极强烈的人，他说："有意思，我也当过童子军，我记住的唯一一件事是童军团长说：'时刻准备着！'"

假设你在一家化妆品公司工作，这家公司只通过网络渠道销售产品。根据公司的规定，对每个订单必须保证 48 小时完成送货。时间是相当重要的，因为有些等不及的顾客，可能会直接去实体店买其他商家的产品。

◆ 偏好蓝脑的人是如何看待这个问题的

订单执行部门的副总梅兰妮注意到，48 小时到货的承诺并不总能实现。梅兰妮是一名偏好蓝脑思维的人，她说："我明白，效率是一个很重要的因素。但是配送部门员工人数少，是不是导致延迟到货的订单增多的唯一原因？"

听了梅兰妮的话，拥有不同思维偏好的人有不同的理解（见图 8-1）。

现在，假设你知道梅兰妮属于蓝脑偏好型，那么你可以从她的角度看待问题（见图 8-2）。

◆ 偏好绿脑的人是如何看待这个问题的

继续这个案例，假设库存部门的负责人蔡斯第一个认识到 48 小时到货并不总能实现。他是个偏好绿脑的人，他说："整个交货过程要受到我们对订单处理能力的制约，我们现在的处理能力不能保证所有订单都能 48 小时内到货。目前，配送过程需要至少 15 个步骤才能实现。以前我们的配送过程是没有问题的，但是我觉得其他部门的能力都有所提高，好多步骤其实是可以省掉的。我们要找到，到底是哪些步骤制约了我们的送货能力。”

图 8-1

图 8-2

听了蔡斯的话，拥有不同思维偏好的人有不同的理解（见图 8-3）。

现在，假设你知道蔡斯属于绿脑偏好型，那么你可以从他的角度看待问题（见图 8-4）。

图 8-3

图 8-4

◆ 偏好红脑的人是如何看待这个问题的

通过前面的介绍，你肯定对这个案例有所了解了。我们这次假设，人力资源部的负责人弗洛伦斯第一个认识到 48 小时到货并不总能实现。她是个偏好红脑的人，她这样说："我昨天刚跟配送部门的瓦莱丽聊了一下，我得告诉你们，她忙得不可开交。她说，他们部门跟不上订单的节奏，很多订单都会延迟到货。我们能不能帮一下她？"

听了弗洛伦斯的话，拥有不同思维偏好的人有不同的理解（见图 8-5）。

现在，假设你知道弗洛伦斯属于红脑偏好型，那么你可以从她的角度看待问题（见图 8-6）。

图 8-5

图 8-6

◆ 偏好黄脑的人是如何看待这个问题的

这次，我们假设公司的首席执行官布兰登第一个认识到 48 小时到货并不总能实现。他是个偏好黄脑的人，他这样说："大家都知道，我们是家互联网企业，只进行网上直销。我们没有实体店面，因此我们必须通过创新克服我们所面临的挑战，或者我们必须优化我们的订单处理系统。例如，现在我们的很多订单来不及处理，有可能无法准时送达。对这个问题，我们需要尽快处理好它的后果和影响。"

听了布兰登的话，拥有不同思维偏好的人有不同的理解（见图 8-7）。

现在，假设你知道布兰登属于黄脑偏好型，那么你可以从他的角度看待问题（见图 8-8）。

图 8-7

图 8-8

怎么说才能让每个人都理解你

现在我们假设，梅兰妮、蔡斯、弗洛伦斯和布兰登都会运用 EG® 理论。他们在讲话时，都会注意到不同思维类型的人，会关注信息的不同方面。因此，他们可能会这样表述这个问题：“现在，我们有 11% 的订单不能在 48 小时内实现送货。我们需要解决这个问题。我知道，订单执行部门现在忙得不可开交。但是，在我们招聘新员工前，我们需要知道我们是不是还遗漏了什么其他问题。例如，我们是不是需要更好的软件来满足我们的要求？因为我们只进行网络直销，所以我们必须特别重视潜在的问题。”

- 偏好蓝脑的人，喜欢听别人从问题的各个角度入手，分析、解决问题。
- 偏好绿脑的人，喜欢听到务实的观点、手段。
- 如果充分考虑到了问题中涉及的人的因素，偏好红脑的人会觉得很宽慰。
- 偏好黄脑的人，喜欢大家从公司更长远的目标入手，讨论处理问题的更宏大的规划。

如果，我们正在跟一个人谈话，或者通过文字进行交流，我们需要首先知道对方到底是什么思维偏好的人。举个例子，假如你要给一个偏好蓝脑思维的人写一封感谢信，你会使用华丽的辞藻，使用倾注大量个人感情色彩的语句吗？我觉得，这并不是一个好主意。偏好蓝脑思维的人，不喜欢用这样的方式写感谢信，同样他们也不喜欢收到这样的感谢信。

跟别人的语言模式相一致，是分享他们看法的一种方式。这是一种暗示，它暗示了“我明白你的想法，我理解你的想法。我很欣赏你看待问题的方式”。在跟不同特质构成的人建立和谐的人际关系时，可以使用下面列举的一些关键的措辞或口头禅。

与偏好蓝脑的人进行交流所用的措辞

（1）我先说重点。

（2）我们开门见山。

（3）成本收益比是多少？

（4）我觉得这不符合逻辑。

（5）我一直都在分析这个情况。

（6）我们的底线是什么？

（7）我会略过细节，直接给你解释一下执行概要。

（8）不符合逻辑的东西，肯定是错误的。

（9）相关研究是怎么说的？

（10）我们需要考虑问题的不同层次和它的复杂性。

（11）我们需要深入地讨论下这个问题。

（12）我很重视你对问题的调查。

与偏好绿脑的人进行交流所用的措辞

（1）我们一直采用这种方法。

（2）既然没坏，就不要改来改去。

（3）具体的情况是这样的……

（4）组织严密、秩序井然是解决方案的关键。

（5）每样东西都有个固定的地方，每样东西都放在适当的地方。

（6）不着急，一步一步来。

（7）规章上是怎么说的？

（8）我们是不是按照计划进行的。

（9）结果是可以预测的。

（10）我们先清点一下。

（11）那我们开始办正事吧。

（12）你的效率挺高的。

与偏好红脑的人进行交流所用的措辞

（1）跟我谈谈你的感觉。

（2）尊重跟尊严高于一切。

（3）我很关心其他人是怎么应对的。

（4）我保证，你会喜欢这次谈话的。

（5）所有需要来的人，是不是都到齐了？

（6）这会如何影响你的客户？

（7）我们所实施的规定，是不是对每个人都是公平的？

（8）我们群策群力，克服困难。

（9）你为什么会对这件事感兴趣？

（10）你昨天没回我的电话，我觉得有些失落。

（11）真不知道要怎么写，我真的很想让每个人都开心。

（12）我真的觉得，你对我们团队的贡献很大。

与偏好黄脑的人进行交流所用的措辞

（1）我有一个大胆的想法……

（2）我们来一场头脑风暴吧，想一个新方法解决这个问题。

（3）循规蹈矩的事情无聊透顶。

（4）从这里，能看到什么全局性的东西？

（5）我们不能束缚自己。

（6）这跟公司前景有什么关系？

（7）我会先研究研究，然后想出办法。

（8）这个方向是对的。

（9）能不能从全局的角度分配任务？

（10）我们互相协作，是一个整体。

（11）我在寻找问题间的普遍联系。

（12）你的想法很独到，我很欣赏。

◆ 不要先入为主

不同特质构成的人，对同一词语的定义和理解是不同的。举个例子，提到“金钱”这个词语，偏好蓝脑的人会这样想：“怎么确定它的重要性？怎么进行度量？”偏好绿脑的人会这样想：“我怎么才能开源节流？”偏好红脑的人会这样想：“把钱留给需要的人。”偏好黄脑的人会这样想：“金钱是达到目的的手段，而不是目的本身。”虽然，你可能认为这个词的意思，是显而易见的，但它在每个人的头脑中引起了不同的共鸣。

每隔一段时间，商业书籍就会创造出一些时髦词汇或短语，而后每个人都会用上这些新词语。而我们总是认为，大家对这些词语的理解是一致的。但这些先入为主的假设往往会带来一定的麻烦。例如，现在人们又重新谈论商业道德的问题，每个人都认为自己知道商业道德是什么意思。但是对于偏好蓝脑的人来说，“道德”的意思是“我们会权衡得失”。对偏好蓝脑的人来说，它的意思是“对或错”。对偏好红脑的人而言，这意味着“我们必须遵循这些金科玉律”。在偏好黄脑的人眼中，“道德”是一个不断发展变化的灰色地带。表达特质数值高的人，会谈论道德；坚定特质数值高的人，会向别人主张自己的观点；而变通特质数值不同的人，会把道德看成黑白分明的东西，或者不同灰度的东西。

使用肯定的语气表述问题，可以帮助我们达成共识，减少误解。举个例子，有的人会告诉别人自己不想要什么，但是我们不能准确知道他们到底想要什么。他们可能会说："我就是有再多的钱，我也不会买罗斯科的画作，那些画实在太抽象了。"即使每个人都赞同说话者的观点，也仅能说明他们都不喜欢同一类型的画作。如果客户或顾客向你抱怨："我现在很想买一辆新车，我觉得现在的车子太小了。"你可能会觉得，你理解了客户的意思。但是事实未必如此，你需要进一步问他："究竟多大的车子，才是你最满意的？"偏好蓝脑的人，需要的可能是一个更大的仪表盘，包括速度计、转速计和导航系统。偏好绿脑的人，需要的可能是八个杯托，也可能是能容得下儿童安全座椅的更大的空间。偏好黄脑的人，需要的可能仅仅是个天窗。而你呢，在了解他们的想法前，你以为他们仅仅是想增大一下腿部活动的空间。

调整自己的行为特质，以建立和谐的人际关系

要跟对方建立和谐的人际关系，你不仅需要讲对方感兴趣的内容，调整自己的肢体语言、行为特质，使其尽量与对方一致，还要以对方容易接受的方式与对方进行非语言性的交流。对方如何看待你，还取决于你的穿戴、肢体动作，甚至佩戴的东西。这些细节很重要，如果你穿着粉色毛绒衣服，踏着凉拖，围着围巾，去参加一场土木工程师的会议，这绝对是一个冒失之举。

我的朋友爱丽莎，去纽约为她的广告公司做推销。她的表达特质数值位于 95% 分位数上，因此她是一个活力四射、热情洋溢的人。她通过电话和电子邮件判断出她在纽约的联系人维多利亚是一个非常含蓄的人。她明白，自己不能跟维多利亚讲笑话，开玩笑，跟维多利亚交流需要简明扼要。

我向爱丽莎建议，在进入维多利亚房间前丢掉自己表达特质第三区的偏好。"维多利亚喜欢从容、低调的谈话风格。"我提醒她："如果你在她面前表现出表达特质第三区的风格，她会很抵触你的。你要把手放在大腿的两侧。"

会议结束后，爱丽莎在机场给我打了个电话。

"我按照你说的方法做了，"她告诉我，"但是，出了个问题。"

"什么问题？"

"我把手放在大腿两侧。然后，我用淡定的语气跟她谈话。我觉得，维多利亚很接受我的说辞。但是会议进行到一半的时候，她问了我一个问题，我感觉我的兴致涌了上来。于是我把手挥了上来，而我的新手镯从我的手腕上飞了出去，砸到了维多利亚的额头。然后，她再也没有认真听我讲话了。从现在开始，我决定，只要是跟表达特质第一区的人谈话，绝对不佩戴任何珠宝首饰。"

跟处于**表达特质第一区**的人交流时：

（1）先想好再说。

（2）尽量不使用肢体语言，言简意赅。

（3）不要在意两人间的沉默，留给对方一些时间，不去打扰他。

（4）低调，不张扬。

跟处于**表达特质第三区**的人交流时：

（1）大胆说出来。

（2）使用肢体语言。

（3）可以跟不止一个人同时进行谈话。

（4）可以大张旗鼓。

跟处于**坚定特质第一区**的人交流时：

（1）节奏舒缓。

（2）态度和婉。

（3）征求对方的意见。

（4）需要谨记，无论对方如何考虑，他们都会表现得很有礼貌。

跟处于**坚定特质第三区**的人交流时：

（1）可以把节奏放快。

（2）可以跟对方争论、辩论。

（3）提出自己的观点。

（4）对方的态度是清晰明确的。

跟处于**变通特质第一区**的人交流时：

（1）用对方的方式做事情。

（2）坚持到底。

（3）尽量不建议对方去适应改变。

（4）当机立断。

跟处于变通特质第三区的人交流时：

（1）可以用任何方式交流。

（2）给对方多种选择。

（3）即使计划有变，也没有问题。

（4）稍后再做决定。

人们一般能够跟与自己处事风格类似的人建立和谐的人际关系。如果你想跟他人建立和谐的人际关系，你需要尽力用对方偏好的方式跟他交流。无论你是在进行绩效评定，还是在做演讲陈述；无论是在做销售，还是在推广产品，或者在解决争端，都可以运用这种方法。

如何与自己的直接下属进行有效交流

要跟自己的下属建立和谐融洽的合作关系，你可以安排好 30 分钟的时间，跟自己的每个下属一起喝咖啡，交流一下，每年进行一次。掌握偏好匹配技巧，使用对方容易接受、觉得舒服的方式，与他进行交谈。在进行交谈时，不谈论工作。这样谈话的目的是增进互相了解，实现更高效的交流。

在进行谈话前，运用自己的**蓝脑思维**，阅读一些讲述倾听技巧、人际交往技巧或跟情商有关的书籍。如果你有蓝脑偏好，你可能想知道，自己为什么那么渴望提高自己的谈话技巧。你可能并不觉得安排这样的谈话是一件令人兴奋的事情，所以你必须明白，花这些时间跟下属沟通能够帮你增进与他们的互信，从而帮你实现更大的价值。

运用自己的**绿脑思维**，在每次会谈结束后（不是在会谈进行中）记录下相关信息，包括以后会谈要谈论的问题。

运用自己的红脑思维，询问对方工作之外的个人兴趣。

运用自己的黄脑思维，问对方一些开放式问题，以便进行更深入的交谈。会谈话题可以信马由缰，想到什么说什么。

如果对方处于表达特质第一区，你要学会倾听。如果对方处于表达特质第三区，你可以运用夸张的肢体语言和夸张的陈述方式。

如果对方处于坚定特质第一区，试着去接受对方的想法和观点。如果对方处于坚定特质第三区，你需要坦诚相待，开诚布公。

如果你处于变通特质第一区，包容你所听到的话。如果你处于变通特质第三区，你需要专注于你的谈话。

如何进行业绩评估

在我做顾问工作期间，我调查了上百份业绩评论与全面反馈评价。大多数评论与七个 EG® 属性中的某一个属性关系密切。我曾经想用不同颜色的图章标注不同的思维和行为特质，以帮助简化绩效评估过程。

我们需要注意，不同特质构成的人对业绩评估的内涵有不同的看法。例如，艾丽西娅认为，业绩评估就是花一两个小时跟下属轻松地谈谈工作。例如，“这是你的优势，你可以做这些事情，提高自己的技能。现在，说说你的想法。”这种方法对她的红脑性、绿脑性下属来说，并不管用。他们会觉得，这不是在进行业绩评估，他们希望看到一些能够量化的指标。相反，艾丽西娅可以让自己的下属记下自己从事各项任务花费的时间。在业绩评估期间，艾丽西娅可以这样跟他们说话："你看，这个表格上列有我们的四个客户，以及他们给我们公司带来的收益。他们名字旁边的数字，代表了你跟他接触的时间百分比。你把自己 50% 的时间，花在了一个并不重要的客户身上，他仅仅带来了 9% 的收益，这样分配时间合理吗？”这种交流方式是艾丽西娅的蓝脑 / 绿脑性下属容易接受的沟通方式，他们能够理解、回答这样的问题。

图 8-9、图 8-10 分别介绍了对不同 EG® 特质的人进行业绩评估时常用的积极评价，以及他们有待提高的地方。

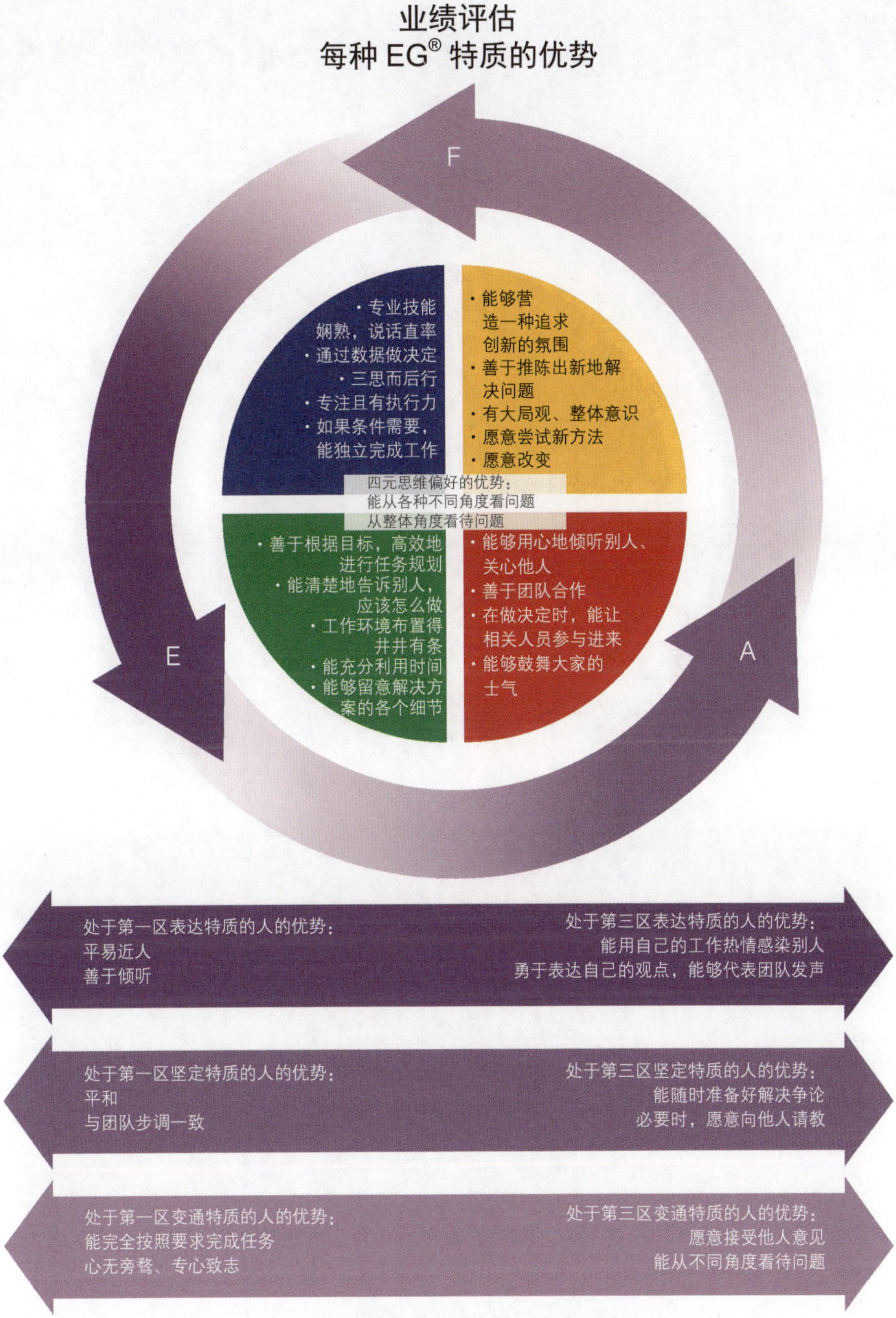

* 这些都是来自业绩评估的真实陈述

图 8-9

业绩评估
每种 EG® 特质的待提高之处

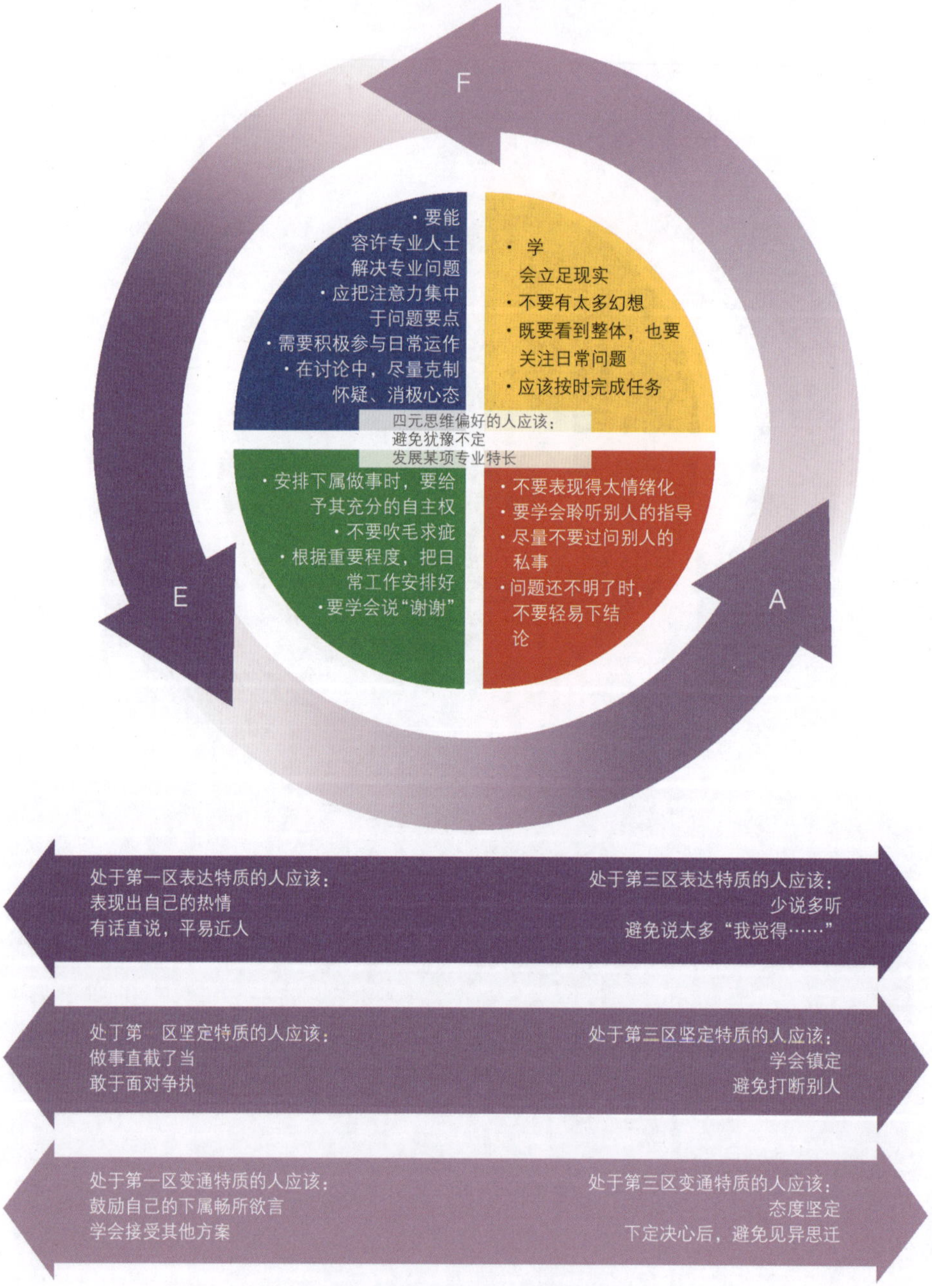

* 这些都是来自业绩评估的真实陈述

图 8-10

◆ 他们的问题还是你的问题

在对自己的下属进行业绩评估时，你可以先考虑一下自己的思维和行为特质。你先问一下自己，我是不是基于自己的偏好评价别人呢？下属的某些问题、盲点是不是也是我的问题或盲点呢？你在进行评价时，一定要认可别人的才智。你的目的，并不是让下属完全依照你的方式去工作。

我的朋友奥斯丁，有一个名叫莱尔的直接下属。莱尔的行事方式让奥斯丁非常不满。奥斯丁属于典型的黄脑偏好型，喜欢从大局角度思考问题。莱尔则属于三元思维偏好组合，他看待事情的方式与奥斯丁完全不同。奥斯丁跟我抱怨："莱尔花了太多的时间纠结于各种方案各种细枝末节。"

于是，我问奥斯丁："这是你的问题，还是他的问题呢？"奥斯丁若有所思，我于是接着问他："莱尔有三元思维偏好，他会利用三种特质看待同一件事，花的时间肯定比你长。莱尔会注意到你注意不到的事情。我的看法是，你不用干涉他的工作，除非他做得不好。"

我觉得，只要他能运用他的三元思维偏好，而不是束缚于他的三元思维偏好，只要他能克服优柔寡断的盲点，或者摆脱无意义事情的纠缠，莱尔以后肯定能够出人头地。我提醒奥斯丁要留意这些问题，如果这些问题没有变成麻烦，就不要去干涉莱尔。

◆ 如何应对上司对你进行的业绩评估

下一次接受上级领导的业绩评估时，你可以猜测一下上级领导的思维类型，比较一下上司跟自己的不同之处。可以通过你收到的业绩评估印证或修正你的猜测。举个例子，如果上级称赞你待人坦诚，业务素养高。你可以分析出来，到底是因为你的上级真的是这样认为的，还是因为他不具备这些优势所以欣赏你的这些优势呢？

除此之外，你需要根据自己的 EG® 特质分析一下自己的有待提高之处。举个例子，如果你收到很多诸如"多征询他人意见"或"应该多与同事沟通"之类的评价，或许这是因为你的特质构成中红脑特质较少。如果你想提高自己的某项特质，可以翻到第 6 章查阅相关内容。

如何进行演讲陈述

优秀的演讲陈述的关键在于，它能满足所有人的需要。如果每个人都仅仅具有同一种思维特质或行为特质，做好演讲陈述是非常容易的。但实际情况是，人类是无比复杂的。

充分理解 EG® 原理，能帮你完成高效的演讲陈述，即使面对更多听众也能从容不迫。而且通过迎合听众的思维特质和行为特质，你将有机会跟他们建立融洽的人际关系。常言道，你不可能在所有时候让所有人满意。虽然如此，但是你可以通过全面考虑所有特质，逐个迎合不同特质的人。

首先，需要注意以下几点：

（1）你的开场白一定要告诉听众，你要讲述的主题是什么。

（2）你要告诉他们，你想说什么。

（3）重点讲述前面你提到的问题。

听众中的抽象思维（蓝脑 / 黄脑组合偏好）型，将会领会到你要探讨的概要。听众中的具体思维（绿脑 / 红脑组合偏好）型，希望你有序地、清晰地告诉他们每个要点。如果没有条件获知听众的 EG® 分析报告，你可以在陈述过程中不断调整自己的陈述风格迎合不同的特质，并涵盖所有特质都感兴趣的内容。

此外，最好的陈述应该能够触及听众的多种感官。现代科技可以帮助你轻而易举地实现这一点。利用现代技术，我们可以以图像、声音、文字材料向所有思维类型的听众展示你要讲述的内容。

在面对不同大小的听众群体进行陈述时，我们需要牢记以下注意事项。

◆ 如何向蓝脑性特质偏好者做陈述

（1）介绍所要陈述的内容概要、陈述的目的。

（2）以数字形式介绍预算。

（3）陈述要有逻辑性，运用数据、事实证明自己的观点，使用准确、清晰的语言进行陈述。

（4）在陈述前或陈述后，向听众提供书面材料。

（5）如果你在陈述过程，需要写板书，尽量不要用彩色笔书写，字迹要规整，不能潦草。

（6）引用可靠的文献。

（7）关键信息要用图像、图表加以突出强调。

（8）把用到的概念总结起来，准备更加深入的详细材料，以应对别人的质疑。

（9）安排好讨论时间、提问时间及回答时间。

（10）无论是陈述开始，还是陈述结束，都要准时。

蓝脑偏好很强烈的人，喜欢智慧的、学识渊博的、熟悉这一课题的讲述者。他们喜欢严谨的讲述者，以及明亮、简约的环境。蓝脑性偏好者喜欢提问，质疑。他们愿意一个人工作，需要安静一段时间进行思考。

这种类型的听众珍惜时间。只有你能够深刻掌握你所介绍的所有信息，他们才会尊重你，重视你。如果在你的听众中，有人处于坚定特质第三区且是蓝脑偏好者，一定要加以小心。这样的人喜欢掌握主动权，如果你准备不够充分，他会“接管”你的陈述。如果你的听众中，有人处于变通特质第一区且是蓝脑偏好者，你在陈述过程中一定要保证用语准确、前后一致。这种人会注意到你的错误，从而怀疑你所讲述的内容。面对别人的提问，如果你不知道答案，你需要尽快坦诚地告诉提问者。

◆ 如何向绿脑性特质偏好者做陈述

（1）你需要讲述你的个人亲身经历，这样他们就能明白这是你经历过的事情。

（2）准备一个陈述大纲。

（3）清晰、有序地进行陈述，不要跑题。

（4）涵盖所有细节。

（5）保证你的陈述整齐、有序，语法正确。

（6）关键信息要用列表加以突出、强调。

（7）将内容概要发给大家，以便参考。

（8）以任务为导向，所提的实施方案要有具体的实施步骤。

（9）安排好提问和回答时间（做好收尾工作）。

（10）准时开始，准时结束。

绿脑偏好者喜欢稳健的演讲者，以及简约的演讲环境。他们喜欢边做边学，所以在陈述前，最好能给他们提供纸、笔等材料。在会议结束后，绿脑性听众喜欢把房间里所有的东西放回原处。

绿脑偏好者不喜欢陈述人跑题。如果你在陈述过程中跑题，你必须告诉你的听众你会重新回到原来的话题，并说到做到。

◆ 如何向红脑性特质偏好者做陈述

（1）向他们分享你的个人信息。

（2）要有目光接触。

（3）用案例、比喻和插图说明关键信息。

（4）表达出你的感情。

（5）提供的图像中要包含人。

（6）向他们展示你提供的信息是如何作用于个人身上的。

（7）要有音乐。

（8）安排时间用于分享案例。

（9）既要有口头的指示，也要有书面的指导。

（10）陈述过程要加入感情色彩。

对红脑偏好者来说，你是他们的良师益友。红脑偏好者喜欢随性的陈述者，以及轻松、惬意的演讲环境。红脑偏好者喜欢对具体事物、芳香气味或音乐等产生感觉依赖。

我常常发现，每当我讲完某项活动应该注意什么时，就会有人问我：“你刚才说，我们应该怎么做？”这样的提问者，往往都是红脑思维者，他们希望通过你的重述确认听到的信息。因此，我会给出所有活动的书面指导。红脑偏好者可以通过书面指导确认自己听到的信息，而我也不用一遍遍重述讲过的内容了。

◆ 如何向黄脑性特质偏好者做陈述

（1）开场白一定要能吸引黄脑偏好者的注意力，不然他们是不会对你的讲述感兴趣的。

（2）概述你的陈述内容，讲清楚为什么值得大家关注，以及对未来的意义。

（3）语言要流畅。

（4）以图片方式展示自己的大纲。

（5）用不同的颜色强调关键信息。

（6）每隔 10~15 分钟，转换一下自己的陈述风格。

（7）善于运用比喻。

（8）可以交换一下座位，甚至更换一下房间。

（9）总结你讲述的要点。

（10）给他们留出一定的想象空间。

跟红脑偏好者一样，黄脑偏好者喜欢随性的陈述者，以及轻松惬意的环境。他们喜欢图片、比喻、符号，需要时间消化信息。

黄脑偏好强烈的人，不喜欢别人提出一连串的详细材料。他们喜欢自己能够把问题理顺、厘清，理解其中的关联。我觉得，同时兼顾绿脑思维者和黄脑思维者是一件很难的事情。因为绿脑思维者喜欢详细的信息，而详细的信息会使黄脑思维者昏昏欲睡。这就是优秀的演说家那么少的原因。

如何向处于表达特质第一区的人做陈述：

- 处于表达特质第一区的人需要安全感。
- 不要进行角色扮演。
- 不要请这样的人起来回答问题或发表看法。
- 他们需要独处才能恢复精力。

如何向处于表达特质第三区的人做陈述：

- 处于表达特质第三区的人喜欢冒险。
- 陈述需要连贯进行，不要停顿。
- 处于表达特质第三区的人喜欢分享。
- 他们通过跟大家互动恢复精力。

如何向处于坚定特质第一区的人做陈述：

- 处于坚定特质第一区的人喜欢平和的互动。
- 感觉要敏锐。
- 留出时间，供他们理解。
- 处于坚定特质第一区的人愿意服从指示。

如何向处于坚定特质第三区的人做陈述：

- 处于坚定特质第三区的人喜欢辩论，争论。
- 通过辩论，增进对问题的理解。
- 可以允许大家在房间里走动。
- 处于坚定特质第三区的人喜欢提出自己的想法。

如何向处于变通特质第一区的人做陈述：

- 不要出错。
- 遵守规则。
- 处于变通特质第一区的人喜欢确定的情境。
- 处于变通特质第一区的人会坚持到底。

如何向处于变通特质第三区的人做陈述：

- 有了错误就要承认，处于变通特质第三区的人一般不会抓住不放。
- 要有针对性。
- 处于变通特质第三区的人不介意模棱两可的环境。
- 给他们时间，让他们可以去探索各种可能。

◆ 如何开场

有些人认为，在做演讲陈述时最好一开始就介绍一个话题，吸引收敛思维（蓝脑 / 绿脑）者的兴趣，如开场就介绍陈述的目的和安排。而我发现，最好是先引出发散思维（红脑 / 黄脑）者感兴趣的话题，来吸引红脑和黄脑思维者的注意力，紧接着，再介绍蓝脑和绿脑思维者感兴趣的东西。如果你的开场陈述与听众最偏好的特质相一致，通过保持这种一致拉近你与听众间的距离，那么你的陈述就成功了一半。然后，你即使切换话题、切换讲述风格，听众也会乐意听你演讲。

蓝脑偏好强烈的听众，希望你能够正式介绍你的个人履历，包括你的学术背景、工作经历、所获奖项和荣誉等。证书或资格证对他们来说，是非常重要的。如果介绍你的人没有介绍这些内容，那么在跟大家一起讨论前你最好先做一番介绍。因为这是蓝脑偏好者建立对你的信任感的关键因素。

我曾经向一群科学家们做过一场演讲，他们大多处于表达特质第一区，高度偏好蓝脑思维。这些人中，只有三个人拥有黄脑偏好，而其中一个恰好是向大家介绍我的那个人。他的表达特质处于第三区，他对大家说："我根本没有必要介绍盖尔。她只要讲上两分钟，大家就会知道，她的演讲有多精彩了。"

听完他的话，我马上放弃之前计划好的开场白，然后这样说："谢谢你，汤姆，感谢你对我的信任。不过，在座的有92%的人属于蓝脑偏好者，他们会感到不舒服。因为他们觉得我不过是个江湖骗子，说一些似是而非的心理学术语。你的这两句话加重了他们的怀疑。现在，我要告诉大家的是，我是名博士，也完成了我的博士论文……" 介绍这些信息，并不是为了向大家炫耀什么，这只是迅速抓住听众注意力的一种方法。因为我知道，这些科学家都觉得自己比别人聪明，让他们快速感兴趣的方式就是用他们熟悉的语言讲话。

如何提高自己的说服力

顾客或客户会运用自己偏好的 EG® 特质解释和理解你所说的话。记住以下几个要点会提高你的说服力：

（1）尽你所能地判断顾客的特质构成。如果你向多人推销产品，你需要做好充分准备，从不同顾客的偏好特质入手。

（2）使用跟顾客的思维偏好相一致的语言或措辞，行为举止要与客户的行为偏好相一致，这样你才能跟顾客建立和谐的人际关系。

（3）介绍产品或服务时，尽量满足不同顾客思维偏好的需求。如果不知道顾客的思维偏好，那么你在对产品或服务进行介绍时，需要涵盖所有的特质偏好。

（4）对顾客的提问或异议都要做出回答。尤其需要注意那些安静的顾客所提出的评论。

（5）有始有终。

我的客户阿曼达是一名注册理财规划师，自她执业以来，她一直使用 EG® 原理开展销售工作。她的销售成功率高达 97%。

"我卖的东西都是无形的（理财计划），"阿曼达说，"我卖的是一种概念。我会为不同的顾客设计不同的理财规划。我把希望卖给顾客，这样他们就可以安心退休，过上他们想过的生活。有形的东西，只有我做好的理财报告和发给他们的材料。

"客户第一次跟我会面时，我就会要求他们填写一些文件，如填写他们所拥有的金融资产。我会一边阅读这些文件，一边跟他们谈话。我会至少花两小时的时间跟他们谈话，问一些关于他们的各种信息。通过跟他们的谈话，我就能够判断出他们基本的 EG® 特质构成。我会了解到，对于他们来说什么是重要的。他们是否关心子女的教育，是否关心自己的儿孙？我会从他们说的话里面，提取这些问题线索。我遇到的夫妻中，通常一个很顾家，另一个则不太顾家。因此他们的意见往往不一致。通过这些，我就能深入地了解他们。

"在我的办公室里，我挂了一幅画，上面是两只北极熊紧紧地抱在一起。我这样做是有原因的。人们觉得理财计划枯燥无味，但我会告诉我的客户：'咱们一起共事时，你的情况我最了解，我比你的律师、你的会计师甚至比你的医生更了解你。'我知道他们担心什么，他们的梦想是什么，我甚至知道他们的秘密。有个客户，甚至打电话问我："我很喜欢这个新壁炉，我要不要买下来？"这样的问题都问我，我又不是卖壁炉的。这说明什么？这说明他们完全信赖我。

“如果是工程师或会计师找我理财，他们往往会给我一个详细的 Excel 表格。这样的表格让我很抓狂，我就会让他们给我解释上面的内容。他们认为，我能像他们一样理解那个表格。我确实也能理解，但是我不想了解太多的细节。我认为，我们初次见面的谈话就是为了建立双方的信任关系。因为我们是在同一层次上进行交流的。

“第一次会面结束后，我就会准备一个理财草案。我不太喜欢千篇一律的文件。我会根据客户的特质构成使用不同的营销方法。举个例子，如果这个客户是一个蓝脑偏好者，我会在理财草案里面加入很多数据。但我会把这些数据放在草案的后面，并会在草案正文里提及这些数据。我知道，这样的客户很关心这些数据，但是我们没有必要在讨论草案时，详细考虑这些细节。如果我觉得客户偏好黄脑思维，我就会用图片展示说明我的理财建议。如果客户偏好红脑思维，我也会用相同的图片向他展示我的理财方案，但我会花更多时间跟他谈谈他的家庭。如果客户属于绿脑偏好型，那我就直接用电子表格跟他说明。

“如果客户对我说：‘我快要退休了，这些钱我要用来旅游。’这些人往往属于绿脑偏好型，我就会用他们容易理解的语言跟他们解释理财的过程：‘你的收入经过这个途径，直接进入你的账户，所以不用担心。’黄脑偏好型客户不会担心这个问题，我会跟他们解释长远规划，这是我很擅长的事情。对蓝脑偏好型客户，我会向他们解释他们最关心的问题——每月的收益是多少，这些钱会投到哪里去，会剩下多少钱等。我会让红脑偏好型客户明白，他的家庭不需要担心钱的问题，不需要担心这些收益惠及不到他的家人。

“我很难控制我表达特质第三区的偏好，如果我的客户是一个安静的人，我会控制自己，模仿他们的表达特质。我会尽力冷静、淡定。我尽量不跟他们开玩笑，控制自己，不要大声笑出来。我觉得最难控制的就是手势。有时候，为了解释利率的波动，我一会儿抬起手，一会儿又落下手，就像跷跷板一样。为了强调一件事情，我喜欢挥舞我的双手，但是表达特质第一区的人并不喜欢这样的行为。所以遇到这样的客户，我只能依靠写便笺控制我的表达特质。

“我最近招聘了一个新的行政助理，她的蓝脑特质很多。她来的第二天，我发现她被我记的便笺搞糊涂了。办公室里面，到处都有装这些便笺的小盒子，盒子上都有箭头。写这些东西，释放了我很多的能量。我写了很多这样的便笺。如果有人拿起这些便笺，估计他们也看不懂。当然，我是知道上面的含义的。虽然这些便笺都比较乱，但是我可以通过盒子上的箭头看出其中的联系。

“我会给客户画一些图。实际上，我会给每个客户画这样的图，因为我觉得人们的视觉领悟力比较强。如果他们能通过看图理解概念，那么一些观念就能被他们牢牢记住。每个人都能通过图片理解概念，明白自己余下的人生中还有多少钱可供他们使用。

“我学的是艺术专业。我要是在现在的中学里面学习的话，肯定会被贴上‘学习能力差’的标签。我不是优秀的学生。我的拼写能力一直很差，也不太会读书，现在我的数学也不好。遇到需要计算的问题，我都会用计算器解决。后来我学了EG®，我明白了，我一切都很正常，没什么毛病。我也没有必要掩饰自己。我只是需要调整一下，让别人能够理解我。”

通过上面的描述，你能判断出阿曼达的 EG® 特质构成吗？绝大多数理财规划师都属于蓝脑偏好者，而阿曼达属于黄脑偏好者。在她的周围几乎全是蓝脑偏好者和绿脑偏好者，而他们的做事方式，阿曼达并不喜欢。通过这个案例我们也可以发现，她的行为特质分别处于表达特质第三区、坚定特质第三区和变通特质第二区（***C332）。

对阿曼达来说，她的销售风格是非常成功的。而其他销售人员也可以根据自己的 EG® 特质，采用符合自己特质的销售风格，并通过各自不同的风格迈向成功。运用 EG®，可以让每个人都更加成功。

如何开拓市场

几年前，我与一家全国性连锁百货公司的管理团队进行过合作。管理团队的所有成员都有相当多的红脑特质，因此跟他们一起合作是一种乐趣。我发现，他们公司居然没有线上业务，这让我很惊讶。“嗯，我们不需要开展网上业务，”经理们对我说，“我理解我们的客户，他们不喜欢上网，他们只想来我们的实体百货店购物。”

于是，我试图说服这个团队，让他们意识到自己忽视了网络营销的作用。但是他们对市场的看法太根深蒂固了，根本不听我的劝告。他们认为，他们比我更理解他们的客户。

几年后，这家公司开始意识到他们需要开展网上业务。于是，经理们开始奋起直追，仓促整合出网上购物网站。因为他们没能从所有 EG® 特质的角度看待自己的顾客，所以他们没有及早把握好市场，差一点错失良机。

我们利用 EG® 帮助广告和公关公司开展市场调研。通过受众的思维和行为特质理解受众，是最有效的研究市场的方法。

在研习班上，我们有时会把最大偏好思维特质相同的学员分为同一个组。然后问每组："你会怎么用钱？"每组都会在纸上写下答案，每组的答案与其特质都是一致的。我们曾让一群银行从业者（对他们来说，这是最拿手的事情）做过这样的题目，下面是他们给出的答案。

蓝脑组给出的答案是：

$$I=\sqrt{(F+V+D)}$$

I 代表收益，F 代表固定费用，V 代表可变费用，D 代表可以自由支配的支出。正如我的一位经济学老师曾经说过的，对最不经意的观察者来说，其意义是显而易见的。

绿脑组给出的答案是：

I. 人生规划。

A. 预算：

i 大学教育支出；

ii 度假支出；

iii 退休后支出；

iv 葬礼支出。

B. 省钱策略：

i 可以用信用卡，但每个月都要还清。这样就省掉了利息。

ii 把优惠券收集整理起来，购物时使用优惠券。

II. 不要把预算好的钱花在其他用途上。

红脑组给出的答案是：

- 打电话给银行，确定自己的账户余额。
- 捐钱给保护鲸鱼协会。
- 买女童子军饼干。
- 如果我们投资的话，我们都是有社会责任感的投资者。
- 借钱给朋友。
- 为家庭购买保险。
- 多给些小费。
- 给别人买礼物。

黄脑组给出的答案是：

- 我们会因一时兴起而去消费。
- 我们总觉得自己能中奖。
- 最好让别人帮我们管钱。
- 购物冲动往往会战胜实际需要。
- 我们凭直觉就能知道自己的账户余额，但是从不关心这个问题。
- 只有消费了，才会有满足。
- 购物计划可能说改就改。

行为特质也会影响人们支配金钱的态度。例如，表达特质影响人们公开讨论金钱的意愿，坚定特质影响人们对投资风险的态度，而变通特质则决定了人们消费前会花多长时间来考虑。

把这些信息交给银行的销售人员后，他们为每种思维和行为特质设计了如下不同的广告口号。

蓝脑特质：在线销售，永远都是最低价。

绿脑特质：每分钱都花到实处，您的未来我们保障。

红脑特质：顾客觉得钱重要，我们觉得客户重要。

黄脑特质：梦想很宏大，我们帮你抵达。

表达特质第一区：您的投资会静静地升值。

表达特质第三区：听，成功的呐喊。200 000 名投资者的选择不会错。

坚定特质第一区：低调但不低估。从不炒作，值得信赖。

坚定特质第三区：我们是你的坚强后盾。

变通特质第一区：成功的传统，百年不变。

变通特质第三区：专为顾客定制方案。

在开展营销活动时，我们需要理解不同营销口号的影响后果。我们必须清楚我们目标客户的特质构成，我们的策略与他们的特质是否一致，或者我们是否应该针对所有的思维特质分别设计营销手段。

你必须理解自己的产品或服务，知道它适合什么样的目标客户，必须知道如何调整营销口号贴近目标客户。有个好经验，就是让不同 EG® 特质的人，“校对”一下你的营销口号。这花不了几分钟，却能省掉将来的麻烦。

如何解决争执

当技术发烧友和感情细腻的人在一起工作时，难免会产生误解。任何时候，遇到跟自己不同特质构成的人，都难免会产生争执。但是，如果将 EG® 原理用于解决争执，争执双方都能从对方的角度思考问题，换位思考，那么双方就会很容易达成和解。

工作场合的争执，小到简单的误解，大到激烈的争论。而由于人们的 EG® 特质构成不同，处理争执的方式也不同，因此使得争执更为复杂。处于表达特质第一区与坚定特质第一区的人，不会表露出不满的情绪。而处于表达特质第三区与坚定特质第三区的人，会闹个天翻地覆。

热情地讨论问题并不等于激烈地争论。实际上，最好的决定总是通过不同特质构成的人相互讨论得出的。我的经验是，如果人们觉得自己被忽视了，或者感觉受到了侮辱，争论就会演变成激烈的争吵。这时，人们会觉得自己被威胁了，或者被忽视了，或者觉得自己的观点没有受到重视。

在处理争执的过程中，可以采用以下步骤进行沟通。

第一步，先运用自己的红脑特质。说一些能让大家都有同感的话。使用第一人称进行表述，如“对这个情况，我很难受”。这种方法虽然老套，但很有用。因为别人不可能去反对你的感受。

第二步，接着运用自己的蓝脑特质。准确、冷静地评论当前的情况，目的是让争论的双方都能同意当前的处境。

第三步，接着运用自己的黄脑特质。让争执的另一方，从各种备选方案里面想出一个解决方案。当你主动征求他的意见时，他就不会有被忽视的感觉。

第四步，接着运用自己的绿脑特质。大家一起讨论各种可能的方案，通过以下步骤组织讨论：

（1）选出最好的方案。

（2）确定实现目标所需要的步骤。

（3）确定时间节点。

你的行为特质也会影响你处理争执的态度和手段。如果你的行为特质都是第一区，你需要向右调整自己的表达特质、坚定特质和变通特质，这样你的观点就不会被忽视。相反，如果你的行为特质都处于第三区，你需要向左调整自己的行为特质，这样你就不会表现得太过强势。

◆ 误解的产生

下面的这个故事，描述了几封电子邮件是如何在四人间造成误会的，这四人包括我的合伙人凯尔、他的助理萨拉、我的助理凯伦、我。

有一次，凯尔打电话给我：“你办公室的人，为什么不愿意给我做一份‘最不偏好特质列表’呢？”

我对他说：“只要你开口，他们很乐意帮你这个忙的。”

“我开口了，”凯尔说，“我收到的一封邮件，上面的措辞非常没有礼貌，好像我的要求很过分似的。这封邮件用的全是大写字母，上面写着‘科尔是唯一一个使用这个报告的合伙人！！！’”

我说：“据我所知，凯伦不会用这种方式跟别人沟通的。我去了解一下，回头再回复你。”

凯伦说话的语气一向是比较温柔、和婉的。她是绿脑 / 红脑性思维偏好，处于表达特质第一区和坚定特质第一区(*SC*112)。我猜想这中间肯定出现了误会，因为凯伦写邮件从来不会全部使用大写字母，也从来不会用那么多的感叹号。

果然，凯伦告诉我："我跟凯尔的助理萨拉交流过了，我们的沟通没有问题。"我看了她写的那封邮件：

萨拉：

我把《最不偏好特质报告》的例子通过附件发给了你，你可以仔细看一下。请转告凯尔，他是唯一一个使用这个报告的人。其他合伙人都做了"最不偏好特质"测试，他们让参与者核对自己的分析报告，找出自己最不偏好的特质。

祝你好运！

凯伦

凯伦告诉我："我的意思是，我们使用新的计算机程序运行时，得不到'最不偏好特质'报告，因为没有一个 EG® 合伙人需要这样的报告。我只是告诉她这个事实，萨拉也很清楚这个事实。"

然后，萨拉把凯伦的邮件转发给了凯尔，凯尔看了邮件后，马上觉得邮件的措辞很无礼。因为凯尔是红脑 / 黄脑性思维偏好，处于表达特质第三区(**SC331)，所以他马上得出了一个错误结论。他觉得自己被冒犯了，所以大脑潜意识地对凯伦的邮件赋予了感情色彩。

为了解决这个争端，我开启了自己的红脑特质，对凯尔说："我知道，你对收到的邮件很不满意，我很遗憾，我办公室的人让你心烦意乱。"

然后，我利用了自己的蓝脑特质，对他说："我认为，你可能觉得我的下属不愿帮助你，而凯伦则觉得你误解了她的邮件。"

然后，我利用了自己的黄脑特质，对他说："你愿不愿意直接跟凯伦沟通一下？或者有没有什么话，需要我转告她的？我们下一步该怎么做？"

最后，为了解决这个问题，我俩都运用了绿脑特质。我们一起：

(1) 选择最好的解决方法 (凯伦和凯尔两人直接沟通，消除误会)。

(2) 确定实现解决争端的步骤 (凯伦打电话跟凯尔沟通)。

(3) 确定时间节点 (凯伦会在当天晚些时候，电话联系凯尔)。

（4）最后，凯尔说："我觉得，我们之间需要修复一下关系，我建议咱们两个办公室的人一起出去吃一顿。"

看了这场误解的前因后果，你会觉得这场误解很容易消除。但是在误解产生的时刻，问题没有这么简单，它不但伤害了很多人的感情，还浪费了很多时间。

很多误解很难消除，但都是由微小的理解偏差造成的。我们都想当然地从自己的思维和行为特质出发，都认为别人能理解自己的想法。如果我们能够努力去理解别人的特质，那么双方间的误解就不会产生。误解产生的源头是每个人的特质构成不一样。

第9章 EG®与领导能力

选贤任能，众志成城，水到渠成

无论你是一家大型企业的首席执行官，还是一个独资企业的老板，你都需要听从银行家、律师、会计师的建议。

如何做一个有效率的领导者

探讨领导力的文章，可谓汗牛充栋，但是这个话题至今仍然值得进一步探索。每个人都想知道：好的领导者应该具备什么样的品质？好领导者和差领导者的区别是什么？作为一个领导者，如何展望未来？如何激励大家？我们能从他们的成功中学到什么，从他们的失误中又能吸取什么教训？这样的讨论无始无终。不过 EG® 可以帮助你，成为成功的领导者。

人们总是不停地问我，具备哪一种 EG® 特质能够成为优秀的领导者。我总是回答他们："从来就没有最适合领导者的 EG® 特质。"通过前面几章的学习，我们知道，成功的领导者有着不同的特质构成。

我发现，最优秀的领导者既能运用自己最偏好的特质，也会运用自己最不偏好的特质。我在第 5 章曾经提到过詹姆斯，他的特质构成为：蓝脑 / 绿脑性偏好组合，表达特质第二区、坚定特质第三区（AT**231）。虽然如此，作为一家资产超过三亿美元大公司的首席执行官，他有意运用自己的红脑特质，尽量将自己的表达特质调整到第三区跟他人进行沟通交流，因为他知道这对他的管理是很有帮助的。

成功的领导者能够将自己的团队团结起来，让他们懂得，有着不同思维和行为偏好的人可以在同一个环境下共同完成一项工作。通过偏好的多样性，他们可以协同合作，迸发出更多能量。如果你想让自己的团队更具创造力，更有效率，你可以任用有能力的人，通过合适的方式激励他们，然后大胆放手。

> 领导力是由我们之间的人际关系派生出的能量。
>
> ——玛格丽特·惠特利《领导力与新科学》

选贤任能

无论是在生产一线，还是在董事会，你都希望选用合适的人选。从横向角度来看，你的每个员工都应该牢记企业使命，为企业的成功添砖加瓦。从纵向角度来，你应该在你需要他们时，多跟有经验的员工接触，从中选拔忠诚而且有能力的员工。

每个老板都希望自己的员工聪明能干，热情正直。但是，只有这些还不够。要想成功，必须选拔任用各种思维类型的人员。

◆ 选拔有能力的人

首先，我们所选拔的人员必须在各自的领域都很称职。你可以组成一个团队，要求他们设计一艘登月用的火箭。但是，如果团队里面无人精通工程、科学或数学，你的火箭甚至飞不到新墨西哥州。

EG® 分析报告衡量的并不是个人的能力。某一项思维偏好并不能保证这个人能在某一领域取得成功。举个例子，有的人偏好蓝脑思维，但是这并不能保证他有能力建造火箭。你需要技能、努力，还有聪明才智才能把自己的偏好转化为生产力。

◆ 选拔价值观念正确的人

当你选择合适人选时，你希望他们的价值观与公司、企业的价值观保持一致。但是人们不会展示给你他们懒惰、不诚实的一面，因此你必须通过一些诱导性问题了解他们的本质，并通过自己的直觉去了解他们。

我们曾经跟一群 MBA 学生一起进行过合作，让他们分组合作做事。有时团队里面有一些成员消极、懒散，对团队贡献很小。一个团队有一个这样的人，整个团队就可能分崩离析。我曾经问过一个学生，问她是否发现，那些对团队贡献不大的人是不是都有特定的 EG® 特质。也就是说，是不是某种偏好的人要比另一种偏好的人更加懒惰？她回答我："不存在这样的关系，消极怠工跟偏好特质没有关系。"

◆ 选拔能跟你的特质构成互补的人

成功的老板，除了能够运用和调整自己所有的思维特质和行为特质之外，还能团结和凝聚思维类型互补的团队。这一点非常重要，因为一个组织要想成功，它必须容纳不同偏好特质的员工。

我的一位合伙人，曾经与一家公共卫生集团合作过。这个集团刚刚从国有企业转型为私营组织。董事会成员大都属于具体思维（绿脑 / 红脑）型，仍然保持其原有职位。他们觉得，自己的工作不过是每天出去跟病人们谈谈话，了解一下他们对这里的感受。后来，公司转型了，董事会引入了一位新的首席执行官，她属于抽象思维（蓝脑 / 绿脑）型。她经常跟董事会产生矛盾，因为她觉得自己无法让董事会的人看清楚企业的发展方向。她满脑子想的都是这样的想法："按照这条道路走下去，十五年后，我们的企业会需要更多的设施。这是第一步，也是走向未来的重要一步。"每当她做这样的展望时，董事会就会回答她："听着不错，但是我们的病人琼斯太太怎么办？她老是抱怨，自己拿到的果冻太松软了。"

他们之间交流的困难，也是由行为特质导致的。董事长和董事会多数成员的特质都处于第一区，而新首席执行官处于表达特质第三区、坚定特质第三区和变通特质第一区（A**C331）。董事会觉得新任首席执行官太过强势，喜欢对抗：

而她觉得董事会行动迟缓，惹人烦。

我的合伙人对董事会和首席执行官进行了 EG® 调解。进行大量的沟通后，他们冰释前嫌。在一天的研讨班结束时，董事会明白了："我们必须信任首席执行官，她能带领我们走向未来。她一直在思考公司的长远战略，我们应该理解这一点。"首席执行官也表示："我很感激董事会，因为你们一直关注公司日常事务，我没有时间，也不太愿意做这方面的事情。"

研讨班结束后，董事会决定修改自己的章程，并将公司规模扩大一倍。他们对 EG® 有了更新的理解，因此决定容纳更多样化的成员。一年后，他们的利润增加了 23%。

◆ 组建 WE 团队

WE 团队，即全面性 EG® 团队，是指涵盖每种 EG® 偏好特质的团队。WE 团队可大可小，可以包含你的所有管理人员，也可以是你组建的特定任务小组，或者某一部门或办公室内部的小组。组建这样的团队需要重点考虑的问题是：成员的所有偏好组合能够涵盖每种 EG® 特质；每个成员都能明白，每个人对团队都有重要的贡献，只是做贡献的方式不一样。不同思维特质和行为特质需要相互协调，才能焕发能量，才能够激发出更多创造力，打造出高效团队。

如果人手不够，不能组齐 WE 团队，你可以选择那些具备最需要的思维特质的人，纳入你的团队。或者看看哪些人具备的偏好特质接近你最需要的特质，选择这样的人填补团队的这一空缺。

蓝脑特质起到的作用

具有蓝脑思维偏好的人，善于界定和分析问题。他们觉得自己做事直来直往，直截了当，目的明确。他们必须拥有事实、数据、基本指导，明白做事的目的，才能处理各种任务。在团队合作时，他们会说："我们先审视一下我们的决定，看看这是不是个可行的方案。"

如果从蓝脑偏好者的视角看问题，你可能会看到这些东西：

（1）分析：

① 任务是什么？

② 工作分解结构。

③ 财务分析。

a. 成本 / 收益分析。

b. 风险分析。

c. 利润率。

（2）项目分派：

① 应变管理。

② 角色和职责。

③ 完成标准。

（3）方案的执行：

① 沟通。

② 执行障碍 / 执行经过。

（4）总结与回顾：

① 6 个月效率评估。

② 结构重组。

绿脑特质起到的作用

具有绿脑思维偏好的人，善于定义问题并协助解决问题。他们认为，自己能梳理事物间的系统联系，从而确定问题的内涵。他们能将问题的各个部分组织起来，并将可行的方案协调起来。在团队合作时，他们会说：“这个想法怎么才能用在这个问题上？”

如果从绿脑偏好者的视角看问题，你可能会看到这些东西：

（1）确定目标。

（2）设计进程图。

（3）区分角色 / 职责。

（4）制定时间表 / 日程表。

（5）设定关键节点和检查点。

（6）制订交流计划。

（7）确定完成的标准。

（8）确定项目控制机制。

红脑特质起到的作用

具有红脑思维偏好的人，是团队合作中优秀的促进者和协调者。他们认为，自己的人际沟通技巧是自己的最大贡献，他们能让团队众志成城，团结合作。他们对别人提出的所有方案都一视同仁。有时，他们也能靠直觉判断出最好的方案是什么，但他们也不知道自己的判断标准是什么。在团队合作时，他们会说："你觉得这个想法怎么样？"

具有红脑偏好的人，非常善于跟别人联合起来，他们熟于人情世故。他们知道自己的竞争对手是谁。

如果从红脑偏好者的视角看问题，你可能会看到这些东西：

- 尽快跟某某沟通一下。
- 我们要不要先做个调查？
- 跟某某打个电话，了解一下情况。
- 我们给他们点什么，才能跟他们搞好关系呢？马克杯？或者T恤衫？
- 跟某某见面谈一下。

黄脑特质起到的作用

具有黄脑思维偏好的人，非常善于出谋划策，能在集体讨论中提出别具创意的点子或想法。他们喜欢挑战，在清楚任务方向之前，他们往往就能投入解决问题的过程中。他们关注结果的重要意义，并不在意实现的具体细节。即使犯下错误，也不会太在意。在团队合作时，他们会说："我们换个方式考虑一下这个问题？"

如果从黄脑偏好者的视角看问题，你可能会看到这些东西：

>> 前景是什么？ <<

五年后会怎样？

{ 这样做会有什么可能 }

是不是需要重新规划一下总体蓝图？

三元偏好或四元偏好起到的作用

在 WE 团队中，需要多重思维偏好的成员。他们的某项特质跟自己的其他特质相比，并不十分突出，但是他们的优势在于他们能够理解团队其他成员的独特贡献，他们能起到“翻译”的作用。依靠他们的协调，蓝脑偏好者可以理解红脑偏好者，黄脑偏好者可以理解绿脑偏好者，等等。

理想的 WE 团队，还必须涵盖不同的行为特质组合。不同行为偏好的人虽然行事风格不同，但都能为团队注入活力。使得团队能更好地跟人打交道（表达特质跟人际交流有关），更好地处理任务（坚定特质衡量的是做事的节奏），适应性更强（变通特质衡量的是个人适应其他观点的倾向）。

处于表达特质第一区的人对团队的作用：

- 倾听其他成员的想法。
- 默默无闻，勤勤恳恳。
- 能安静地跟他人沟通。

处于表达特质第三区的人对团队的作用：

- 保证大家畅所欲言。
- 会主持会议。
- 活跃气氛。

处于坚定特质第一区的人对团队的作用：

- 能够分析问题的多个方面。
- 不会跟人争执。
- 不会仓促行事。

处于坚定特质第三区的人对团队的作用：

- 喜欢争论、辩论。
- 能帮助他人表达他们的观点。
- 一心想完成任务。

处于变通特质第一区的人对团队的作用：

- 不会分心。
- 做事果断。
- 确保达成决定。

处于变通特质第三区的人对团队的作用：

- 随和。
- 能接纳别人的观点。
- 不会介意节外生枝。

WE团队的能量

我的研习班一般会进行 8 小时，研习班的结尾大家都会非常疲惫。在结束前的 20 分钟，我会挑选几个人组成一个小组，这个小组涵盖所有的 EG® 特质。我会要求他们针对这次研习班，做一个既有创意又有趣的总结。我会给他们 15 分钟的时间做准备。每次的总结陈述都异常精彩，超乎预期。这些小组会创作诗歌，编排舞蹈（有时甚至会穿上戏服表演），他们还会设计一些哑剧，创作小品。能在这么短的时间内迸发出这么多的想象力，实在令人惊叹。

为什么我会在研习班结束前，要求学员在 15 分钟内做这样的创意总结？我的目的是想展示出 WE 团队的能量。问一下你自己：

- 你所安排的会议开多久，效率有多高？
- 你在征求意见或做重要决定时，会不会将每个观点都考虑进去？
- 当你主持会议时，你能不能让所有人都畅所欲言？
- 当你组建了一个团队后，你能不能营造一种积极的氛围，让所有思维和行为特质的人都能发挥自己的特长？

WE 团队就是一个智囊团，它会以创新和高效的方式解决问题。

◆ 每个人都是团队成功的一块拼图

在研讨班快要结束时，也存在没有完成总结的团队。我都会探究他们没有完成的原因。绝大多数情况都是由于某一成员提前离开研习班导致的，而这个团队恰恰需要那个缺席者的思维能力才能完成这项任务。只要一个团队缺少了一种偏好，肯定会出问题。

在 20 世纪 80 年代，我向一名知名科技企业的副总问了这样一个问题："进入新千年后，你的公司会怎么发展？"

这个问题让他哑口无言，最后他还是回答了我："我们还会生产我们现在生产的产品，只不过规模会更大一点。"

我回去之后，马上卖掉了这家公司的股票。

为什么?

虽然，我没有这家公司的任何内部消息；虽然，这家公司不是我的客户，而且我对他们的董事会一无所知。但是，我很确定，公司的管理层显然没有长远打算。如果这家公司的管理层是这样一个 WE 团队：黄脑思维者保证长远计划，蓝脑思维者确定盈利目标，绿脑思维者制订可行方案实现盈利，而红脑思维者确保每名管理人员都能知晓这些。我当时期待着这名副总能够给出一个解答，告诉我未来的科技前景。例如，电脑可不可以做早饭？手机会不会像自动取款机那样？但是，他却无话可说。我当时就确信，这家公司会在接下来的十年内，遭遇重重困难。

我经常做公司内部管理审计，审计过程中，我要求每个团队成员描述他们公司的使命。贴在公司墙上的正式的公司宗旨并不重要，重要的是每个人对它的理解。人们总是从自己的 EG® 偏好出发，回答我的问题。如果管理层有 68% 的人属于蓝脑偏好，那么会有 68% 的人从蓝脑特质出发，他们会看重公司利润、生产效率和产品质量。如果管理层有 11% 的人属于绿脑偏好，那么这 11% 的人会从绿脑角度回答这个问题，他们会谈到效率、指导方针、过程等。红脑偏好的人，会考虑客户的需求和满意度。黄脑偏好的人，会谈论到公司的前景。

我在跟非营利机构一起合作时发现，这些机构的经理们有着较少的蓝脑特质和黄脑特质。他们在描述组织的宗旨时，很少谈到金钱和未来，他们谈得更多的是机构和人。在营利机构里，情况恰恰相反。

很多公司会雇用顾问帮助他们撰写公司宗旨。最好的情况下，他们会创造出与所有 EG® 特质一致的公司宗旨，能够迎合所有类型的员工和客户。但是，如果管理层没有 WE 团队，即使公司的宗旨再怎么吸引人也无济于事。

我曾与一家大型食品公司合作，共同制订未来几年的计划。研习班一共进行两天，17 人应该参加这个研习班，但第一天来了 16 人。公司的首席执行官属于抽象思维（蓝脑 / 黄脑）型特质，团队其他成员则属于蓝脑、绿脑、黄脑的偏好组合，多数人都处于坚定特质第三区。首席执行官发了话："我们开始上课吧，不用等纳迪亚了，她是我们的行政助理，她来不来参加不重要。"我本来想强调一下纳迪亚来参加的必要性，但还是忍着没说，我决定在快结束的时候，再跟大家强调她的重要性。

最后，大家拟定出来这样一则公司宗旨：

XYZ 公司是我国最大的一家食品公司。我们的产品质量可靠，价格合理。我们的服务高效便捷，分销渠道遍及全球，不断为股东创造利润。

这个公司宗旨有什么问题吗?

如果把这段公司宗旨拆分开，用 EG® 特质的角度分析，我们发现：

- "质量可靠，价格合理"迎合了蓝脑特质。
- "服务高效便捷"迎合了绿脑特质。
- "分销渠道遍及全球"迎合了黄脑特质。
- "XYZ 公司是我国最大的一家食品公司"迎合了第三区坚定特质。

但是，你有没有注意到，这里丝毫没有提到顾客，没有任何信息涉及购买他们产品的顾客。

我向管理层提出了这个问题，我说："如果纳迪亚在这里，公司宗旨绝对不是这样写的。因为她是天生的红脑偏好者，处于表达特质第三区、变通特质第三区，所以她总会为顾客着想，顾客是她最先想到的因素。"

管理层回答："我们当然考虑到了顾客。不然，我们把产品卖给谁。顾客这个因素隐含在这段宗旨里面。为什么非要明说出来呢？"当天，我没有跟他们继续争论。

第二天早上，纳迪亚参加了研习班。我们把前一天拟定好的公司宗旨交给她看。我问她："你有什么想法？"

她立刻回答："我很喜欢，但是我觉得有点冷冰冰的。为什么不在里面加入一些跟顾客有关的东西呢？”

这时，房间里鸦雀无声。于是后来，我们花了一个小时修改那段公司宗旨。

我之所以喜欢举这个例子，是因为它说明了所有特质都是不可或缺的。我们绝对不应该想当然。有些事情，对某一种偏好来说是不言自明的，但对其他特质来说却并非如此。此外，成功始于肯定的措辞。在前面的章节中，我也曾经提到，大脑总是默认肯定的意图。

◆ 不同的特质偏好者眼中的困难

我在进行内部审计的时候，会问员工这样的问题 ：“你觉得，你在工作中面临的困难是什么？”通过分析人们的 EG® 分析报告，我就能够预测出来他们所面临的困难。我会知道，他们的困难，是否是由他们本身的蓝脑特质、绿脑特质、红脑特质、黄脑特质、表达特质、坚定特质或变通特质所造成的。一般来说，每个人面对的最大困难往往会跟自己最缺少的特质有关系。

我参与了一家大型汽车制造商的内部审计。我对 175 名高管进行了 EG® 分析，得到了他们的 EG® 分析报告。他们的蓝脑特质、绿脑特质、黄脑特质的平均数值都比较高，但是红脑特质数值较小（见图 9-1）。

该汽车制造商经理们的 EG® 特质平均数值

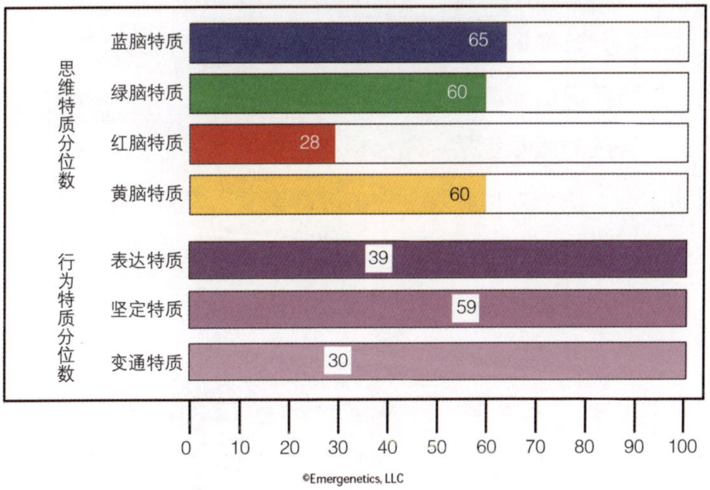

图 9-1

后来我问他们："你在工作中面临的困难是什么？"他们给我的答案也反映了这个问题。6% 的困难，跟蓝脑特质有关；6% 的困难，跟绿脑特质有关；6% 的困难，跟黄脑特质有关；19% 的困难，跟行为特质有关；而高达 57% 的困难，跟红脑特质有关。跟红脑特质有关的困难包括：

- 怎么解决权限冲突?
- 怎么加强高管间的沟通?
- 怎么改进工程部跟其他部门的协调工作?
- 怎么才能让高管们关心生产一线的工人?

一份匿名调查问卷也证实了，这家公司确实在团队合作方面存在严重问题。他们的首席执行官属于收敛思维（蓝脑 / 绿脑）型，虽然意识到了这个问题，但是他本身的红脑特质也不足，所以也无法弥补团队的这种不足。后来，他交给人力资源部一个任务，让他们在接下来的几年内，将有红脑偏好的工程师吸纳到管理团队中。这项任务并不简单，因为对工程师而言，红脑思维并不是非常重要的因素。

十年后，这家公司又进行了一次内部审计。这一次，我仍然对管理团队进行了 EG® 分析。结果显示，他们的思维特质比上次更加平衡，有趣的是，团队的变通特质总体数值也得到了提高。

我问了跟十年前一样的问题："你现在面临的困难是什么？"这一次，收集到的答案，平均地分布在每个特质上。所有思维特质和行为特质在管理团队中都得到了体现，没有任何遗漏。

跟蓝脑特质有关的困难包括：怎么提高生产效率，怎么提高市场份额。跟绿脑特质有关的困难包括：如何实现零件的准时交货? 怎样在企业文化中，强调遵守计划的重要性? 跟蓝脑特质有关的困难包括：如何全新审视旧有的惯例? 有趣的是，跟红脑特质有关的困难，与以前大不相同。十年前，这些困难含有消极、否定意味。而现在，这些困难主要围绕如何团结所有人。例如，"怎样才能保证所有部门都能理解客户的需求、要求和想法？""怎样改善团队形象和自信？"同时，由于管理层中的红脑偏好者的比重大大提高，他们也进行了团队合作的培训，变得越来越有洞察力。

当然，你肯定会问，这样做能否显著提高公司的利润？答案是肯定的。在不断解决困难的过程中，公司的市场份额大大提高，成本架构管理得到改善（蓝脑关注的问题），进程管理和标准工作方法更加高效（绿脑关注的问题），新产品开发稳步进行（黄脑关注的问题）。但是，管理层认为，利润增加的原因在于他们花了更多时间关注顾客，更加重视团队合作（红脑关注的问题）。

◆ 如何克服困难

有了 WE 团队，你就完全有能力去克服所有困难。（在这里，没有使用“解决问题”这个词，因为“困难”是可以被克服的，而且人们能从克服困难中学习到经验，吸取教训。）综合运用团队不同的思维特质和行为特质认识困难，你就可以通过不同的角度解决这个困难，通过团队设计出可行的、大家都满意的解决方案。

每种特质都会对困难的解决贡献重要力量。

黄脑特质擅长出谋划策。WE 团队的黄脑偏好者会提出这样的问题：

“成功完成的标准是什么？”

“我们需要解决这个问题，但是我们怎么从一个新角度解决这个问题呢？”

“如果没有任何条条框框的束缚，我们会怎么做？”

蓝脑特质擅长评估所提出的解决方案。WE 团队的蓝脑偏好者会提出这样的问题：

“这个方案能不能完全解决这个问题？”

“这些成本能换来什么样的收益？”

“我们需要什么样的数据和研究材料？”

绿脑特质也擅长评估所提出的解决方案，但是出发点跟蓝脑特质不同。绿脑偏好者会提出这样的问题：

“我们在这里需要遵守什么规则和指导方针？”

“具体的实现进程是什么？时间节点是如何设置的？”

“这样做是不是变化太大了？”

红脑特质会从人际关系的角度看待不同的观点。WE 团队的红脑偏好者会提出这样的问题：

“这样做会给别人带来什么影响？”

“大家是不是都参与进来了？”

“我们的人选是不是合适？”

表达特质会问：

“我们应该如何激发员工的热情，吸引更多的顾客？”

坚定特质会问：

“我们多久才能把我们的产品推向市场？”

变通特质会问：

“我们需要识别出多少问题？”

组建好的 WE 团队，你可以通过以下步骤设计出 WE 方案（全面性 EG® 解决方案）：

（1）明确现在面临的困难。如何衡量这个困难？困难的苗头是什么？

（2）让 WE 团队运用黄脑思维设计解决方案（或者根据最偏好的思维特质，把他们分为四个小组）。把通过集思广益得到的方案记录下来。

（3）让 WE 团队运用蓝脑思维对所提出的解决方案进行理性分析，筛选出若干方案。

（4）让 WE 团队运用绿脑思维考虑清楚，实施这些方案是否具备条件。然后，看看能够剩下多少可行的解决方案。

（5）让 WE 团队运用红脑思维对可行的方案进行精练。分析一下，不同的人会受到什么样的影响。

（6）现在考虑不同行为特质的想法。拿出三张纸，从中间自上而下画一条线，一张纸针对一种行为特质。第一张纸用来衡量方案对表达特质的影响。线的左边记录对表达特质第一区的影响，右边记录对表达特质第三区的影响。在纸上记录不同解决方案对表达特质的影响。方案对坚定特质和变通特质影响，也是通过相同的方法得到的。

通过以上步骤，就能得到迎合所有特质的解决方案。

为了得到最好的想法，我们提出以下建议：

- 不要给自己或其他团队成员施加太多压力，如要求方法必须独辟蹊径、必须马上想出方案等。每个人都应以自己偏好的思维方式和行为模式思考和行事。
- 不要苛求。
- 保留评价。
- 接纳所有想法，即使是古怪的想法，也不要拒绝，想法越多越好。
- 要记住，所谓创新，并非指这种想法从头到尾所有部分都是全新的。
- 称赞每个人对团队的独特贡献。

如果遇到的问题非常棘手，或者大家争执不下，那么每个人都不可能对所提出的方案完全满意。但是，这种情况下，你必须让大家达成一定共识。明确地让每个人都参与进来是很重要的。你可以挨个询问：“你能接受这个解决方案吗？”直到每个人都同意。

我曾经跟一家公司的管理人员一起开过会，向他们推销 EG®。参加会议的除了我，还有四名管理层成员。我事先看了这四个人的 EG® 分析报告。其中两人，包括老板，属于发散思维（红脑 / 黄脑）型、表达特质第三区（**SC333）。第三个属于具体思维（绿脑 / 红脑）型、表达特质第二区（*TS*222）。第四个是抽象思维（蓝脑 / 黄脑）型，她的名字叫梅根。她的表达特质处于第一区，坚定特质处于第一区，变通特质处于第二区。

黄脑偏好的人，不需要知道所有答案。他们喜欢考虑怎么才能想出主意，使其符合特定环境。做完陈述后，我觉得，大家都有想合作的迹象。我静静地站着，让那两名发散思维（红脑 / 黄脑）型的人说说使用 EG® 的好处，以及如何在他们公司推广 EG®。我知道他们两位能帮我向其他人推销 EG®，所以这个时候我只需静静地等待。

最后，我对那两名发散思维型管理人员说：“EG® 的理念都是非常优秀的理念，但是我不知道，怎么将这些理念运用到你们公司里呢？”然后，我问那名具体思维型管理人员，对运用这些理念有什么想法。然后，她发表了自己的看法。会谈快结束的时候，我知道四人中有三个人有了合作意愿。

第四个管理人员是梅根。她没有表露出任何迹象。因为我看过她的分析报告，她的表达特质处于第一区，所以我明白这就是她的正常状态。如果我不懂得 EG® 原理的话，我就不会再问她，然后直接离开会议室了。因为大多数人认可了我的陈述，而且梅根并不是老板。

我问了所有人他们的想法或感受。前面三人的回答在我的意料之内。但是，梅根一言不发地坐在椅子上，低头注视着自己的双手，一副好像不同意大家观点的样子。当时，我有点不情愿，不太想征求她的意见。但最后，我还是问了她："在你们公司推广 EG® 理念，你有什么看法？" 其他三个人，微微向她转了转身子，想听听她要说什么。

梅根还是盯着自己的手，用柔和的声音回答："我不喜欢那些心理测试，那些东西观念老套，太束缚人。但是这个（EG®）跟其他的不太一样。"

这时候，其他三个人相互对视了一下，好像在说原来梅根也同意啊。这时我才发现，原来梅根才是最后的决策人。这并不是因为她在公司的级别高，而是因为大家相信她的判断力。当时如果我不鼓励她发表看法，她就不会公开表达自己的观点。而没有她的口头承诺，她可能在不久以后说服大家不采用 EG®。幸亏我当时获得了她的认可，不然我是做不成这个生意的。

众志成城

激励既是内在的，也是外在的。有些人将自己的工作与自己的人生价值联系起来，这些人会内在地激励自我。除此之外，薪酬、工作环境和其他外在因素，也能激励员工，提升他们对工作的认可程度。

> 没有人激励今天的工人。如果激励不是来自个人内心，那它就不会起作用。乐趣有助于消除障碍，让人们自我激励。
>
> ——赫尔曼·凯恩（教父比萨的前任首席执行官）

◆ 激励每种 EG® 特质的动机

如果你懂得了如何激励每种特质的人，你就能够提高每名员工的工作热情。有些东西可以激励某一个人，而其他人可能会对它无动于衷。

- 偏好蓝脑的人，想知道这个方案有没有价值。他们想知道，他们努力要完成的任务会不会对最后的成功有意义。他们会被他们信任的上级所激励，他们会信任精通某一领域的领导，他们相信领导的专业特长对团队是至关重要的。
- 偏好绿脑的人，喜欢执行方案。他们希望自己的努力能够助力公司的进步。他们会被做事严谨、思虑周到、能力突出、重视细节的领导所激励。
- 偏好红脑的人，渴望被重视。他们希望他们做的事情确实是非常重要的。他们会被他们所尊敬的领导激励。如果上级信任、重视他们的能力，他们会加倍努力。
- 偏好黄脑的人，喜欢探究根源。如果不知道所有努力的最后意义，他们是不会被激励起来的。大局观对他们来说，远比谁是领导重要得多。
- 处于表达特质第一区的人，不太喜欢大张旗鼓地鼓动，他们喜欢一对一、面对面的鼓励。
- 处于表达特质第三区的人，喜欢公开的表扬、称赞。
- 处于坚定特质第一区的人，希望每个人都朝着同一个方向前进。
- 处于坚定特质第三区的人，喜欢独立思考，他们不会盲目随众。但是，一旦他们认可了某件事，他们的热情就会高涨起来。
- 处于变通特质第一区的人，必须信任他们的领导、上级，才会被他们激励起来。
- 处于变通特质第三区的人，一般会顺从团队的意愿，前提是方案跟他们的道德观、信仰不抵触。

◆ 如何奖励每种特质

每个人都希望从工作中得到精神的满足，或者任何形式的物质奖励。如果你负责提振大家的士气，你应该时刻牢记，有些奖励对某些人来说是十分有意义的，对其他人来说可能微不足道。

- **偏好蓝脑的人**，喜欢得到与他们贡献相称的奖励。如果是他们独立完成某个艰巨的任务，而你却把奖励给了整个团队，那么他们是绝对不会满意的。
- **偏好绿脑的人**，喜欢书面称赞，奖励时机要恰当，奖励方式跟完成的任务要贴切。一份鼓励信对他们来说，意义非凡——但是，不要用相同的方式对待红脑偏好者。
- **偏好红脑的人**，喜欢被当面奖励，必须得让他们觉得，这些奖励是发自内心的。如果你喜欢书面奖励，最好亲自手写一封鼓励信给他们。
- **偏好黄脑的人**，喜欢不同寻常、独具一格的奖励。一份奖品，即使价值微薄，但只要与众不同，就会让他们觉得意义非凡。
- **处于表达特质第一区的人**，喜欢私底下的奖励。
- **处于表达特质第三区的人**，喜欢在公开场合受到鼓励、称赞。
- **处于坚定特质第一区的人**，不会在意赞誉，因此你可以自己决定要不要给他们奖励。
- **处于坚定特质第三区的人**，会让你知道他们想要什么，而且喜欢立即得到。
- **处于变通特质第一区的人**，事先就想知道自己会得到什么奖励。一旦你对他们做了承诺，就一定要信守。
- **处于变通特质第三区的人**，喜欢任何形式的奖励。

营造积极氛围

领导的艺术，在于营造一个良好的氛围。团队的氛围必须积极向上，每个人都能感到热情高涨，自信满满，乐于为团队做出贡献。

为了撰写这一部分，我专门跟吉姆·布兰查德进行过面谈，当时他正担任西诺佛公司的首席执行官。这家公司是一个产值高达十亿美元的金融企业，多次被《财富》杂志评为“全美最适合工作的 100 家公司”。吉姆现在已经退休，在任期间，他的公司曾被评为美国最适合工作的公司，而且很多年都处于这一评选的前十名。

◆ 吉姆（**SC333，分析报告见图 9-2）

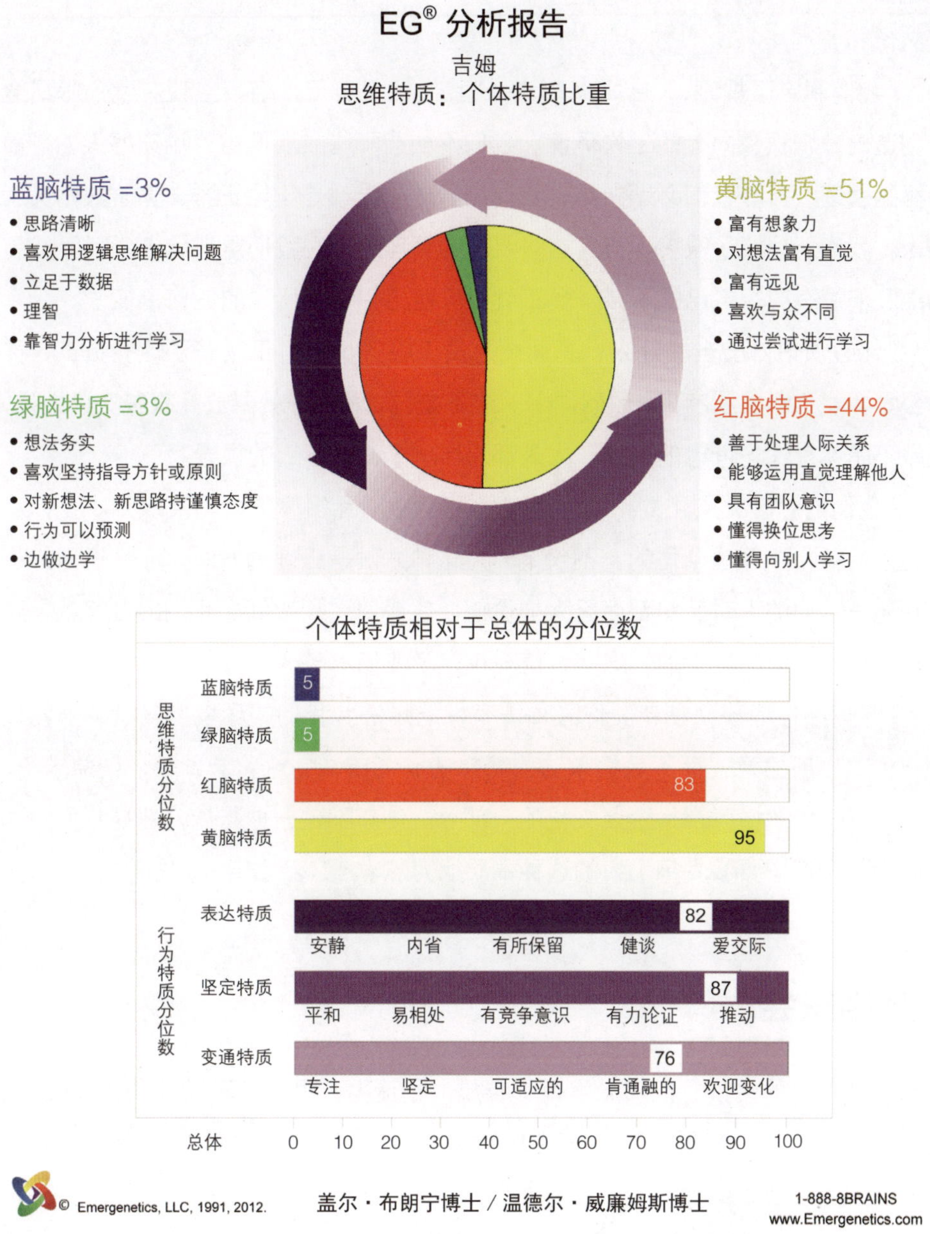

图 9-2

从吉姆的 EG® 分析报告可以看出，吉姆的红脑和黄脑特质很高，行为特质都处于第三区。在西诺佛公司任职期间，他塑造了一种企业文化，即强调工作与生活的平衡。在他任职期间，公司取得了卓越的财务业绩，并培养出了积极的企业文化。

“我们制定了规则，”吉姆解释说，“我们重视实干，绝不空谈。我们竭尽全力创造出一个积极向上的工作环境。我们不欢迎那些品质低劣、滥充好人、行事诡秘的管理人员。我们必须做到，我们的管理人员都是作风正派、善于鼓励员工的人。我们清理掉了很多不符合这些要求的管理人员。我们重视承诺，履行承诺。如果我们没有履行自己的承诺，员工就不可能再相信我所说的任何事情了。

“你必须把自己当成仆人，真诚地为员工服务，因为正是有了这些员工，你的公司才能不断发展壮大，欣欣向荣。这不是说，做领导就要放弃权威。只是说，权威不是你最优先考虑的事情。人人都想当一个说一不二的领导。

“我们的‘企业文化的核心’就是，我们必须互相尊重，相互敬佩。我们就是通过这种方法管理公司的，不仅是因为这种方法是正确的方法，而且还因为每个在这里工作的人对公司都有巨大的价值，值得尊重和敬仰。我们的公司就是建立在这样的价值观之上的。这些价值观决定了我们本身。

“我们不停地谈论创新。你必须得有好的想法。我们的环境、气氛必须能促使我们想出新主意，而不是扼杀这些新想法。创新、创意、新思路，精益求精、紧迫感，工作热情，都是企业文化的一部分。创新不是一种职责，而是我们的本质能力，我们需要激发每个人的这种本质能力。”

如何组织会议

一场完美的会议，能够激发每种特质的创造力，提高每种特质的工作效率。WE 团队的领导，必须能营造一个和谐的氛围，促进人员间的互动，从而建立人与人之间的融洽关系。

- 为了鼓励**蓝脑偏好者**畅所欲言，会议主持者必须介绍清楚本次会议的目的是什么。

- 为了让绿脑偏好者满意，主持者必须按时开始和结束会议，公布会议安排以便遵守。这些人重视会议安排的琐碎细节，如洗手间的具体位置、中间休息的时间等。
- 为了回答红脑偏好者的问题，主持者必须保证每个参会者都明白出席会议的有哪些人，为什么参加会议。红脑偏好者希望能够叫出每个人的名字，所以最好使用胸牌标记参会者。
- 为了保证黄脑偏好者专注于会议，主持者应当鼓励头脑风暴，不要褒贬任何想法。
- 主持者必须留出时间，让处于表达特质第一区的人能够安静地思考。也必须留出空间，允许处于表达特质第三区的人能够在会议室四处走动。
- 必须礼貌地鼓励处于坚定特质第一区的人，这样他们才会发言。需要留意处于坚定特质第三区的人，保证他们不会喧宾夺主。
- 处于变通特质第一区的人希望会议主持者能够充分准备好会议。处于变通特质第三区的人可能会突然背离原来的思路，因此需要及时引导、控制。

其他建议：

- 开会前先看看开会地点。如果条件允许，选择有窗户、采光好的房间开会。如果开会的房间没有窗户，你需要安排多个中间休息的时段。
- 根据会议时间的长短决定要不要提供食物和茶点。所有的思维活动都需要能量支持。同时，茶点还给坐不住的人提供了释放能量的机会。
- 制定管理 WE 团队的基本规则。例如，即使别人的特质与自己不同，也要尊重别人的想法和贡献。要求每个人都要发挥出自己的优势。不要让某一类思维特质或行为特质主导整个会议。
- 当开启头脑风暴模式时，可以在墙上挂七张纸。每张纸都代表一种 EG® 特质。让小组里的每个人到处走走，并在每张纸上写下至少一个想法。在代表行为特质的纸的中间画一条垂直线。用左半边的纸来记录第一区特质的想法，而右半边记录第三区特质的想法。这将确保征集到所有特质的想法。让每个人都思考一下自己写的是什么。
- 每个小时调换一下位置。或者至少在每次休息时，调换一下座位。这样就能跟不同的人坐在一起，而且人们会记住换座前后学到的东西。

玛吉是一家科技公司的副总裁，她决定接受我的换座位建议。某年 1 月，各分区副总在芝加哥会面，并带着他们各自的团队参加公司战略会议。每个副总裁都要和他的团队一起工作两天，为接下来的一年制定一个发展策略。莫拉觉得她的团队成员不太愿意换座位，所以她订了两个房间开会。大约每隔两小时，他们就会休息一段时间，然后到另一个房间开会。这种方法照顾了那些不愿意换座位的人，因为换了房间后大家都会重新去找座位。莫拉的团队是唯一一个在第一天就完成了他们的发展策略的团队，他们仅用了十小时就完成了。后来，她一直沿用这个技巧，而她的团队也成了公司里最有效率的团队之一。

水到渠成

好的领导能够激发出大家的灵感，能让各种思维类型的人发挥出各自的强项。EG® 原理将会帮助你尊重团队中每个成员的贡献。

◆ 相信你的下属

有些研究表明，教师对学生的期望程度会影响学生的成绩。当老师们被告知，那些不起眼的学生实际上很有天赋时，学生们就会变得很优秀。同样地，当教练非常期待某些运动员能有更好的运动成绩时，这些运动员的成绩也会有所提高。令人惊讶的是，期望的力量甚至能在实验室老鼠身上起作用！在一组研究中，那些被研究人员认为超级聪明的老鼠比被研究人员认为水平一般的老鼠更有效率，能更快地完成迷宫实验。而事实上，所有的老鼠都属于同一品种。

对成功的期望往往能促进成功的实现，所以我鼓励你每天都要取得进步，你要相信你的团队是世界上最好的团队。在某种程度上，你的信任会传递给团队的每成员，而他们将会实现你的期望。当然，反之亦然。如果你不相信你的下属，他们就会辜负你的期望。

◆ 不去干涉，任其发挥

我的财务经理凯伦的行为特质全部处于第一区，再加上她极强烈的绿脑偏好，所以工作上她好像有用不完的精力。我们称她为“快乐的工作机器”。一来到公司，她会平静而愉快地跟大家说句“早上好”，然后坐在她的电脑前，完成她桌子上的任何任务。如果我要求她暂时放下当前的任务，她会愉快地答应，不会表露一丝的不情愿。但我知道，如果我一会儿要求她做这件事，一会儿又要求她做那件事，一天下来她会筋疲力尽。而如果按照她自己的节奏、步调做事，她会非常轻松。如果你要凯伦这样的人负责一些工作，最好的办法就是告诉她需要做什么、需要完成的时间，然后不要干涉她，让她自行解决。

有一天，工作非常紧迫，大家的工作压力都很大。办公室正忙着为几个不同的研讨班做准备，我们需要生成大量的分析报告，这时计算机突然死机了。我疯狂地尖叫：“哦，不，糟了！太糟了！我们该怎么办？”凯伦说：“我马上给我们的技术团队打电话，然后赶紧完成不需要电脑的工作。”事情就是这么简单，不知怎的一切都得到了解决，我是唯一一个因为大惊小怪而自乱阵脚的人。

宇宙之中，自有平衡。EG® 原则将帮助你在工作场所保持平衡。

第10章 学会全身心、全面性EG®思考

如何提高自身智力水平

让我们以一种全新的方式，开启智慧之旅。

首先，需要理解智慧的含义，知道智慧是什么，不是什么。智慧并不是智商值，也不是情绪智商，或情商。霍华德·加德纳提出了多元智能理论，他将人类的智能类型分成八种，分别是语言智能、逻辑与数理智能、音乐智能、身体动觉智能、空间智能、自然观察智能、交往与交流智能、自知与自省智能。这八种智能类型不是相互独立的，而是互相渗透的。

关于智慧的内涵，还有很多其他的理论。虽然专家们对智慧的内涵还在进行争论，但我有一个建议，让我们使用 EG® 特质作为智慧的内涵，这样可以覆盖所有理论。

EG® 理论是对非理性的理性思考：它研究人们是如何思考和如何行事的。它可以区分出你的优势，你可以利用这些优势来获得成功。它教会你如何利用自己的优势，提高自己的能力。它教会你如何进行全身心思考，将身心重新统一起来。它教会你使用全面性 EG® 思维，从所有的思维和行为特质的角度来看待事物。它帮助你提高创造力，指导你做出更好的决定，帮助你提高直觉能力，并帮你提高思维的敏锐程度和思维的持久力。相信我，将这一切结合在一起，会让你变得更聪明、更智慧（无论采用哪一种智慧的定义）。

智商并不能代表一切

智商测试的初衷，并不是提供吹嘘自己的谈资。智商测试是在 1904 年由法国的阿尔弗雷德·比奈设计的，目的是鉴别出哪些学生需要额外的教育协助。它衡量的是注意力、记忆力和语言能力。比奈的目的不是衡量所有学生的智慧。此外，他非常担心他的智商测试结果可能会被用来判断孩子是不是智力低下。比奈本人不相信智力是“固定的”，他也不相信通过测试挑选出来的学生是学习能力低下的学生。

但是比奈却没有机会看到自己设计的智商测试被人们滥用了。很快，智商测试不再用于消除孩子间的学习差异，而是用于强化孩子间的差异，甚至成人间的差异。1911 年，美国开始使用这项测试筛选掉“低能的”移民。智商测试也成为美国学校、军方用于衡量智力的黄金准则。智力是一种固定的、遗传的、不可改变的特质，这种观念在美国人的心中根深蒂固。

> 我们对大脑工作原理了解得越多，就越能有效地使用大脑，提高自己的智力，取得更高的成就，超过那些在标准智商测试中得分比我们高的人。
>
> ——医学博士理查德·莱斯塔克
>
> 《莫扎特的大脑与战斗机飞行员》

如果我们告诉孩子们，他们是愚蠢的，而且是无法改变的，那么这就会阻碍他们发展，几乎会注定他们的人生是失败的。有趣的是，告诉孩子们他们生来就比其他人聪明也会导致同样的后果。最新的研究表明，那些相信智力无法改变的聪明孩子常常会满足于自己的非凡智慧，这会导致他们遇到困难时缩手缩脚。他们不会冒着失败的风险去解决一个难题，或者报名参加一个富有挑战性的课程，他们根本就不会做出任何努力。如果你从不去尝试，也就从不会失败，对吧?

今天我们知道，智慧涵盖的因素远比 IQ 测试所测量的内容更加广泛。它不仅包括了加德纳列举的八项组成，还包括常识掌握、组织能力、社交技巧、动力、毅力、想象力、冲动控制、乐观态度等。从理念上看，智慧与同情心、道德准则、博爱精神相伴而生，甚至还与精神生活有密切的联系。

> 智商测试是一种不合时宜的测试手段，自20世纪50年代以来，其测试标准就没有发生过实质改变。事实上，它仅仅测量了智力的一个很小的方面。它无法测试个人行为对他人或环境的影响。在大多数智商测试中，得到高分的人也可能是一个狂热的种族主义者或策划下一次谋杀的心理变态者。你或许很“聪明”，同时你却以一种剥削他人的方式经营你的公司，对社会毫无贡献。你可能是门萨俱乐部会员，拥有极高的智商，但同时你也可能不能胜任自己的工作，或无法跟任何人交往。
>
> ——珍妮弗·詹姆斯《远见思维》

激励人们学习的因素

每个 EG® 偏好者都有不同的学习方式。这也可以说明，不同的类型会以不同的方式处理问题，但是这并不表明，某一种方法优于另一种方法。当学习新事物时，我们需要理解自己的各种特质（通过前几章确定的特质）如何影响各自的学习方式。

蓝脑偏好型，会提出以下问题：

（1）我怎样才能学习到关于这个问题的所有内容呢？

（2）哪个网站能够帮助我学习？

（3）我需要什么样的背景知识？

绿脑偏好型，会提出以下问题：

（1）学习这个问题的起点是什么？

（2）怎样理解这个信息？

（3）事情是何时发生的，在哪里发生的？

红脑偏好型，会提出以下问题：

（1）谁在领导我们？

（2）这个事情对其他人有什么影响？

（3）怎么才能让这些人高效地合作？

黄脑偏好型，会提出以下问题：

（1）我怎么运用已经知道的知识理解、解决这个问题？

（2）这类知识会对未来产生什么影响？从哪里能获取这类知识？

通过这个问题，可以激发表达特质：

“我会跟大家讲多少？”

通过这个问题，可以激发坚定特质：

“我的行动步骤是什么？”

通过这个问题，可以激发变通特质：

“我有多少选择？”

现在我们知道，人的智慧并不是一成不变的，智慧是可以培养的。不管你认为自己有多聪明，今天的你绝对比以前聪明，除非你从不使用你的大脑。智力能受到许多环境因素影响，而这正是这一章的主要内容。

全身心思考

勒奈·笛卡尔（1596—1650）第一个提出观点，把思维和行为区分开来。他既是一个科学家，又是一个虔诚的天主教徒，他觉得这两个身份让他倍感矛盾。1611 年，伽利略受到宗教裁判所的迫害，因为他敢于宣扬日心说，这在当时是一种异端邪说。为了同时做一名优秀的科学家和一个虔诚的天主教徒，笛卡尔想到了分离思维和行为的想法。作为科学家可以从事科学研究，而人的灵魂仍然属于教会。笛卡尔之后的几百年来，人们都认为精神和身体是两个独立的实体，而不是分别记忆和表达相同信息的两种方式。

> 一个人的智力是他的无数细胞的智力总和，而一个团体的智力是其中所有人的智力总和。
>
> ——托马斯·爱迪生

◆ 神经肽受体系统

《情绪分子》的作者坎迪斯·珀特认为，“思考”既发生在大脑内部，也发生在身体内部。精神和身体通过情感的化学反应相互交流。珀特发现，情感以化学物质的形式存在于思想的形式中。这一发现让他备感兴奋。珀特认为，每种情绪可能都有一种与之对应的化学物质存在于身体的多个部位。这些化学物质或神经肽——短链氨基酸，可以存在于人的大脑、肌肉、胃、心脏等所有的主要器官中。它们是分子交流的基础，是思想和身体进行交流的基础。他们在动态的信息网络中，来回发送信息，并实际操控着我们的生理机能。在整个身体中 98% 的交流，都是通过这些多肽信使完成的。

> 情绪并不仅仅存在于大脑中。人类拥有细胞层面的全面知觉。智慧存在于人体的每个细胞中。每个细胞都有智慧受体。情感能量首先释放,然后释放出神经肽……我们需要理解，思维不仅仅是大脑的功能，因为思维是整体性的，不是局部性的。思维遍布全身，在身体各处活动。
>
> ——坎迪斯·珀特《神经肽、艾滋病与身心治愈学》

过去人们认为，所有的大脑和神经通信，都是通过大脑或神经系统中的神经递质，神经突触进行的，或者当靶细胞较远时，是通过激素传导实现的。神经元位置是固定的，将神经冲动通过神经突触传递到神经轴突，而激素则通过血液传播。另外，神经肽在血液、淋巴液和脑脊液中自由流通，可以自由地进入身体的所有细胞。它们穿过体液，锁定无数的细胞受体，并传递它们独特的蛋白质信息。通过神经肽，大脑与身体的所有系统连接起来。

神经肽受体系统包含至少 50 种不同的神经肽传递介质，每种都对靶细胞有不同的影响。在所有的器官系统中，包括免疫系统、内脏、心脏甚至骨骼，细胞都能合成和接收各种神经肽信息。随着细胞释放神经肽到体液中，这些信息会被发送出去，而当神经肽锁定靶细胞上的特定受体时，这些信息就被接收到。与突触系统或神经递质激素不同，神经肽信息的传递是双向的——既能从大脑传递到身体，也能从身体传递至大脑。

> 我们认为，智慧能在体内“流动”。这个发现证实了，人体就像一条河流。以前，我们需要一种事实依据来证明，智慧在人的体内流淌。而现在我们找到了这个事实依据。
>
> ——迪帕克·乔布拉《量子治疗》

事实上，我们不可能把身体与思维的联系割裂开。这表明，人体必须参与任何你想提高个人智力的活动。你可以通过刺激你所有的感官，当然还加上练习和活动，才能提高自身智力。

◆ 刺激感官

劳伦斯·卡茨博士是《保持大脑活力》的作者（与曼宁·鲁宾、大卫·苏特合著），他认为“神经练习”能够帮助人们维持神经细胞之间的联系，并形成神经细胞之间的新联系。卡茨认为，过多的惯常行为会导致大脑萎缩。他的“神经练习”法基于两个原则：每天都要运用你所有的感官，每天都要体验新鲜事物。他建议，把音乐和嗅觉结合起来。例如，你可以边做饭边听音乐，或者用带有香气的记号笔写东西。通过把各种感官调动起来，来强化注意力。例如，选择不同的路线去上班，重新布置你的办公家具，或者把你的时钟倒置起来。

音乐与大脑

音乐对思维有重要意义。经常听音乐，能够帮助开发儿童的语言能力、提高儿童的阅读能力，因为大脑处理音乐的过程和处理语言的过程是相同的，都需要通过音调、节奏和音色来进行。当孩子们学习演奏乐器并坚持练习时，大脑也会更熟练地辨识语音，理解语言，表达自己。

音乐也影响我们的感觉、行为，甚至可能会影响对病人的治疗效果。通过研究实际问题，人们开始将四类主要的神经递质与音乐对大脑和身体影响关联起来：

- 奖励性激励和愉悦感（多巴胺）。

- 压力与唤醒（皮质醇）。
- 免疫力（血清素）。
- 人际交往满足感（催产素）。

学习音乐，对生理活动有一定的防护作用。如果一个人在儿童时期适当学习音乐，就不太可能产生常见的交流神经“延迟”障碍——大脑不能快速处理听觉信息。当然，即使现在开始学习音乐也不算晚。在 50 岁之后，学习演奏乐器也是一种放松、有趣的精神体验，虽然这对身体是种挑战，但也能使你参与更多的人际交往活动。所有这些都说明，大脑具有极强的神经可塑性。

乐谱工程（玛格丽特·马丁创建）与西北大学听觉神经学实验室（妮娜·克劳斯负责）展开合作，共同完成了一项研究。研究结果表明，音乐教育项目对大脑的发育有直接的影响。自 2008 年以来，在一个辍学率高达 50% 的社区，有 93% 的参加乐谱工程的学生已经高中毕业，升入大学。

◆ 通过练习刺激全脑

有规律的有氧运动可以缓解压力，刺激大脑，促进神经形成和改善心血管健康，进而提高你的智力水平。多项研究揭示了锻炼与智力之间的直接联系，针对大学生的研究表明，体育锻炼可以提高学习成绩。同样的结论也适用于中老年人。一项针对 50 岁以上中老年的研究表明，这些中老年人在参加完一个为期 4 个月的步行锻炼后，智力水平提高了 10%。另一项研究发现，虽然大脑的三个关键区域——前额、颞叶和顶叶皮质，会随年龄的增加而发生退化，但是体育锻炼会对这三个关键区域产生有益影响——会显著减缓这三个区域的退化速度。研究还发现，每次锻炼超过 30 分钟对大脑的益处最大。一项针对老鼠的研究发现，有规律的锻炼增加了神经营养因子的基因表达，这类物质是一类能够支持脑细胞生长、功能和存活的神经递质。总之，这些研究都表明体育锻炼不仅能提高我们的智力，而且能让我们更敏锐、更长寿。

> 研究表明，如果成年人坚持进行有规律的剧烈运动，每锻炼一小时，预期寿命会提高两个小时。
>
> ——美国心脏协会

对人脑特别有帮助的体育锻炼，包括三个关键部分：平衡锻炼、敏捷锻炼和腿部力量锻炼。通过腿部力量练习，来锻炼大脑的平衡和协调中心。例如，中国古代的太极拳就涉及全身活动，并结合了平衡、柔韧性和下肢力量。每当跳舞、打网球或参与舒缓的、协调的活动时，小脑功能就会被激活。

快速运动，如网球或壁球，则需要大脑做出快速的反应。很明显，参与那些心智挑战性运动能够提高个人的智力。事实上，一些专家对霍华德·加德纳的多元智能理论提出了质疑，因为他们认为不能将身体动觉智能与更高的智力功能割裂开。由于运动控制是与其他形式的智力结合在一起的，那么区分不同类型智力的基础是什么？

> 想象一下，当我们跳舞的时候，大脑中有多少细胞参与了这个活动？大脑如何整合由听觉系统、运动系统、动觉系统、前庭神经系统、躯体感觉系统和视觉系统处理的一连串信息？
>
> ——马克·裘德·特拉莫《两个脑半球的乐律》

全面性EG®思考

通过前面的学习我们知道，如果一个公司的全体成员能涵盖不同的认知模式（这样的公司我们可以称为全面性 EG® 公司，即 WE 公司），而它的管理层又属于 WE 团队，那么这样的公司更能取得成功。这个原则同样适用于你的大脑，也就是说，如果你能综合运用你的所有 EG® 特质，也能取得更高的成就。如果你能全面应对你的工作和生活，从不同视角看待你所面临的环境，你会做出更好的选择，同时你的思维也会更加敏锐。

◆ 全面性 EG® 决策

在做决定的时候，人们自然会首先使用他们最大偏好思维特质。这当然没有什么问题。但是当你用最喜欢的思维模式思考完之后，你可以试着利用其他的思维方式来检查一下，看看自己可能忽略了什么。

- 蓝脑性决策者会收集各类数据和信息，会从不同角度考虑问题。他们会考虑到经济问题和技术问题。他们可能会列举正反两方面的各类因素，帮助他们整理思路。
- 绿脑性决策者会考虑有什么样的规则适用于这一情况，以及存在什么约束条件。他们会考虑风险和后果。他们可能会制定一个时间表，来确保解决方案能够被正确地执行。
- 红脑性决策者会考虑一个决定将如何影响其他人，他们擅长从别人那里获得信息。他们会考虑价值观和感情因素。他们可能会列出一些专家，向他们征求意见。红脑性决策者根据直觉做出决定。
- 黄脑性决策者喜欢天马行空式的思考。他们从大局、整体出发，寻找创新点。他们会深刻思考问题，然后不再思考，像往常一样做事，直到大脑里浮现出解决方案。他们可能列出十种不同的可选方案，并对其仔细考量。他们追求创新型的想法。黄脑性决策者也将他们的决定建立在 WOW（Wisdom withOut Words）直觉上，或者叫作“不可言传的智慧”。
- 表达特质决定对决定的兴奋程度。
- 坚定特质决定个人对决定的坚定程度。
- 变通特质决定方案的多样性。

你需要鼓励自己，用自己并不偏好的思维模式考量不同的决定。向别人请教也是一个不错的主意。请教那些跟自己思维模式不同的朋友或同事。多年来，我组建了一个“参谋团”，在我需要的时候他们愿意帮助我，我也非常乐意征询他们的意见。

◆ 并不存在所谓的“理性决策”

虽然你能意识到自己更喜欢根据逻辑而不是情感做出判断，或者更喜欢根据情感而不是逻辑做出判断，但是实际上不管你的思维方式是什么，你的大脑会同时使用这两者进行决策。做决定时，你的大脑使用的信息比你知道的要多，既包括大脑内进行的逻辑推理，也包括你肠脑内进行的直觉判断。

行为经济学研究人员使用一种叫作“最后通牒游戏”的模型来描述人们如何做出金钱分配的决定。只给两个人一次分配金钱的机会，共分配 10 美元。其中一个称作“提议者”，而另一个称作“响应者”。提议者提出了一个分钱提议。如果响应者同意，他们都可以拿到相应份额的钱。如果响应者不同意分钱方案，双方一分钱都拿不到。

假设你是响应者，提议者分配给你 1 美元。你知道，如果你接受，提议者将会得到 9 美元，而你只能得到 1 美元。在这个问题上，完全合乎逻辑的决定是接受那 1 美元，因为至少你会得到这 1 美元。但是只分给你 1 美元，并不是一个公平的分钱方案。如果提议者得到的钱远比你多，你会愿意吗？许多人不愿意。

当研究人员使用 fMRI 技术观察玩“最后通牒博弈”的人的大脑时，他们发现，大脑的两个不同区域——前脑岛和背外侧前额叶皮层——活跃了起来。前者是大脑边缘系统的一部分，与厌恶和其他负面情绪有关。后者属于大脑的认知区域，与大脑的慎重思考功能有关。当响应者拒绝了这个提议时，大脑的情感区域有较多的活动。因此情感战胜了理智，接受任何一笔钱对响应者来说都是有利的。虽然人们认为自己做了一个理智的决定，但实际上这个决定并不理智。

这个结果可能会让那些蓝脑性偏好者或绿脑性偏好者感到失望。但是只要你的大脑没有受损，你很难只通过逻辑思维做出决定。事实上，这是件好事。

《笛卡尔的错误》一书的作者安东尼奥·达玛西奥讲述了一个名叫埃利奥特的病人的故事，他的脑瘤损伤到了大脑额叶。埃利奥特在记忆力和智力测试方面的表现都很好，但由于丧失了情感能力，他无法再做出正确的决定。达玛西奥和他的妻子汉娜研究了数以百计跟埃利奥特一样的脑损伤病人。他俩发现，这些病人在决策过程中缺失的要素是“直觉”，他们将“直觉”定义为不需要刻意思考就能知晓的能力。

决策是在不确定情况下做出的，所以我们用过去的经验来预测未来的结果。直觉，有时被称为“内心的私语”，就像一种预感，但它在一定程度上是基于先前经历做出的判断。大脑的这方面功能，也叫作适应性潜意识。《转瞬之间——无意识思维的力量》一书的作者马尔科姆•格拉德威尔，将这种功能载体称为“大脑中的超级计算机”。适应性潜意识会在不知不觉中悄然进行。这是一种相当有用的生存机能，因为当你站在路中间时，没有时间去判断迎面而来的汽车的速度，根据以往的经验你的大脑会立即得出结论——最好赶紧离开。

科学家曾经研究了受到电击威胁的人的反应（只是用电击吓唬研究对象），结果表明，人们会对经历过的一些事情感到恐惧，同时也会对听说过但没经历过的事情感到恐惧。有时候，直觉是鼓励型的（如“你应该接受这个工作”，或者“你应该嫁给这个人”），但多数情况下，直觉是谨慎型的（如“情况不对劲，多加小心”）。研究还表明，当我们权衡“如果……将会……”类型的问题时，我们会更多地考虑否定因素。潜在的损失要比可能的收益，更能得到重视。个人的盲点会被放大，而优势会被忽视。一点点不满意，会抵消掉所有的满意。我们对可能发生坏事的担心程度，大过对可能发生好事的兴奋程度。另外，有时我们也会盲目乐观，如恋爱时或买彩票时。

从大脑情绪中枢向大脑理智中枢传输的神经纤维要比反方向传输的神经纤维多，因此情绪对行为的决定作用大于理智对行为的作用。我们往往先会对某个环境做出情绪反应，这是因为杏仁核区（这一区域会判断外界对我们的不利影响）的运行速度非常快。如果有人告诉你要“三思而后行”，他们可能是在劝你：“你有更多的时间来做决定，深呼吸，这样你的大脑边缘系统（跟情绪有关）就会停止向前额皮质（跟理性思维有关）神经元传递信息。”

> 我认为，我们的思考方式有两种：经验型和理智型。我们希望能够理解这两种思考类型，并能掌握和谐运用这两种思考的技巧。
>
> ——塞摩尔·艾波斯坦《认知与心理动力潜意识的渗透》

“拨云雾而见青天”

当其他人陷入内心矛盾时，你可以利用 EG® 原则帮他认清问题，协助他做出决定。我把这个过程称为“拨开迷雾”。唯一能解决这一问题的还是他本人，只不过你帮助他透过重重迷雾清楚地看到了答案。利用 EG® 原理帮助别人找到他们所需的答案，是指导下属和培养下属的重要部分。

可以通过以下步骤，帮助别人找到答案：

第一步，利用自己的红脑特质，关注对方的感受。使用反应式聆听和反应式语气来识别和理解他正在经历的事情。用第一人称“我”来表达你的同感。先不要给他建议，讲讲自己的经历。

第二步，利用自己的蓝脑特质，帮助他解释清楚所面对的问题。问他这个问题过去是如何处理的。问一些能够引起思考的问题，帮助他明确问题的各个方面。

第三步，利用自己的黄脑特质，问一些开放式问题。把问题解构，重组，帮助他厘清事物间的联系。

第四步，利用自己的绿脑特质，问他：“你想怎么做？”如果问题需要采取行动，问他：“下一步该怎么做？”然后再问：“现在我们明白了情况，你的行动方案是什么？”

在这个谈话过程中，你会想要调整你的行为特质，使其与对方保持一致。注意你的肢体语言的多少。你需要明白，你并不是要证明自己比对方更优秀，而是要引导他得到一个已经存在但又不甚清晰的答案。

综合运用自己的各种思维能力

前几天，我的朋友桑迪遇到了麻烦事，所以打电话给我。她的丈夫出城了，她的狗病了，那些本打算买她房子的人现在又想变卦了。桑迪现在完全沉浸在红脑思维中。我们聊了一会儿之后，我让她挂断电话去付账单。

“付账单？”她不解地问，“你没在听我讲吗？”

“我听了，”我回答说，“我确信，如果你做一些非常需要蓝脑思维的事情，你会感觉好一点。”

几个小时后，电话铃又响了。桑迪大声说：“我开始付账单，最后还检查了担保条款，做了我一直在拖延的文书工作。我感觉好多了，因为至少我知道，我生活的一个方面没有乱套。”

- 当你陷在红脑思维中时，可以尝试转换为蓝脑思维，反之亦然。
- 当你陷在黄脑思维中时，可以尝试转换为绿脑思维，反之亦然。
- 同样的原理也适用于行为特质。例如，如果你处于表达特质第三区，一个人安静地待上一段时间。

约翰·霍普金斯大学的研究人员已经在大脑中发现了产生焦虑的部位。他们发现，大脑右半球不同区域的活动增多，常常与情绪有关。另外，神经学家理查德·戴维森发现，左额叶的活跃程度与较高的幸福感水平有关。这些发现跟我的观点不谋而合。我相信，当你忧虑的时候做一件使用相反的思维特质的事情，会给你带来一些安慰感。

◆ 特质互补的伙伴

你可以跟与自己不同的人进行谈话，这可以使你快速融入其他的思考和行为模式中去。无论是在工作中，还是在生活中，你都需要一个拥有相反特质构成的伙伴来拓宽你的思维和行为特质的视野。你可以参考一下你的至亲至爱，评估她或他的思考和行为模式。通常情况下，特质构成互补的人相互吸引。如果你属于蓝脑性和绿脑性，你可能会发现你的伴侣往往属于红脑性和黄脑性。如果你处于表达特质第一区，你的伴侣可能处于表达特质第三区。如果你属于三元思维偏好，你可能发现你的伴侣有一个你所没有的思维特质。再参考下他或她的决策过程，这通常帮你发现自己没有考虑到的方面。

创造力

人们常说，创造力是人类特有的能力。毋庸置疑，创造力能够提高我们的工作效率，推动我们不断进步，增加我们的幸福感。

> 一流的靓汤要比二流的画作更富创造力。
>
> ——亚伯拉罕·马斯洛

我曾与西海岸一家互联网公司的中层经理交谈过。他属于收敛思维（蓝脑/绿脑）型。他不愉快地回忆说，在高中时，他非常想成为一名画家，但在他做了几次职业选择测试后，咨询顾问建议他不要做画家，原因是他“左脑思维太多”。从那以后，他放弃了成为画家的想法。他说：“今天我赚了很多钱，但我总觉得，自己缺失了什么东西。”

这样的故事，我听过很多。很多人说他们“没有创造力”，可能是因为他们觉得自己不会画画。然而创新的方式有无限多种，并且所有思维特质都富有无限的创造力！给别人买礼物需要创造力；弄清楚如何利用你衣橱里的每寸空间也需要创造力。无论你拥有哪种类型的创造力，珍惜它们。

蓝脑的创造力，可以通过这个问题激发：“怎么才能设计出一个适用的方案？”

绿脑的创造力，可以通过这个问题激发：“怎么才能把这些东西组织起来？”

红脑的创造力，可以通过这个问题激发：“要不要把大家召集起来，一起研究一下这个问题？”

黄脑的创造力，可以通过这个问题激发：“我该怎么创作这个画作？”

不同特质构成的人，会以不同的创新方式处理相同任务。例如，画一幅画可以有很多方法，每个人的方法都不一样。在这一部分，我采访了两位艺术家，一位是色彩丰富的抽象派画家，另一位是细致入微的静物画画家。

◆ 皮埃尔（**SC223，分析报告见图 10-1）

皮埃尔·亨利是名抽象派画家，他最常使用的思维特质是黄脑特质和红脑特质。他说，他在创作作品时从不按部就班。

EG® 分析报告

皮埃尔

思维特质：个体特质比重

蓝脑特质 =4%

- 思路清晰
- 喜欢用逻辑思维解决问题
- 立足于数据
- 理智
- 靠智力分析进行学习

绿脑特质 =12%

- 想法务实
- 喜欢坚持指导方针或原则
- 对新想法、新思路持谨慎态度
- 行为可以预测
- 边做边学

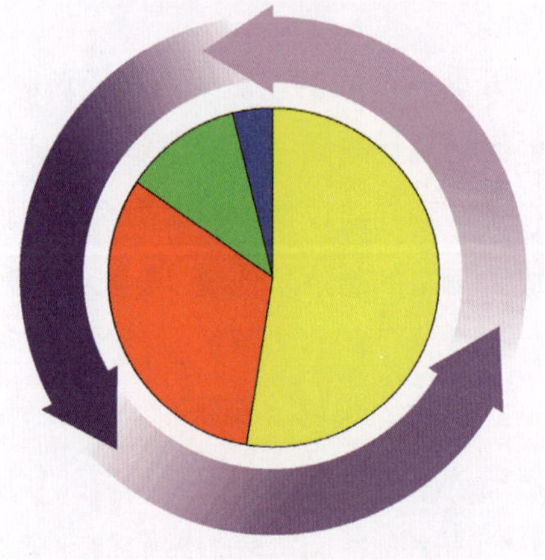

黄脑特质 =52%

- 富有想象力
- 对想法富有直觉
- 富有远见
- 喜欢与众不同
- 通过尝试进行学习

红脑特质 =32%

- 善于处理人际关系
- 能够运用直觉理解他人
- 具有团队意识
- 懂得换位思考
- 懂得向别人学习

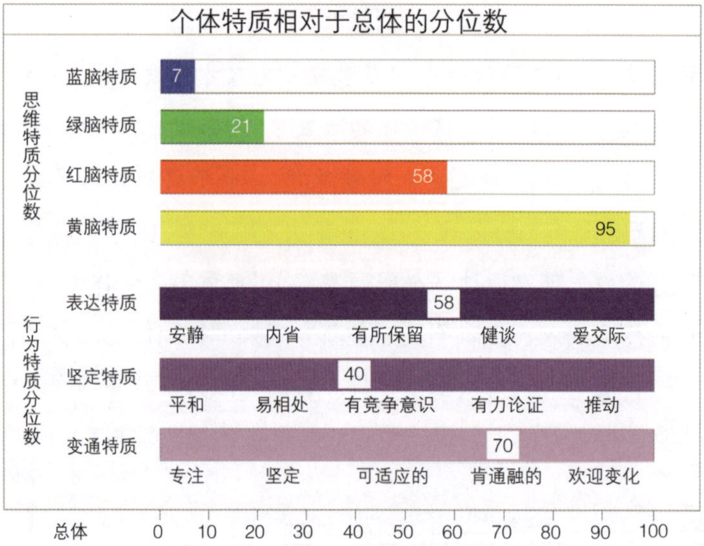

 盖尔·布朗宁博士 / 温德尔·威廉姆斯博士 1-888-8BRAINS www.Emergenetics.com

图 10-1

“对我来说，绘画就是要把内心的情感转移到画布上，尽量不用理性去干预创作。我常告诉别人，当我开始创作的时候，我不知道我要做什么，完成创作时，我也不知道我做了什么！虽然这样说太过简单了，但它很贴切。

“在创作抽象画时，首先用画笔在画布上画上一笔，然后把第一笔当作视觉参考，用相似的或不同的颜色画上第二笔，第三笔……最后看看你的作品是否代表了一定寓意。整个过程，就像画家在跟画布进行交谈。因为总会出现一些意料不到的形状或色彩组合，这会影响到你的下一笔。”

现在，将这种创作方法与凯瑟琳·雅可比的做法进行对比，后者运用蓝脑特质和红脑特质创作优雅的静物画。

◆ 凯瑟琳（A**C212，分析报告见图 10-2）

可以看到，凯瑟琳也拥有黄脑偏好，她在抽象作品中会使用这一偏好。然而，对于她的写实主义作品，她运用的是她的蓝脑特质和红脑特质。

她解释道：“我有一个盒子，里面是黑色的，盒子上有很多孔可以让我从我想要的方向射入光线。我把要画的东西放在盒子里，控制灯光，稍微调整一下。通常，我的选择很随意，我只选我感兴趣的东西，选择能提高我的技能水平、绘画难度较大的东西。

“绘画的过程相当简单。我用画笔在画布上绘画，然后一次又一次地重复这个过程。首先用底色覆盖表面，然后不断完善图像，直到我觉得真实为止。通常，一幅画需要三周的持续工作才能完成。

“我的目的是使这幅画栩栩如生。随着作品的不断完善，我变得越来越写实，所以我试着把每笔都画在正确的地方，保证每个细节都是合理的。作品只是反映我所看到的，并尽可能地忠实于我要表现的主题。当然，很多情况下为了表现主题，我会做出一些妥协，目的是使作品更有内涵，更有生命力。”

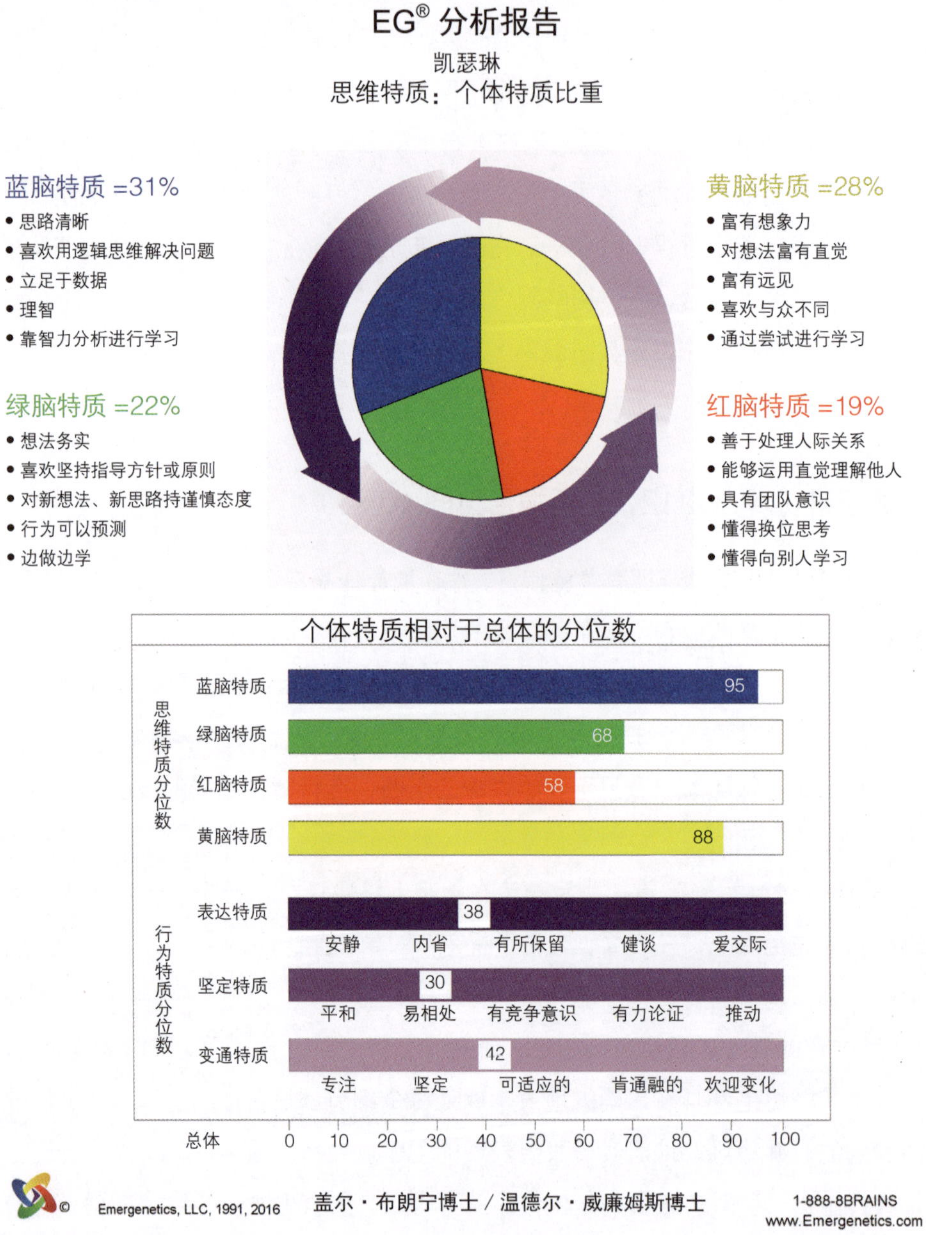
EG® 分析报告
凯瑟琳
思维特质：个体特质比重
蓝脑特质 =31%
• 思路清晰
• 喜欢用逻辑思维解决问题
• 立足于数据
• 理智
• 靠智力分析进行学习
黄脑特质 =28%
• 富有想象力
• 对想法富有直觉
• 富有远见
• 喜欢与众不同
• 通过尝试进行学习
绿脑特质 =22%
• 想法务实
• 喜欢坚持指导方针或原则
• 对新想法、新思路持谨慎态度
• 行为可以预测
• 边做边学
红脑特质 =19%
• 善于处理人际关系
• 能够运用直觉理解他人
• 具有团队意识
• 懂得换位思考
• 懂得向别人学习
个体特质相对于总体的分位数
思维特质分位数
蓝脑特质
95
绿脑特质
68
红脑特质
58
黄脑特质
88
行为特质分位数
表达特质
38
安静 内省 有所保留 健谈 爱交际
坚定特质
30
平和 易相处 有竞争意识 有力论证 推动
变通特质
42
专注 坚定 可适应的 肯通融的 欢迎变化
总体
0 10 20 30 40 50 60 70 80 90 100
© Emergenetics, LLC, 1991, 2016
盖尔·布朗宁博士 / 温德尔·威廉姆斯博士
1-888-8BRAINS
www.Emergenetics.com

图 10-2

过度用脑

人脑需要激活，才能高效工作。但是，过度用脑也不是一件好事。

◆ 大脑如何同时执行多项任务

当今社会的工作节奏过快，我们有些不堪重负。所以我们已经适应了同时做几件事。

我曾经预约过一名眼科医生，她的工作特别忙。我都不知道她在忙什么。所以我静静地坐着，等着她把注意力转移到我身上。她坐在办公桌前的椅子上接了一个电话，然后开始写病历，甚至没有抬头看我一眼，就跟我说："哪里不舒服？"

大脑同时处理多重任务，实际上可能会干扰我们完成任何一项任务。事实证明，大脑并不擅长有效地同时执行多项任务。如果我们真的想进行创造性思考，我们必须一次只关注一件事。

卡耐基梅隆大学的马塞尔·贾斯特带领研究人员进行了一项研究，研究成果尚未发表。他们要求 18 名志愿者同时执行一系列的语言和视觉任务，执行过程中使用 MRI 对他们的大脑进行成像。有一种理论认为，人们的大脑会使用两倍的脑力才能同时完成两项任务。然而，事实并非如此。研究人员发现，如果一个人分别独立完成每项任务，大脑就会使用 37 体素组织（体素是衡量大脑中激活的组织数量的单位）。当同时执行两项任务时，大脑的相应区域总共只有 42 体素的组织参与大脑活动。而且，当志愿者既聆听语句又执行视觉任务时，分配给视觉处理任务的脑激活量减少了 29%。这表明，当你要求大脑同时专注于两项活动时，你在这两项任务上的表现都会受到负面影响。

大脑同时执行多项任务时，会经历两个阶段。首先，大脑必须决定开启第二项任务，称为"目标切换"；其次，它必须激活第二项任务的处理"规则"。这两个阶段耗时在几分秒（1 分秒为 0.1 秒）到一秒之间。如果大脑一整天都在同时处理多项任务，这些延迟会浪费掉很多时间。

人们总是希望大脑能够同时处理好几个平常的任务，但事实并非如此。《新英格兰医学杂志》上的一项研究发现，边开车边打电话的人发生事故的可能性是开车不打电话的人的四倍。即使进行免提通话，也不能降低事故发生的可能性。由于大脑需要在注意道路状况和接听电话之间来回切换，所以不可能同时兼顾两个任务。

◆ 情绪压力

我们都知道，压力会影响全身健康。人类用经典的“战斗或逃跑反应”来应对威胁生命的压力，这种反应由肾上腺素驱动。尽管大多数人感受到的压力并没有威胁到我们的生命，但我们仍然习惯以这种方式应对任何感知到的压力。

对男性而言，性激素会强化这种反应：如果所面临的威胁能被克服，就去战斗；如果不能，就逃跑。对女性而言，催产素会影响对肾上腺素的反应，促使女性在压力下做出与男性不同的反应，如照料孩子或寻求结盟，尤其是与其他女性结盟。20 世纪 90 年代，人们忽视了催产素对女性的这种“照料和结盟反应”的影响，最有可能的原因是，对应激反应的研究只有 17% 是针对女性研究对象的。

压力，不管是一次创伤导致的压力，还是持续不断的小压力，都会影响我们的大脑健康。成熟、有序的思维功能，在大脑中是通过“自上而下”的大脑皮层控制实现的，压力将这种控制方式改变为“自下而上”的脑下皮层（杏仁核）控制（见图 10-3）。脑下皮层控制通过情绪、膝跳反射控制大脑做出决策。

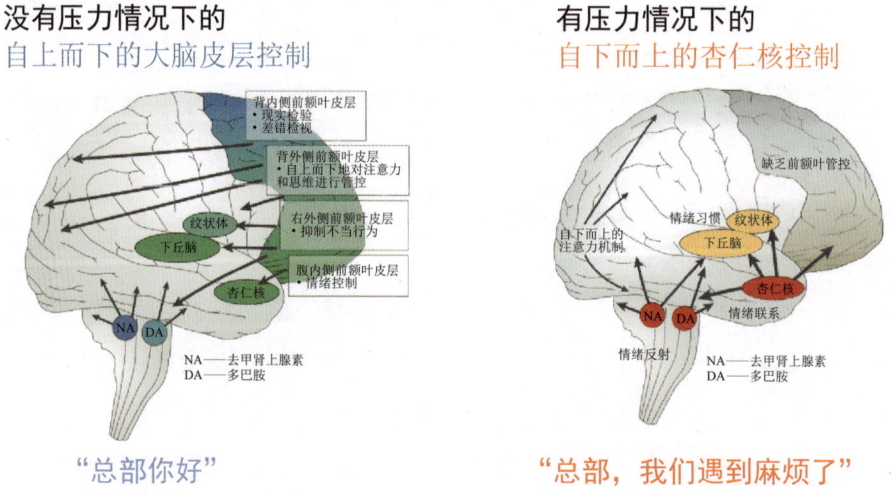

图 10-3

◆ 睡眠不足的影响

如果你通宵学习，第二天考试时你会觉得脑子里一片空白。这说明，人们如果缺少了睡眠很难发挥自己的智力和创造力。尽管我们知道这个事实，但我们还是会忽视睡眠缺乏对大脑功能的严重影响。有些人会认为，自己即使没睡好也照样能开车，不出问题。但实际上，缺乏睡眠的人驾车甚至比酒后驾车还要危险。

睡眠问题专家克里斯蒂安·吉林指出，睡眠不足会阻碍高层次的思考功能。他的研究表明，如果大脑缺少睡眠，即使你工作再怎么努力，也不会有更多收获。很明显，大脑需要通过睡眠来恢复活力，恢复最佳功能。有一篇文章名为《我们为什么要睡觉》，它的副标题是“你可能认为这是为了你的身体健康，但实际是为了你的大脑健康”。这篇文章引用了德国的一项研究，这项研究要求研究对象破解数学方程，这个方程非常烦琐，但是可以通过捷径加以解决。睡眠充足的参与者，掌握解题诀窍的概率，是睡眠不足者的两倍多。换句话说，创造性思维（用全新视角分析问题）与良好的睡眠密切相关。

我们知道，集中注意力 20 分钟后，我们的思考效率就会降低。短暂的休息会让大脑进入 α/θ 型脑电波状态。这种状态跟白日梦、放松和冥想等活动有关。短暂休息能重新调整大脑细胞中的钾含量，恢复大脑活力。长时间学习后，学习效果会下降，这可能不是由精神疲劳所导致的，而是因为特定的局部神经网络被过度使用。让这部分神经网络休息一下，然后再继续学习，效果会更好。

哈佛大学的一项研究表明，白天补觉和高质量的夜晚睡眠都有助于学习。在学习了一项运动技能后，大脑会在你睡觉的时候巩固新学的知识，第二天成绩可以提高 20%。受试者在训练后 30 小时内不进行睡眠，然后再经历两个夜晚的补充睡眠，恢复到完全清醒的状态，这时候再对受试者进行测试。测试结果表明，他们的成绩没有明显的改善。这项研究表明，在学习新事物后的 30 小时内睡眠是绝对必要的，这能够巩固新学到的知识。这就是婴儿睡眠时间较长的原因——他们需要巩固认识，加深记忆。

> 我们认为，当天晚上的睡眠会强化当天的记忆。如果不经历这类过程，某一段记忆就有可能消失。
>
> ——罗伯特·斯第高特
>
> 《视觉线索辨别学习需要在训练后进行睡眠》

◆ 大脑健康

为什么有些老人思维会逐渐退化，而有的老人的思维，始终保持敏锐？很明显，基因起了重要作用，但是在这个问题上，有没有我们能够控制的因素呢？

神经学家乔治·巴特克斯认为，年龄在45~49岁的中老年人，其大脑内部还能再进行髓鞘形成，之后大脑开始逐渐退化。大脑中的髓磷脂开始分解，这个过程与发育过程刚好相反，因此通过很长时间才建立起来的复杂神经连接，会率先开始瓦解。或许是为了补偿大脑的退化，老年人大脑的更多区域开始活跃起来。PET扫描显示，他们比年轻人更能充分使用两个大脑半球。

事实证明，即使步入老年，我们也有很多办法保持我们的智慧。我们大脑中的神经元，以及能对它起到支持作用的神经胶质细胞，能够在我们老年时保持健康状态。

但是，这些细胞需要氧气和营养物质的支持和滋养。这些物质通过大脑血管传送到这些细胞中，所以如果大脑血管受损，大脑就不再健康。虽然随着年龄的增长，大脑的确会发生退化，但它也会通过创造新的脑细胞、新的树突和新的神经网络进行弥补。重要的不是你拥有了多少脑细胞，而是大脑细胞间的神经连接的丰富程度和密集程度。即使衰老的大脑，也拥有非凡的再生能力、适应和重组神经连接的能力。

> 如果一切可以重来，我会给自己制定规则，每星期至少读一次诗歌、听一次音乐，或许这样做，我的大脑就会一直保持活跃状态，而现在我的一部分大脑已出现了萎缩。
>
> ——查尔斯·达尔文《自传》

◆ 伤害大脑的活动

在我的研习班上，我经常向学员们传授保护大脑的知识。有很多办法可以帮助你全面开发自己潜质，帮助你全面开发大脑的潜质，帮助你尽可能维持大脑的全部活力。现在，超出你掌控的环境可能危害到了你的大脑健康，或者你可能没有意识到影响大脑健康的某些因素。那么，从现在起，保持大脑健康就是你的责任。我们需要善待大脑。

- 烟草。香烟的烟雾中，含有上千种能对大脑产生危害的化学物质，吸入这些烟雾会干扰大脑的氧供应，这会影响你的反应能力，并使大脑陷入不清醒状态。2000 年的一项研究表明，一根香烟就能持久改变大脑的“奖励”区域，增加你对更多香烟的渴求。人们会对尼古丁产生依赖，从而对大脑产生破坏性影响。

> 尼古丁是已知的，能对大脑产生最严重的选择性损伤的化学物质。
>
> ——盖洛德·埃里森《尼古丁导致大脑选择性损伤》

- 毒品。有一个经典的公益广告，上面有一个加热的煎锅，锅中正煎着几个鸡蛋，有一条广告语：“这就是吸毒后的大脑。”这则广告并没有夸大毒品的危害。毒品的确会烧伤大脑。如果用 PET 扫描服食了可卡因的人的大脑，就会发现大脑中有黑色区域，这些区域代表着大脑功能的缺失。可卡因会破坏许多大脑功能。另外，甲基苯丙胺（冰毒）能够强烈刺激大脑的某些系统，对大脑产生永久性损伤，即使吸食者戒毒也无济于事。PET 扫描显示，这些能对神经造成永久性伤害的吸入性毒品会快速进入大脑。研究证明，无论是吸入性毒品还是可卡因，都会干扰大脑的髓鞘化。研究人员担心，迷幻药物对大脑中血清素水平的长期影响，可能导致产生一整代抑郁症患者。大麻能干扰人们的正常认知功能，五氯苯酚能干扰大脑多个神经递质系统。本章并不打算详细讨论药物对大脑所造成的所有可怕影响。如果你想保持大脑的健康状态，就不要去尝试毒品。

- 酒精。我们都知道，饮酒也会影响大脑活动。酒精还会改变身体的睾丸激素水平，干扰身体的脂肪代谢，从而导致我们所熟知的“啤酒肚”。长期酗酒会损害大脑额叶，导致大脑体积变小。即使适量饮酒，也会导致大脑提前萎缩——在中年时代就开始出现大脑萎缩。有酗酒遗传倾向的人，更容易染上酒瘾。但是，每个人都有染上酒瘾的可能。

……被动接受是远远不够的；人要与环境发生联系。有一种方法能持续改善大脑功能，那就是一辈子都保持好奇心。总是不停地问问题——自己的问题或别人的问题，然后寻找答案，这对神经细胞是持续的锻炼。

——玛丽安·戴蒙德《改善本我》

◆ 衰老与大脑

2004 年，我有幸参加了神经解剖学家玛丽安·戴蒙德的讲座，这场名为“学习与大脑”的讲座是在马萨诸塞州坎布里奇市进行的。在演讲中，戴蒙德博士讲述了 1988 年她在非洲教书时发现的一件事情。她发现，在肯尼亚，为了避免生出体型硕大的婴儿，孕妇会停止摄取蛋白质。婴儿出生时，他们大脑中的神经树突并没有发育完全。即使给婴儿补充富含蛋白质的饮食，将他们置于能促进大脑发育的环境中，他们的神经树突也不会完全恢复。在她的讲座结束后，我问戴蒙德博士，有什么因素可以改善正在老化的大脑。她列出了以下五个因素：

（1）饮食。毫无疑问，饮食能够影响大脑功能。

（2）日常身体锻炼。锻炼身体有助于保持大脑健康。

（3）思维锻炼。不断学习能够刺激大脑的不同部分。

（4）新鲜感。它包括新观点、新追求、新活动等。

（5）关爱。我们必须关爱自己，关爱他人。

这里，我提到了“关爱”这个因素。戴蒙德博士指出，她的实验室里的老鼠通常能活 600 天左右。后来，她得知德国的实验室的老鼠活得更久，她想找出原因。结果表明，德国的老鼠得到了更悉心的关爱。她觉得对它们心有亏欠。于是戴蒙德博士和她的助手们，开始给予这些实验鼠更多关爱，并经常抚摸它们。于是，这些老鼠活得时间更长，它们能活 900 天！如果每天都摸一摸它们，就会让老鼠的寿命延长 50%。想一想，如果每天都拥抱一下，能对人们产生什么影响呢？

◆ 内省的重要性

总的来说，我们没有花足够多的时间去反思、内省。我们总是忙于工作，生活节奏又那么快，没有时间去思考。有些人或许比其他人更容易沉思，但内省或反思对每个人来说，都具有重要意义。它会触及你经历的各个方面，理清你的思路，巩固你对事情的认识，坚定你的目标。同时，它还能增加大脑的神经回路，还能通过加强、深化学到知识、技能，扩展大脑皮层。

◆ 坚持记日记

养成记日记的习惯，是进行内省的好办法。结束一天的忙碌后，花点时间，想想一天经历的事情，记下自己的心得体会。

每天结束的时候，花点时间，想想所有发生的事情，写下你的想法。在你入睡之前，写点日记会使你的思想更加巩固。记日记能巩固你的想法，比睡觉前回忆当天经历，更有效。

- 运用蓝脑特质，思考当天的得失。
- 运用绿脑特质，思考明天具体应该怎么做。
- 运用红脑特质，洞察内心感受，想一想生活中遇到的人。
- 运用黄脑特质，总结当天经历，思考长远目标，从中获取灵感。
- 思考一下，你是如何运用自己的表达特质、坚定特质和变通特质的？你的行为特质又是如何影响你，以及他人的？

我确信，运用全面性 EG® 方法记日记能帮助每个人利用大脑的不同部分。它可以帮助我们所有人，无论是男人还是女人，让我们的大脑更敏锐，帮我们保持大脑活力。为了帮你养成记日记的习惯，我已经把一些需要反思的问题总结出来了。这些问题，能帮助你思考一下你的EG®偏好，以及这些偏好对你工作的影响。如何在日记中回答这些问题，将取决于你的偏好特质。有的人会在日记中分析问题，也有的人会画张图进行总结。

> 知者不博，博者不知。
>
> ——老子

◆ 内省的问题

我现在处于哪个人生周期？

我独有的天赋是什么？

如何管理我的时间？

我如何做决定？

我喜欢什么类型的工作？

我喜不喜欢上级分配的任务？

我喜不喜欢把任务分配给别人？

我喜欢什么样的奖励？

当超负荷工作时，我的工作风格会不会改变？

什么样的EG®特质能更好地补充我的特质构成？

我是否喜欢跟不同于自己特质的人一起合作？

我该如何利用我的优势来提升工作效率呢？

第11章

利用自身优势取得成功

以自己的方式去工作

哈里森拥有工学学士学位、数学硕士学位，而且曾在 NASA（美国宇航局）参与过航天飞机项目。考虑到这些事实，你就会发现，他的特质构成非常有意思：他有 75% 的黄脑特质、16% 的红脑特质、蓝脑特质和绿脑特质加起来也只有 9%（***C222）。

哈里森所属科技公司的董事会，正在考虑任命他为首席执行官。然而，当他们看到他的 EG® 分析报告时，他们犹豫了，他们不知道这样做合不合适。

星期五早上，哈里森打电话给我说，董事会已经决定不授予他这个职位。他们也没有打算任命其他人，因为他们知道，任命别人担任首席执行官意味着哈里森可能会另谋高就，而他们不想失去这个人才。

我给哈里森发了一封电子邮件，提醒他，爱因斯坦曾经梦到自己骑在闪电上，正是这个梦给他灵感让他得出相对论的。董事会认为哈里森不能胜任这份工作，这个决定并不妥当。在哈里森所属的公司里，大多数人都偏好蓝脑思维和绿脑思维，在这样一个公司，他会成为一个优秀的首席执行官，因为他既能承担技术专家的工作，也能将这些工作解释给外面的人听。

哈里森把我的电子邮件转发给了董事会主席，但他仍然认为一切都晚了。但是，我知道董事会主席是一个三元偏好的人，她可能会花整个周末考虑这个决定。我告诉哈里森不要太担心，因为几天后董事会主席可能会有不同的看法。三元偏好的人都是这个样子。

果然，到了星期一，哈里森得到了这个职位。

作为首席执行官，哈里森明白，他需要平衡一下自己的特质构成。

- 他聘用红脑偏好的人，协助他的工作。
- 他努力用蓝脑性的语言与偏好蓝脑的员工交流，而不是用自有的黄脑性语言。因为他有这方面的背景，所以他能够理解他们在数学方面和技术方面的问题。
- 工作中，他更重视运用自己的红脑特质。一般来说，“人际问题”是他最不想处理的事情。以前哈里森总把人际问题拖到最后解决，但是现在他特别重视这类问题，趁着早上自己有精力首先解决这类问题。虽然运用红脑特质仍然让他疲惫不堪，但至少他还有剩余的时间做自己擅长的黄脑性事务。

越来越多的劳动力，尤其是大多数知识型员工，将不得不学会管理自我。他们必须投身于自己能做出最大贡献的领域，他们必须学会发展自我。他们必须学会，在50年的工作生活中，保持年轻和精神上的活力。他们将必须学会何时以何种方式改变他们所做的事情，改变他们做事的方式，以及改变他们的时间安排。

——彼得·德鲁克《21世纪的管理挑战》

让你的工作环境更适合自己工作

通常，管理层会为办公室的布局和组织方式制定规范。他们的目标通常是让企业的环境看起来整齐划一，这样更能提高工作效率。然而，整齐划一的工作环境并不总是高效的。不同的工作环境能释放不同人的工作能量，让某个人感觉舒适的环境可能会让令一个人分心。

根据我的经验，即使每个人都得到标准的办公隔间，他们也会尽量让自己的办公室反映出他们的个性。有些人需要干净整洁的工作环境，他们一次只处理一项任务，把其余的工作材料统统放在自己看不到的地方。其他人则喜欢把所有重要的文件放在自己视线之内，触手可及，这样他们才能安心工作。有些人喜欢在自己的办公室摆放很多玩具和小玩意儿。另一些人则渴望一个温暖而惬意的工作空间。

在一个研习班上，我们把所有人都按他们最大偏好思维特质分组，然后让他们画一下他们认为的最理想的办公环境。当然，他们的行为特质也影响了他们的决定，但在这里我不想探讨太多细节。我的重点是，让你了解人们对理想办公室的不同看法。

◆ 蓝脑偏好者眼中的“理想的办公室”（见图 11–1）

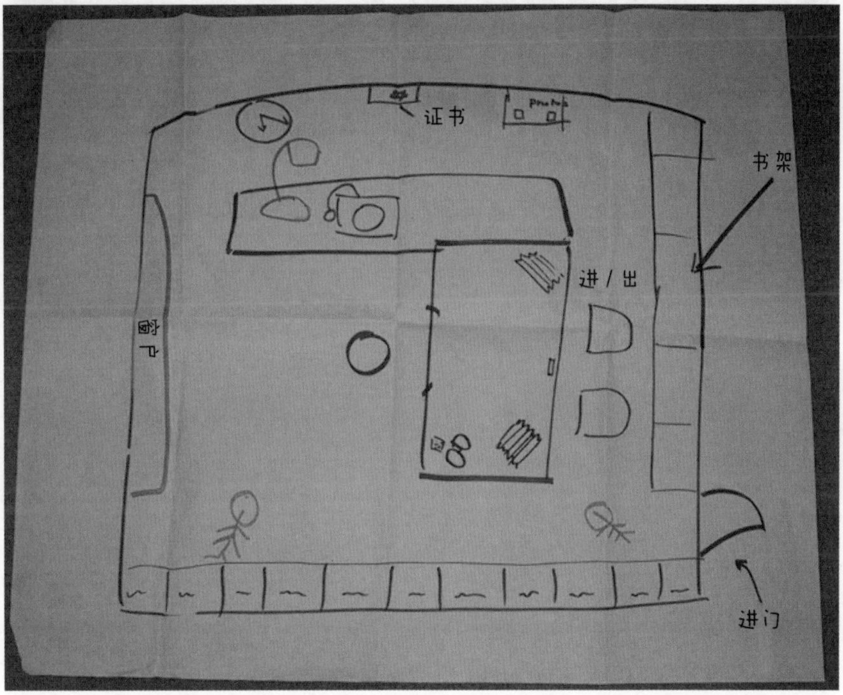

图 11-1

“我们更喜欢把我们的执业资格证书挂在墙上，在桌子的前面放一个姓名牌。这个办公室有两个工作空间。第一个空间，有两个进出式文件夹。我们喜欢一次进行一个任务。当我们思考怎么解决问题时，桌上要有一个时髦的高科技小玩意儿，我们喜欢摆弄这样的玩意儿。第二个空间是放置电脑的空间。我们不喜欢传统的预约簿，因为我们都是通过云端安排活动事项。我们同步我们的系统，使我们所有的设备之间无缝连接。墙上的时钟显示下午 6 点 20 分，因为我们想让人们知道我们在下午 5 点前完成工作！所以示意图里面没有任何人。书架要有足够空间，能容纳我们所有的书面材料。书架上放生活照片，但它们很小，放在书架的角落里。这样做是为了表明，当我们在办公室的时候我们会把注意力放在业务上。办公室里面放两盆人造植物用于装饰。”

◆ 绿脑偏好者眼中的“理想的办公室”（见图 11–2）

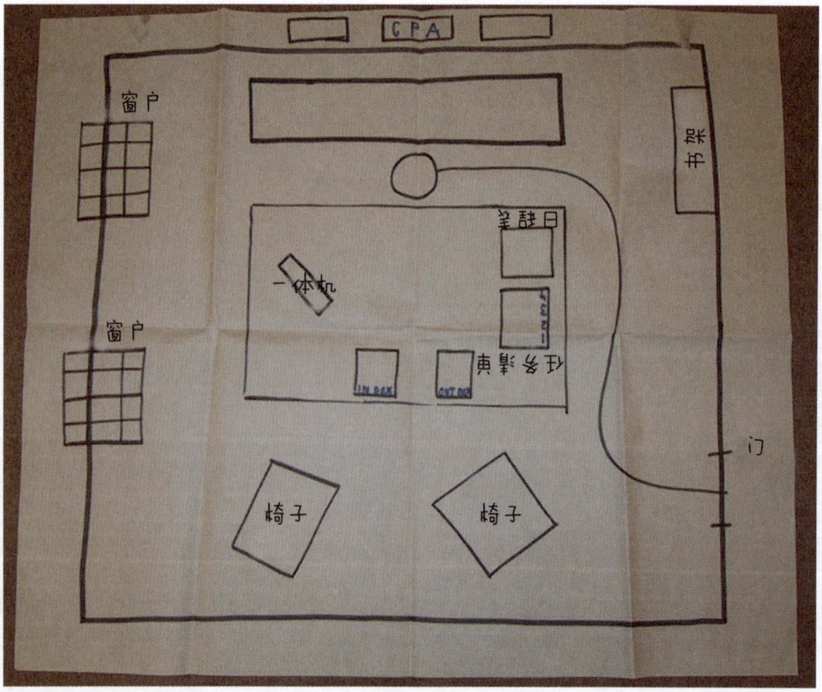

图 11-2

尽管这一组没有尺子可以用，但这群绿脑偏好者尽量把图上的直线画直，他们设计出了一个整洁、简单、易于清理的工作空间。

“桌子要放在办公室的中间，桌子上有一张任务清单，还有一个日程表，可以随时查看，随时复查。在桌子上放一台一体机，目的是有效地节省空间。桌子后面的椅子一定要合理摆放，这样我们就能看到进入办公室的人。通过这个示意图，可以发现过道和休息区布置得非常合理，目的是方便访客。办公室的角落里放有一个小书架，里面只有我们工作所需要的书籍。因为这是一个工作空间，所以桌子后面的柜子没有任何东西。柜子上方的墙上挂着执业资格证书。两边各有两幅图，上面分别写着标语‘马到成功’和‘功成名就’。这些标语可以激励我们。”

当红脑偏好者和黄脑偏好者看到前面的这两幅设计图时，他们都觉得“无聊透顶”。其中一个人表示：“我们公司就是这样布置我的办公室的。我也能在这样的环境下工作，但是如果换一个布局我会释放更多活力出来。”

◆ 红脑偏好者眼中的“理想的办公室”（见图 11-3）

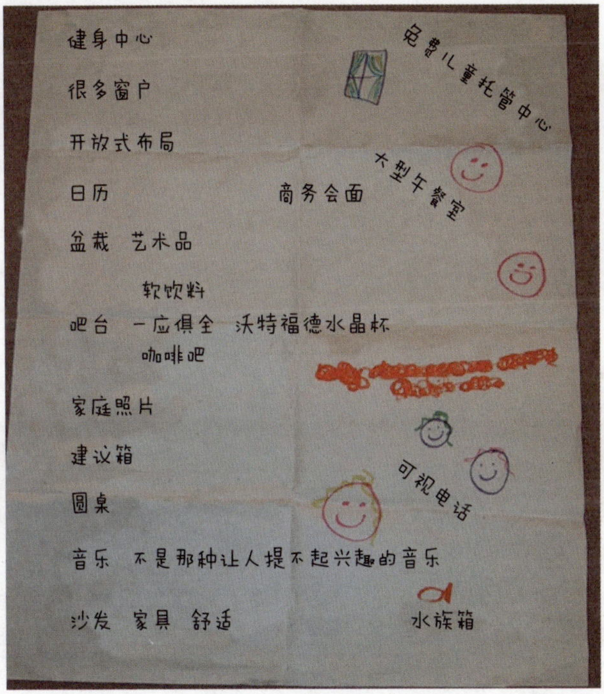

图 11-3

设计出最完美红脑性办公室的人，并没有按照我的要求设计。他们没有画图，而是用文字描述了最理想的办公室。

“办公室有很多窗户，内部是开放式布局，不要有墙。我们用日历记录定期的商务会面和社交活动。我们喜欢用盆栽、艺术品装饰工作空间。里面还要有吧台（里面最好有一个咖啡机），吧台里面内容要丰富，我们喜欢为访客提供一些软饮料，还要用沃特福德水晶杯盛放饮料。房间各个地方都要有家庭照片，还有一个为同事准备的建议箱。整个房间里要有音乐响起，而且要有一套舒适的家具。沙发是必不可少的，还要有个圆桌，用来开会。我们更喜欢视频通话，这样我们就能看到跟我们交谈的人。最后，我们更喜欢综合型办公场所，里面有健身中心、免费的儿童托管中心，还有一个能提供社交场所的大型午餐室。”

看完这张列表，研习班上的蓝脑偏好者和绿脑偏好者，都表示：

（1）“沃特福德水晶杯！不觉得太贵吗？”

（2）“要有社交区域、聊天区域，还要有吧台。这样的办公室，还让不让人安心工作？”

在我看来，偏好红脑的人会说，无论是在健身房，还是在咖啡馆、酒吧，甚至别人的办公室，他们都在进行自己的工作。红脑偏好者始终认为，这些地点都能成为他们的办公场所。

偏好绿脑的人，耸耸肩膀。他们怎么会理解呢？毕竟，红脑偏好者们甚至都没有按照要求去画图。

◆ 黄脑偏好者眼中的“理想的办公室”（见图 11-4）

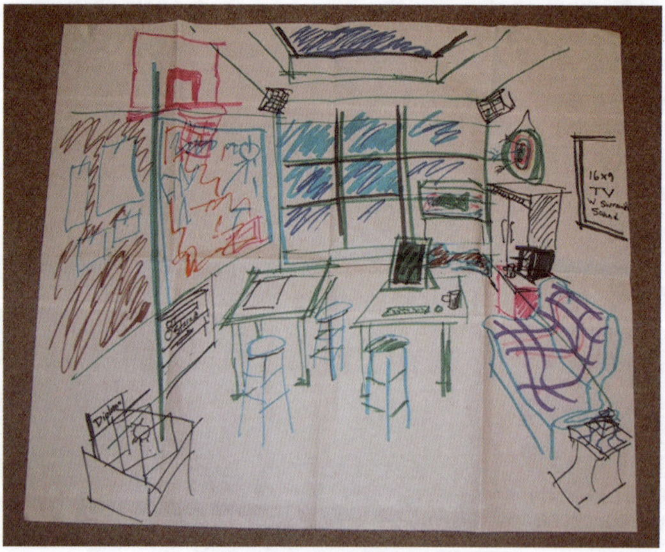

图 11-4

“公司一般不会同意这样的设计。但如果可以的话，我们会这样设计办公室。这里的每样东西，都能激发我们的灵感。办公室要有一扇大窗户，透过它，可以看到外面的世界。窗户前面是一个水族箱。这与沙发附近的小瀑布相映成趣，能把生机与活力带入房间。里面有很多休闲用品（一个飞镖板、一个篮球圈）分散在房间周围，帮助我们的大脑进行创造性思考。房间里也有环绕立体声。我们喜欢四处走动，所以我们放了凳子，很容易把它们搬来搬去。我们的桌子也很高，因为有时候我们喜欢站着工作。我们想把想法记下来，所以放了一块白板。我们的执业证书压在某个地方。办公室里的沙发是用来做冥想的，方便我们思考全局。我们喜欢放一个衣橱，连着一个书架，水族馆下面的狗名叫马克斯。”

蓝脑偏好者和绿脑偏好者都觉得，这个设计看上去是最有意思的，却是最不适合工作的。其中一个人说：“在这样的环境中工作，开始会觉得很新鲜，但这些东西会让我分心，然后我就会重新布置这个环境。”

参加这次研讨会的每个人都是注册会计师。看到他们的设计，你还会对他们抱有成见吗?

◆ 是否需要把办公室分拆成不同的工作区域

我总是建议拥有三元思维偏好（蓝脑 / 红脑 / 黄脑）的人，他们应该有三个办公桌：第一个用来放电脑（方便蓝脑办公），第二个用来堆放各种东西（方便红脑和黄脑办公），最后一个什么东西都不放（方便绿脑办公）。他们应该每次从第二个桌子上只拿一件东西放在最后一张桌子上，用完再放回去，再拿第二件。把办公室分拆成不同的区域，能给三元偏好者的世界带来一丝秩序。

用自己的方式工作

几年前，伦敦的一家公司邀请我为他们的欧洲合作伙伴举办一个管理层研讨班。这次研讨班在意大利的佩鲁贾举行。我的助理凯伦要求伦敦那家公司的行政助理瓦莱丽把从罗马机场到佩鲁贾的驾驶路线发过来。第二天，瓦莱丽就把驾驶路线传真过来了。

瓦莱丽参加了研讨会，所以我有机会看到她的 EG® 分析报告，并能跟她面对面聊聊。她非常担心，觉得自己的特质构成是蓝脑、红脑和黄脑，但缺乏绿脑思维。她说 :“我觉得，我这个职位的人，应该有一项绿脑偏好。”

我向瓦莱丽解释说，她的特质构成不能判断她是否能胜任自己的工作，也不能决定她的工作能力。她仍然拥有行政助理所需的所有能力，只是她的做事方法与别人有所不同。

瓦莱丽还是不明白，所以我提到了在出行前她为我们提供的驾驶路线。

瓦莱丽有些惊慌 :“我给的驾驶路线有问题吗？这个路线指导没有给你们帮上忙吗？”

“不是的，”我说，“你给的驾驶路线非常好。如果让绿脑偏好者发一份驾驶路线指导的话，会跟你给的方式完全不同。你的路线指导是用叙述的方式写的，绿脑偏好者会用数字标记不同的步骤 ；你的是手写的，他们的驾驶指导是打印出来的。”

“嗯，我不知道，怎么从罗马驾车去佩鲁贾。”她跟我解释，“所以我问了费鲁乔，他是我们在意大利的合作伙伴，他把路线指导发给我。然后，我再把那个文件直接传真给了你。”

我笑了起来，因为我知道费鲁乔也没有绿脑偏好。“关键是，你认为可以找费鲁乔帮忙，拿到他的路线指导直接发给我就够了。你给的路线指导没有问题。但是，一个绿脑偏好的行政助理，会把拿到的路线指导按照顺序用数字标清步骤，并将它们输入一个正式的文档中，再把这个文档发给我。这两种方式，都能帮我到达佩鲁贾。这只是风格不同。”

这样解释，也没有让瓦莱丽满意自己的特质构成。所以我跟她讲了个关于两名房地产经纪人的案例。我认识的这两名房地产经纪人，都在同一家公司工作。他俩每年都会进行激烈的竞争，看谁能赢得年度销售冠军。韦恩属于蓝脑 / 绿脑性，处于表达特质第一区、坚定特质第三区、变通特质第三区（AC**133）。他会告诉你，他非常成功，因为他很有进取心。韦恩靠广告推销自己，在社交媒体上经常露面，不知疲倦地追踪新开盘的房源。格雷格则属于红脑 / 黄脑性，处于表达特质第三区、坚定特质第一区、变通特质第三区 (**SC313)。他也会告诉你，自己很成功，因为他喜欢和客户一起开着车，带他们四处看房子，直到他们找到自己梦想的家。格雷格和每个客户谈话，他能理解他们的梦想和渴望，跟顾客产生共鸣，只要客户搬进新家，他就会给客户送上一篮鲜花表示祝贺。

事实上，他们两人都拿到了很多房源，也都卖出了很多房子。但他们的工作方法却截然不同。

如果你喜欢你的工作，利用你的优势去把它做好就可以了。你可以重新翻阅第 6 章“运用自己的优势进行工作”那一小节。我们的结论是：你可以按照自己的方式做事，做真正的自己。

寻找最适合你的工作

关于择业，有各种各样的建议。有很多关于择业观的书籍，也有很多择业测试，目的都是帮助你找到适合你性格和技能的工作。这里有两个问题。首先，倾向于从事某一种工作，并不意味着你实际上擅长这份工作。其次，我见过一些人，他们的特质构成明明不太可能适合某种工作，却从事了这种工作，而且做得还非常成功，出乎人们的意料。出于这个原因，我会避免做出“某类特质构成适合某种工作”这样的评价。

那么，从事什么样的工作，到底重不重要呢?

当然重要！如果你必须使用自己最不偏好的特质去完成工作，你很快就会疲惫不堪。

我曾经采访过一个马戏团演员，他曾是名数学天才。虽然我见多识广，也觉得这太不可思议了。后来我知道，他以优异的成绩从大学毕业，获得了数学学位。他喜欢证明数学问题，喜欢从不同的角度思考数学问题。但是，他又觉得非常苦闷。他只能和同事们谈论他的工作，因为其他人都不懂他的工作。他感到非常孤独，他觉得，自己好像这里唯一一个闷闷不乐的人。他还觉得，同事们每天都在悄无声息的环境中从事默默无闻的工作。两年后，他的红脑偏好和表达特质第三区终于使他无法再忍受这种烦恼。

我还有一个年轻的朋友，他的问题跟这个正好相反。当加布打电话告诉我他找到一份新工作时，我不敢确定他是否做出了正确的选择。我了解加布的分析报告，他属于抽象思维（蓝脑 / 黄脑）型，表达特质第一区。在他的特质构成中只有一点点红脑特质，但他的新工作是做销售，这需要整天与人交谈和沟通。加布年富力强，他觉得这不是什么问题。

加布很快发现，他每天平均收到 100 封电子邮件，还有几十个电话留言，有的来自下属，有的来自客户，还有的来自上级领导。当然，对处于表达特质第三区的红脑偏好者来说，他们喜欢跟别人交谈和接触，甚至觉得这样的工作能够激发活力。而对加布而言，他觉得不堪重负。有些人可以轻而易举地完成一篇措辞友好的电子邮件，而加布则需要反复琢磨这些邮件。其他人都把接听这些电话当作消遣，加布却觉得接听电话是项枯燥的工作。

三个星期后，加布打电话告诉我，他犯了一个错误，找了个不适合自己的工作。他又不能返回原来的工作岗位。他该怎么做呢？

你是否选择了不适合自己的工作

有时，很难判断你是在从事着不适合自己的工作，还是正处于前面所提到的某个子周期中。也许你的工作并没有让你发挥自己的长处，也可能你只是处于某个阶段的困惑期。要知道，处于转型期，你的思维会不断地转换，就像一个发育中的孩子。当你处于某一个困惑期，你可以忽略这个问题，或者你也可以把它看作一个把自己提升到新层次的契机。

如果你对所从事的工作烦躁不安，但又喜欢自己的工作，那么你可以使用你的其他优势让这个工作变得更有趣味。

如果你的业绩评估建议你掌握某些技能，你可以按照第 6 章介绍的方法尝试改变。例如，如果你的特质构成里只有一点儿红脑偏好，而你的业绩评估建议你加强人际交往能力，根据第 6 章的学习，你就知道如何改变自己。你应该了解第 6 章所提的一整套建议。

如果你厌倦了自己的工作，你可以看看自己的 EG® 偏好，把这些偏好与当前的职业进行比对。看看这两者是否互相匹配。虽然，我前面也曾讲过，没有那一类特质构成非常适合某一类型的工作。但是，如果你的工作能够迎合你的偏好，你就会觉得非常轻松。

如果，你跟西诺佛公司的吉姆·布兰查德一样，拥有的特质构成跟大多数同行都不一样，但是你又非常称职，你也能很快从自己的职业领域中脱颖而出。我这样猜测是因为，你跟其他同行不一样，特点突出。如果你属于多重偏好的人，尤其是你的行为特质都处于第二区，而且非常胜任自己的工作，那么你会在职业阶梯上迅速攀升。因为你的领导会认为，你什么类型的问题都能解决。但是，你也可能面临个人发展停滞不前的风险，因为你的工作需要更加专业的技能。这时候，你的表现可能就不会那么出色了，因为你把能量分散到多个特质中去了。如果这种情况发生在你身上，我的建议是，选择你的一个偏好，让自己成为那个领域的专家。

如果你在工作中偏离了轨道，你可以查阅第 6 章，复习一下如何通过发挥自身优势来解决问题。如果你的工作伙伴或生活伴侣的偏好与你相反，你可以和他（或她）谈一谈，找到让自己做得更好的方法。有一个互补型的伙伴或伴侣，是非常有帮助的，他（或她）能处处为你着想，同时又能以不同的方式看待事物。

寻找新工作

偏好不同特质的人，是如何寻找新工作的?

蓝脑偏好者会：

（1）仔细审视自己所处的情况，以及自己的职业目标。

（2）考虑清楚自己喜欢什么，什么类型的工作能给自己带来快乐。

（3）确定什么样的求职方式能让你得到自己想要的那个工作。

绿脑偏好者会：

（1）先浏览求职网站和其他求职资源。

（2）列出要申请的职位，并有系统地分析这些职位。

（3）为一次面试准备多份简历，提前确定自己的推荐人。

红脑偏好者会：

（1）跟朋友或朋友的朋友进行沟通，讨论可能的职业道路。

（2）向行业内的人士获取职业信息。

（3）不准备正式的简历，因为在喝咖啡的时候更容易和别人讨论你的履历。

黄脑偏好者会：

（1）先想象一下，什么才是完美的工作。

（2）愿意接受生活中遇到的新工作。

（3）做一个信息图式的简历，或者向面试者推荐自己维护的网页或博客。

针对自己的表达特质，你可以对自己提出这个问题：

我想让多少人参与我的这个决定？

针对自己的坚定特质，你可以对自己提出这个问题：

我愿意在多长时间内，做出我的决定？

针对自己的变通特质，你可以对自己提出这个问题：

我会直接接受第一个职位，还是不断地考虑所有的可选职位呢？

理想情况下，我建议你采用一种全面性 EG® 方法来寻找新工作，以确保考虑到了自己的每个特质。但是到最后，我知道，你可能会根据你的 EG® 偏好决定选择哪份工作。

我的朋友戴夫是我数据库中红脑特质最多的人之一。他最近成功地找到了一份工作。我问他，是如何找到这份工作的。他说："我从人际关系开始入手，人们可以把我介绍给其他人。我不愿意通过招聘会、求职公告板或互联网来找工作。我讨厌'企业招聘'的整个死板过程。我觉得，通过人际关系推荐工作效果更好。我不喜欢那种流程，先是推介会，然后是筛选面试，最后是正式面试，等等。我们为什么不能一步完成呢？我宁愿坐几个小时，随便聊聊。

"我女朋友却劝我使用相反的方式。她帮我投了很多简历，希望能得到一些回复。我还是愿意通过我信任的人找工作，因为我知道，他们能引导我的求职方向。我的女朋友让我用心在网上找工作，但我总是不屑一顾。不过，她很会帮我写简历。如果用我的方式写简历，我是很难写出来那样的简历的。"

求职面试

运用 EG® 原则，可以成功地指导你通过不同职位的面试。以下是一些帮助你的建议。

◆ 如何描述自己的优势

要是每个人都能掌握 EG® 原理，面试会很简单！那样的话，面试时你只需带着自己的分析报告就可以了，你未来的老板只需要看一眼你的偏好就能做出判断。当然，这只是个幻想。现在，你需要在简历上描述自己的优势，或者在面试环节叙述自己的优势。

如果你属于蓝脑偏好，下面是常用的蓝脑性措辞：

“我重视结果。”

“我有可靠的工作业绩。”（例如，“我完成了 1 000 万美元的销售目标”。）

“我的基础非常扎实。”

“我擅长策划。”

“我喜欢深思熟虑。”

“为了做好工作，我会做我该做的事情。”

“我会理性地、系统地考虑重大问题。”

“我会以身作则。”

如果你属于绿脑偏好，下面是常用的绿脑性措辞：

“我做事持之以恒。”

“我会按时完成任务。”

“我不怕担责任（我不会推卸责任）。”

“我是个值得倚重的人。”

“我做事井井有条。”

“我做事雷厉风行。”

“我遵守规则。”

“我考虑重要问题时，看重效率和实现过程。”

“如果我是领导，我会制定好规程，并保证我的下属遵守规程。”

如果你属于红脑偏好，下面是常用的红脑性措辞：

“我喜欢跟人打交道。”

“我能理解别人的感受，我很细心，能给别人以精神支持。”

“我不喜欢千篇一律。”

“我喜欢平易近人的管理风格。”

“我既是良师，又是益友。”

“我喜欢进行人际交往活动。”

“我考虑重要问题时，看重人的因素和人际互动。”

“如果我是领导，我会重视沟通、团队建设。我会为大家提供工作便利，协调下属们的工作。”

如果你属于黄脑偏好，下面是常用的黄脑性措辞：

“我的想象力非常丰富。”

“我会用全新的视角看待问题。”

“我会想出很多主意。”

“每天都是新的一天。”

“遇到问题，我会寻求解决方法。”

“我会把自己的想法总结起来，形成一种理念。”

“我的思想不受条条框框的约束。”

“我考虑重要问题时，看重问题的长远前景。”

“我的领导方式是带领团队不断前进。”

如果你有四元偏好，下面是常用的措辞：

“我能胜任不同类型的任务。”

“我能跟不同类型的人交流。”

“我喜欢同时做多件事。”

“我能从不同角度看待问题。”

注意：四元偏好型对重要问题的考量及偏好的领导风格，取决于他们最重视的特质。

如果你处于表达特质第一区，你可以这样描述自己：

“我善于倾听。”

“我是个很镇定的人。”

“我会把握住重点。”

“我能独立完成工作。”

“我说话很谨慎。”

如果你处于表达特质第三区，你可以这样描述自己：

“我善于跟人沟通，热情大方。”

“我擅长鼓励大家。”

“我会分享我的想法。”

“我很愿意当众发言。”

“我是个活力四射的人。”

如果你处于坚定特质第一区，你可以这样描述自己：

“我做事沉着冷静。”

“我很有耐心。”

“我愿意维持现状。”

“完成工作让我很有成就感。”

“我回答问题简洁明了。”

如果你处于坚定特质第三区，你可以这样描述自己：

“我做事说一不二。”

“我很直率。”

“我会坚持我的观点。”

“我喜欢竞争。”

“我回答问题非常直接。”

如果你处于变通特质第一区，你可以这样描述自己：

“我是个很有主见的人。”

“我信守承诺，说到做到。”

“我做事专心致志。”

“我是个很有毅力的人。”

“我做事持之以恒。”

“我喜欢使用经过验证的方法。”

如果你处于变通特质第三区，你可以这样描述自己：

“我能虚心接受别人的意见。”

“我是个喜欢率性而为的人。”

“我很看重别人的想法。”

“我喜欢应对新情况、新变化。”

“我的适应能力很强。”

◆ 如何在求职面试中表现自己

当然，你肯定想给你未来的老板留下一个好印象。最好的办法是，让自己的行为特质与面试官的特质相一致。可以参考前面的章节，温习一下判断他人思维和行为特质的相关知识。记住，自己的表达特质水平要与面试官的保持一致。如果对方是个安静的人，尽量不要喧宾夺主。另外，如果面试官是个非常健谈的人，你需要勇于表达自己的想法，不要缩手缩脚。

◆ 如何判断企业环境是否适合你

每个企业都有自己的企业文化，就像人一样，你也可以使用 EG® 原则判断企业文化。

经营长线产品、风险较高的企业，往往有着蓝脑性企业文化。例如，研究机构或制药公司，他们会花较长时间开发产品。

喜欢稳扎稳打的传统企业，往往有着绿脑性企业文化，如铁道公司。

以人为本的企业，往往有着红脑性企业文化，如美捷步。

快节奏的创新型企业，往往有着黄脑性企业文化，如谷歌。

企业文化有时与企业所经营的业务有密切关系。例如，银行业常被认为是一种稳重而可靠的行业，但也有企业通过创新和独特的洞察力经营银行业务。

企业文化也有可能随着时间的推移而改变，导致你最终可能会进入一个不适合你的就业环境。例如，你可能会和一家初创公司签署就业协议，因为你觉得它有冒险精神、远见卓识，但过了一段时间，公司步入稳定发展阶段你会觉得有些无聊。你可以通过以下问题来判断一个企业的企业文化。

判断企业文化是不是蓝脑性的，可以问以下问题：

“你们公司最关键的业务是什么？”

“你们的研发预算有多少？”

判断企业文化是不是绿脑性的，可以问以下问题：

“你们公司明年的目标是什么？明年会优先考虑什么问题？”

“你们公司运转得是否平稳？”

判断企业文化是不是红脑性的，可以问以下问题：

“你们的企业环境是否有利于团队合作？”

“你们公司资助什么慈善事业或慈善组织？”

判断企业文化是不是黄脑性的，可以问以下问题：

“去年你们有多少新产品投入市场？”

“你们公司未来的发展目标是什么（10 年以上的目标）？”

判断企业的表达特质程度，你可以问：

“如果我在走廊大声欢笑，你们会有什么反应？”

判断企业的坚定特质程度，你可以问：

“你们公司的工作节奏有多快？”

判断企业的变通特质程度，你可以问：

“你们公司有没有工作分担机制、弹性工时机制，或者家庭办公机制？”

◆ 如何确定职位是否适合你

当然，每个公司都有不同的职位空缺。要想知道公司所提供的工作岗位是否符合你的思维和行为偏好，你可以向公司提问以下问题。

你的蓝脑会问：

“这个职位对公司的总体宗旨有什么意义？”

“如果我的表现达到了你们的预期，有什么奖励措施？”

你的绿脑会问：

“能不能给我一份详细的职位描述？”

“你们有什么样的晋升机制？”

你的红脑会问：

“跟我讲一下我的上司，他是个什么样的人？”

“能带我参观一下你们的办公室吗？”（“我想多接触一下你们的人，看看适不适合这里？”

你的黄脑会问：

“这份工作需不需要精细管理？”

“你们对创新有没有绩效奖励？”

要判断这份工作需要什么水平的表达特质，你可以这样问：

“工作中有多少安静的时间？这份工作需不需要跟人讲很多话？”

“会不会经常举行办公室聚会？是不是必须参加这样的活动？”

要判断这份工作需要什么水平的坚定特质，你可以这样问：

“我能不能有自己的工作节奏？”

“从事这份工作，要不要跟别人竞争？”

要判断这份工作需要什么水平的变通特质，你可以这样问：

“我有多大的工作自主权？”

“要求我完成的任务是不是非常明确？只要定下来，就不会改？我是不是需要经常改变工作的侧重点？”

该不该接受这份工作

假设你得到了一个工作机会，这个岗位你也很感兴趣，现在你需要做个决定：接不接受这份工作？下面是给你的建议。

运用你的蓝脑特质，在你接受新工作前，先做个风险 / 收益分析。

运用你的绿脑特质，列举接受这份工作的利弊。

运用你的红脑特质，思考这份工作会对你的人际关系产生什么影响，并向其他朋友征询意见。

运用你的黄脑特质，思考改变工作的各种影响。

做完上面的事情后，现在采取不同的方法。

把你的黄脑活力激发出来。在房间里挑选一件东西，任何东西都可以！然后联想一下，你的新职位与你选择的这个东西，有什么相似之处。这将帮你运用大脑的不同部分，并唤醒你的直觉，看看你的直觉会让你做出什么样的决定。

假设你的视线定格到了一个丙烷烧烤炉上。对这个烧烤炉，你了解多少？和你的工作相比，它们有什么相似的地方呢？它非常便携。点着之后，会很热，还会冒烟，但是你能用它做出可口的烧烤，那些劣势跟这些相比，算不上什么大问题。丙烷是烤炉的燃料，但容易引起爆炸，要想使用烤炉又离不了丙烷。

现在，再通过说服力分析，激活一下你的蓝脑和绿脑活力。在一张纸上写下一个大大的“T”。在 T 的左边，写下新职位的优势；在 T 的右边，写下新职位的劣势。现在，仔细检查每个劣势，并分析如何把这个劣势转化为一个优势。例如，“新工作不如现在的工作赚钱”是劣势。但是，新工作也许会让你学到一些最终能让你赚更多钱的技能，是一个潜力股。那么，你现在就可以把它从劣势清单移到优势清单里。当然，也可能会有难以转换的劣势。你的蓝脑喜欢评估每个职位的利弊，而你的绿脑则会享受列举正反两方面因素的过程。

做完上面的事情，你就可以做出你的决定了。如果你还是不能决定，那就用抛硬币的办法。你可能觉得我的这个建议太过轻率了，所以我需要解释一下。人们往往能很快权衡出一个决定的利弊，但大脑的理性部分仍然不清楚这个答案。当你使用头脑的直觉部分时，你会运用你的价值观、感觉和情绪去判断。

抛硬币的时候，你必须只有两种选择。而且，你一定不要把它看成随随便便的赌博游戏。你必须严肃看待抛硬币，把它看作一种接触内心灵魂的实用方法。闭上眼睛，深吸一口气，然后把硬币抛出。一旦硬币被抛出，你就必须专注于自己的最初反应和最初感觉。你会立刻知道内心的真正选择。我希望，你的直觉反应不会像加布里埃尔那样强烈（加布里埃尔抛硬币的结果跟内心直觉不一致，所以反应强烈，发生了呕吐），但我也不能保证！

如果你属于多重思维偏好，选择职位时可能会非常犹豫。你会觉得每个选择都很有吸引力，很难做出选择。三元思维偏好就是一个例子，他们样样皆通，但又样样“稀松”。每当大学生拿不定主意，不知道选择什么专业时，我通常会把他们当成多重思维型对待。我会问他们喜欢什么，他们通常会说：“我开始学习英国文学，然后转到商学院，现在我又想去医学院。”

这种情况下，变通特质非常重要。如果你处于变通特质第一区，做决定对你来说不是一件难事。但如果你处于变通特质第三区，选择自己的职业就是一个非常困难的事情。那么对多重思维偏好型的人来说，做择业决策最好的方法是什么呢？

在我获得博士学位后不久，我刚好处于某个人生周期的过渡阶段。我不知道自己到底是应该留在学术界，还是成为一名公立学校的管理者，又或者进入私营部门。我感到左右为难。于是，我给一家大公司的首席执行官写了一封长达 7 页的信。这名首席执行官睿智过人，善于给人提出深思熟虑的忠告。

我知道他肯定能帮助我。

他立刻回复了我，他给我的信件只有一段话，里面只有三句：

的确，你有很多就业选择。你过去非常成功，将来也会非常成功。你只需选择一个，就能继续你的发展之路。

这是我所收到的最好的忠告。对多重偏好型的人来说，最重要的是选择做自己喜欢做的事情，并坚持做下去。

如何迈向成功

> 未来的文盲，不是不识字的人，而是不会学习、不懂得舍弃无用的知识、不会重新学习的人。
>
> ——阿尔文·托夫勒《审视未来》
>
> （注意：阿尔文·托夫勒所说的“未来”，就是现在）

很多人的发展，都属于自发式发展，而不是自觉式发展。择业时应该考虑自己喜欢的工作，选择自己认为能做出一番成就的工作，这样你的内心就会不断驱动你把事情做得更好。

（1）你要知道什么时候进行：

① 学习。

② 舍弃无用知识。

③ 重新学习。

（2）精益求精。

（3）静静地反思：

① 我的总体目标是什么?

② 我下个星期、下个月、下一年的工作重点、非重点是什么?

③ 我学到了什么?

④ 什么样的工作，我做得好?

⑤ 什么样的工作，需要做得更好?

⑥ 什么样的事情，我应该做，但还没有做?

（4）当开始了一份新的工作，或者接受了新的任命，你需要问自己：根据我的特质构成，我需要怎么做，才能胜任这份新工作或新岗位?

保持积极向上的心态

积极的想法和态度，会给大脑带来有益的变化。当你感到沮丧或气馁时，采取积极的心态会使你的大脑活动从右前额叶皮层转移到左前额叶皮层。不同的情绪，会激活大脑不同的区域，有趣的是，即使你假装某种情绪你也会激活这种情绪对应的大脑区域。例如，你假装高兴，其实并不高兴，但你也能激活高兴情绪对应的大脑区域。

提高心理韧性必须做到以下几点：

（1）要有较高的责任意识。

（2）要有至亲至爱的支持。大多数心理学家都认为，精神支持是对抗压力的最重要的法宝。

（3）要有乐观的精神。

（4）要有内心的平静。利用你的 EG® 特质来判断，工作中什么东西会给你带来内心的平静，以及如何参与能给你带来满足感的事情。

为你今后的人生制定远大的目标。现在的我们，都会比父母那一代更加长寿，“退休”对大脑来说是个充满消极意味的词语。

如果我们每个人都学会了如何贡献自己的力量，我们就能用自己的热情感染别人，用我们的创新启迪别人，用我们的优异表现影响别人，从而为整个企业、整个行业甚至整个社会，注入能量。

> 做你自己吧。其他角色都已经有人了。
>
> ——奥斯卡·王尔德，剧作家

附录A

EG®工具箱

工欲善其事，必先利其器。医生需要医疗器械，管道工需要扳手，厨师需要菜刀。而我们，则需要 EG® 工具箱。EG® 工具箱里包含了一些图表，这些图表形象说明了重要的 EG® 概念，以便读者参考。

下面的内容能够帮助你理解自己，理解他人，它包括：

- EG® 各项思维特质和行为特质的定义（见图 A-1）。
- 快速判断自己思维特质和行为特质的方法（见图 A-2）。
- 怎么买一台电脑（见图 A-3）。
- 怎么完成一项任务（见图 A-4）。
- 参加会议时，你会如何思考，如何做事（见图 A-5）。
- 收到上级的反馈时，你会如何思考，如何做事（见图 A-6）。

下面的内容能够帮助你学会如何跟他人进行接触，它包括：

- 如何与不同特质的人进行沟通（见图 A-7）。
- 如何与自己的下属进行沟通（见图 A-8）。
- 如何根据不同的偏好，进行最好的演讲陈述（见图 A-9）。
- 每种 EG® 特质是如何倾听别人的（见图 A-10）。
- 每种 EG® 特质喜欢什么样的评价（见图 A-11）。

最后的内容总结了如何将全面性 EG® 方法运用在工作和生活中，它包括：

- 组织会议的全面性 EG® 方法（见图 A-12）。
- 调解争端的全面性 EG® 方法（见图 A-13）。
- 决策的全面性 EG® 方法（见图 A-14）。
- 撰写公司宗旨的全面性 EG® 方法（见图 A-15）。

- 执行计划的全面性 EG® 方法（见图 A-16）。
- 改变自己的全面性 EG® 方法（见图 A-17）。

我希望，EG® 工具箱的内容能帮助你使用这本书。我想你会发现，一旦你熟悉了 EG® 原理，不论你做什么事情，都能利用这些原理。

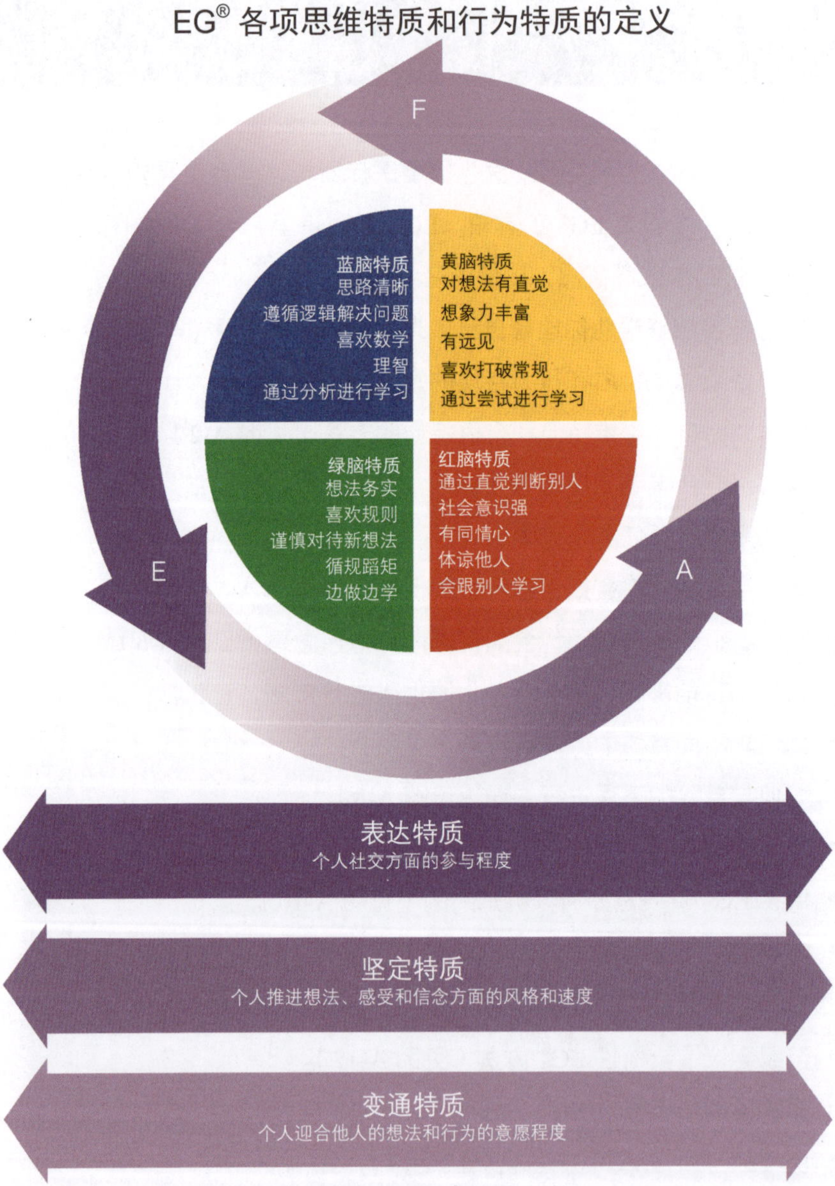

图 A-1

快速判断自己思维特质和行为特质的方法

可以用某些词语，最贴切地描述你大多数情况下的思维和行为偏好。选出下面所有能贴切描述你的词语。可以选一个，也可以选很多个。那些词语，必须能准确区分出你的偏好，而不一定是你的技能或别人对你的评价。如果你在某一个区域，选择了较多的词语，这表明你有相应区域的行为偏好。如果你在频谱左侧（第一区）选出的词语与从右侧（第三区）选出的词语一样多，那么你可能属于中间的“适应型”类型。你的结果，可以直观地反映你的思维和行为特质。

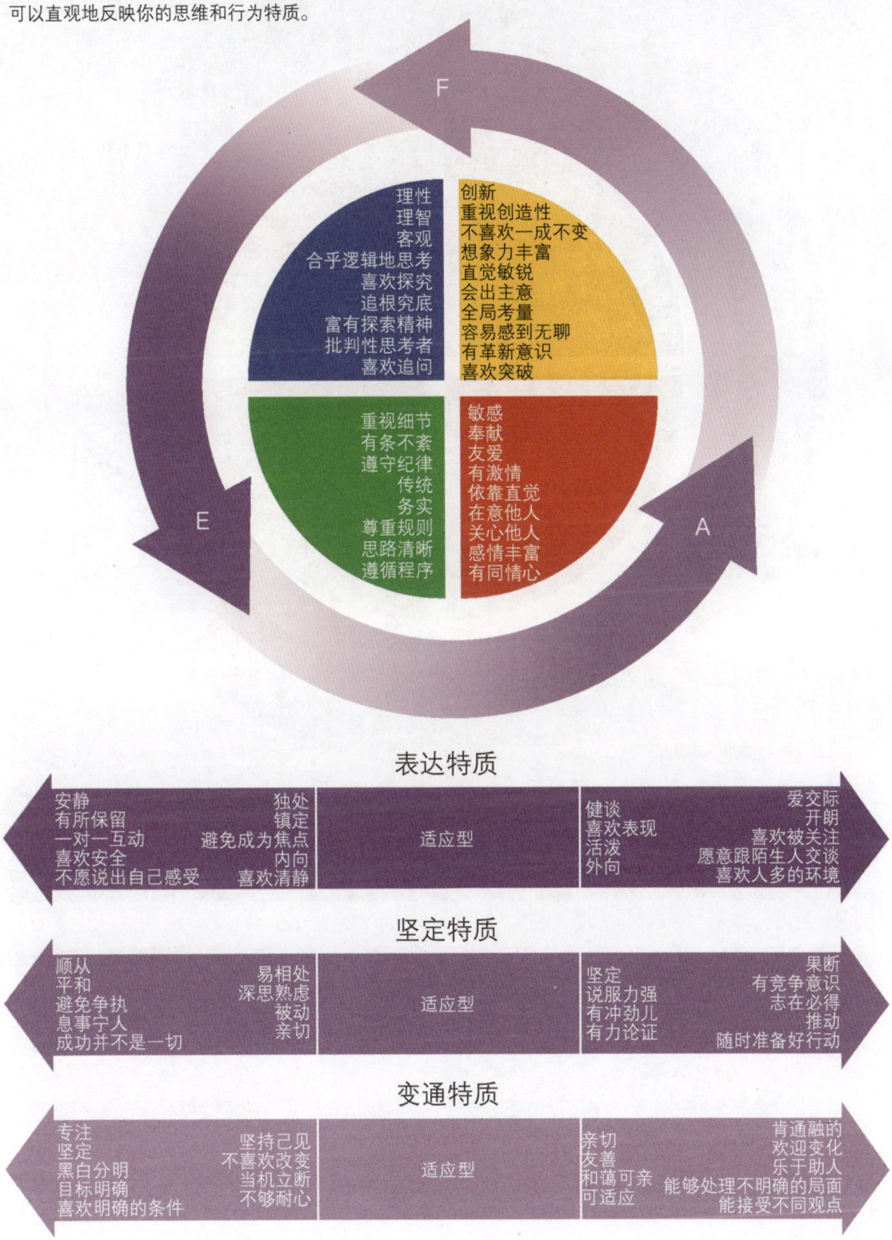

图 A-2

怎么买一台电脑？

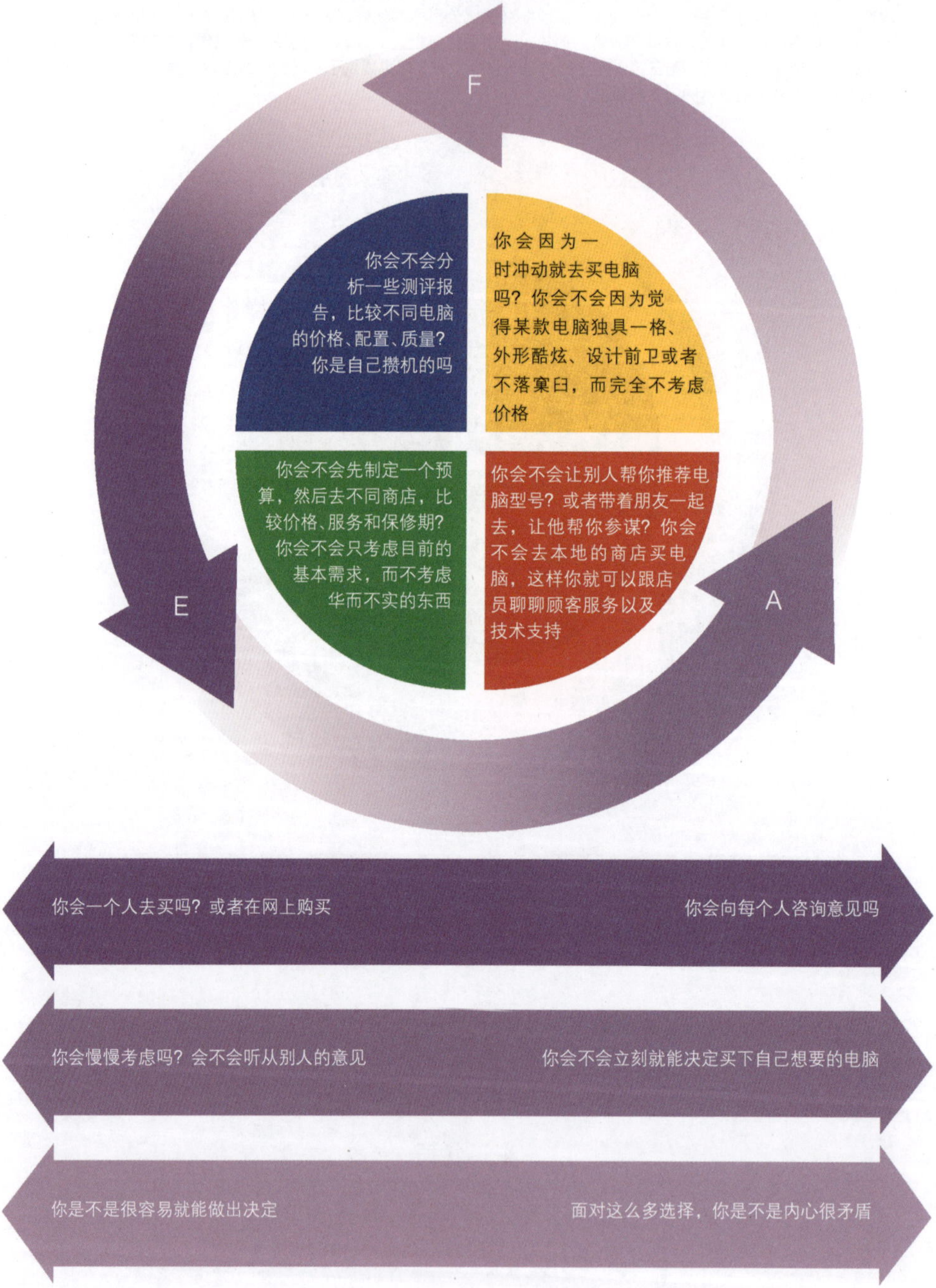
F
你会不会分析一些测评报告，比较不同电脑的价格、配置、质量？你是自己攒机的吗
你会因为一时冲动就去买电脑吗？你会不会因为觉得某款电脑独具一格、外形酷炫、设计前卫或者不落窠臼，而完全不考虑价格
你会不会先制定一个预算，然后去不同商店，比较价格、服务和保修期？你会不会只考虑目前的基本需求，而不考虑华而不实的东西
你会不会让别人帮你推荐电脑型号？或者带着朋友一起去，让他帮你参谋？你会不会去本地的商店买电脑，这样你就可以跟店员聊聊顾客服务以及技术支持
E
A
你会一个人去买吗？或者在网上购买
你会向每个人咨询意见吗
你会慢慢考虑吗？会不会听从别人的意见
你会不会立刻就能决定买下自己想要的电脑
你是不是很容易就能做出决定
面对这么多选择，你是不是内心很矛盾

图 A-3

怎么完成一项任务？

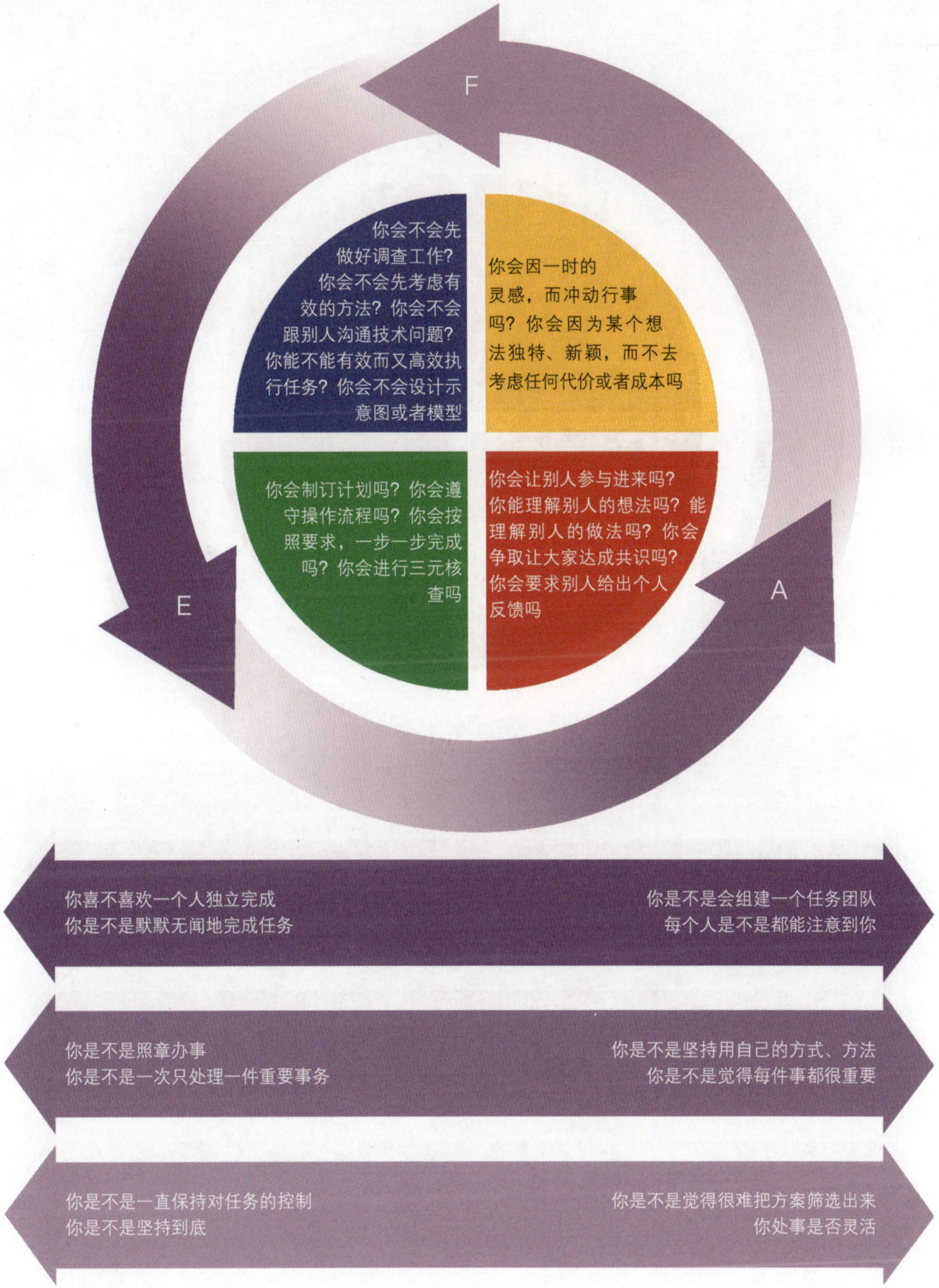

图 A-4

参加会议时，你会如何思考，如何做事？

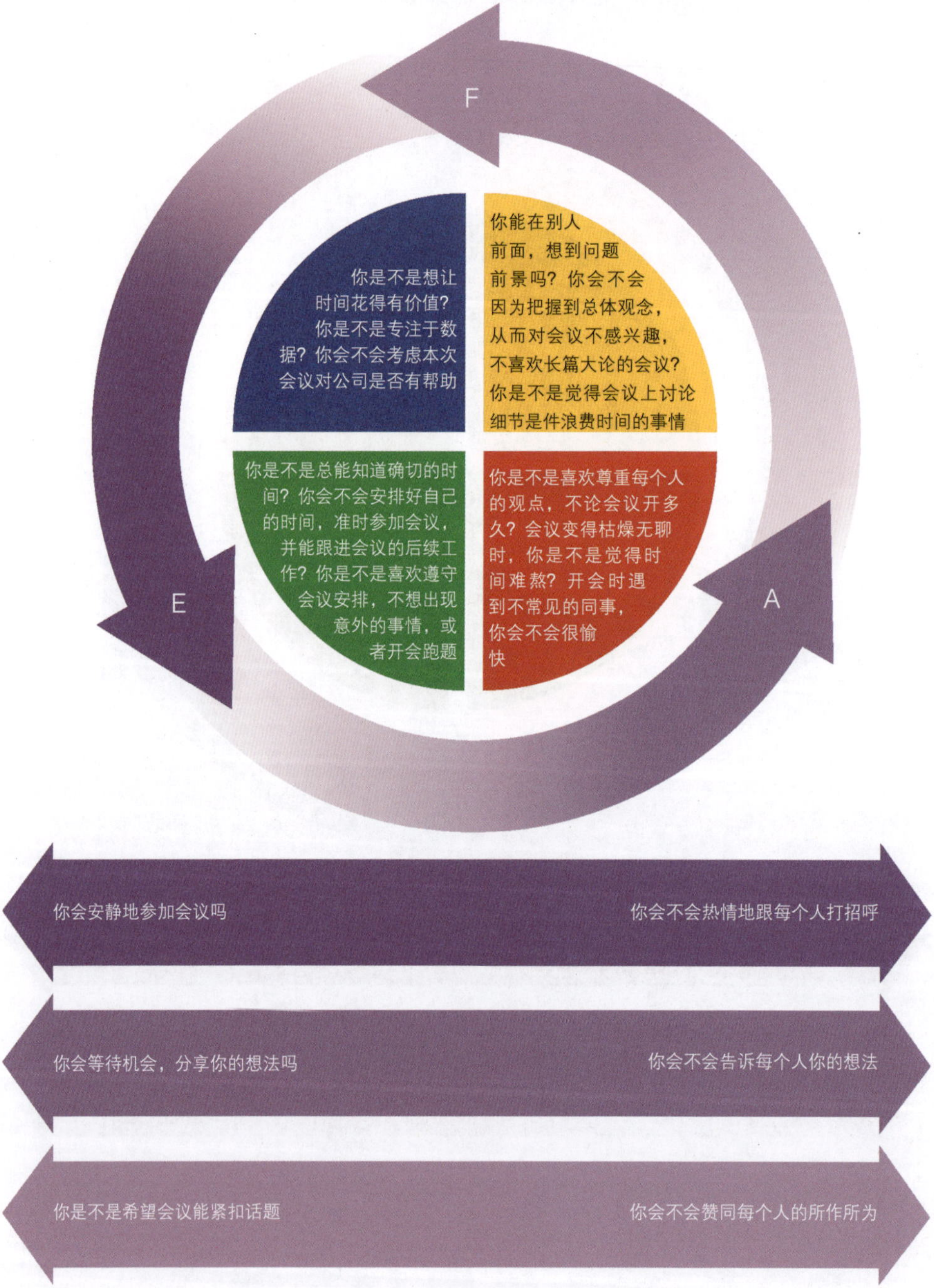

图 A-5

收到上级的反馈时，你会如何思考，如何做事？
F
这条反馈是否言之有理？是不是准确？是谁说的？他（或她）可不可靠？有没有事实证明这条反馈？我的奖励与对我的反馈是否一致
这条反馈是不是没有任何私人偏见？这对我的将来会有什么影响？长远地看，下一步该怎么做？这条反馈跟我的工作有什么关系
这条反馈是否及时？这条反馈是否遵循既定程序？我有没有收到手写的反馈？这条反馈是否清晰？有没有行动方案
这条反馈对我是否有所帮助？这条反馈会如何影响我的顾客、我的团队？我是不是感觉有点不高兴？这条反馈对我的上级有什么影响？这是否公平
E
A
你是不是对此无动于衷
你会不会不动声色
你会跟同事分享你对这条反馈的想法吗
你会把你的想法说出来吗
你会不会深思熟虑后再采取行动
你会不会隐藏自己的感受
你会有力地进行回应吗
你会用问题打断上级吗
你会不会说：“我为什么要改”
或者说：“给我个理由”
你是不是愿意改变
你愿不愿意接受新方法

图 A-6

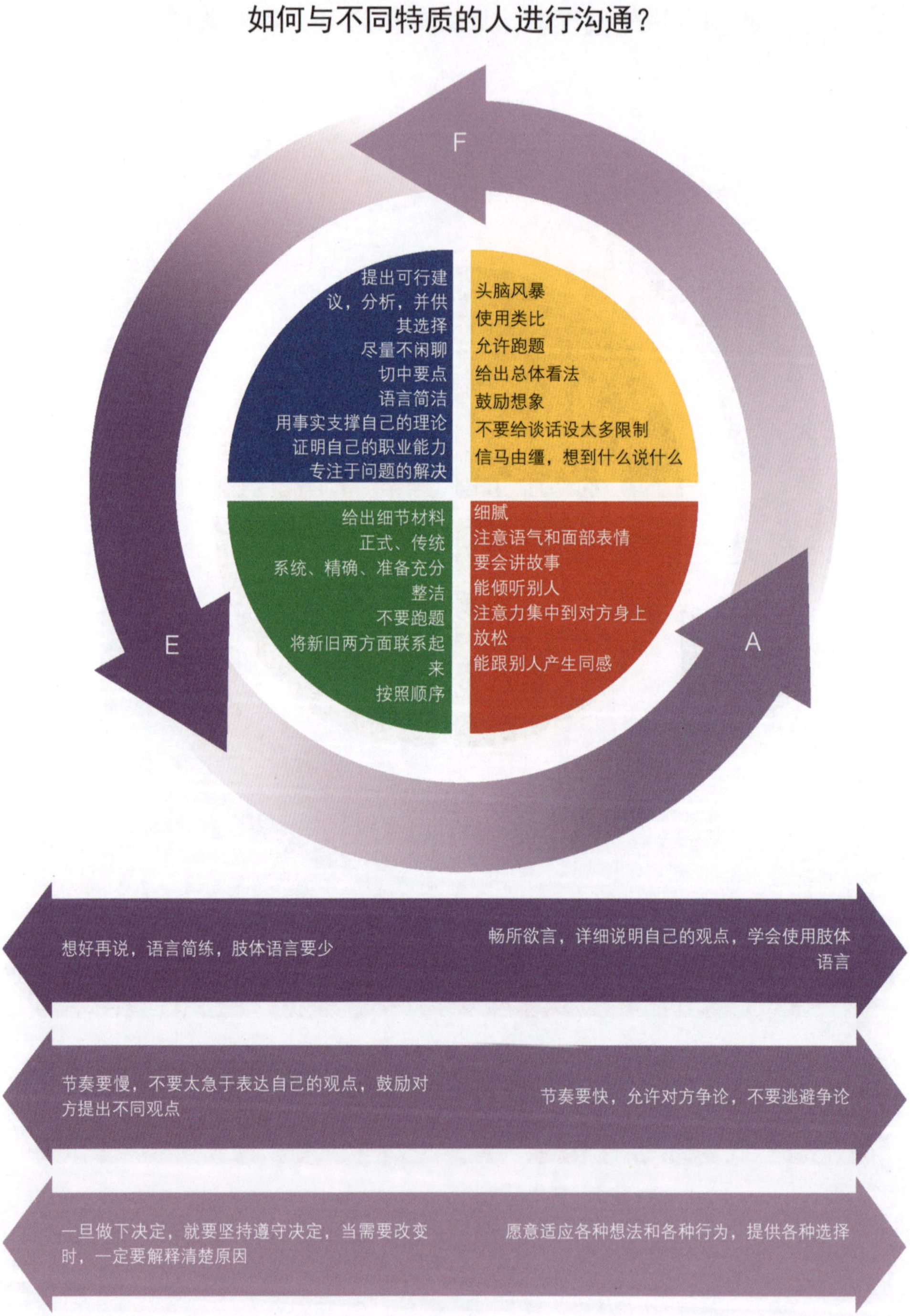
如何与不同特质的人进行沟通？
F
提出可行建议，分析，并供其选择
尽量不闲聊
切中要点
语言简洁
用事实支撑自己的理论
证明自己的职业能力
专注于问题的解决
头脑风暴
使用类比
允许跑题
给出总体看法
鼓励想象
不要给谈话设太多限制
信马由缰，想到什么说什么
给出细节材料
正式、传统
系统、精确、准备充分
整洁
不要跑题
将新旧两方面联系起来
按照顺序
细腻
注意语气和面部表情
要会讲故事
能倾听别人
注意力集中到对方身上
放松
能跟别人产生同感
E
A
想好再说，语言简练，肢体语言要少
畅所欲言，详细说明自己的观点，学会使用肢体语言
节奏要慢，不要太急于表达自己的观点，鼓励对方提出不同观点
节奏要快，允许对方争论，不要逃避争论
一旦做下决定，就要坚持遵守决定，当需要改变时，一定要解释清楚原因
愿意适应各种想法和各种行为，提供各种选择

图 A-7

如何与自己的下属进行沟通？

你可以安排好 30 分钟的时间，跟自己的每个下属一起喝咖啡，交流一下，每年进行一遍。保证自己把这件事安排到自己的计划中。每次会谈结束后，记录下相关信息，包括以后会谈要谈论的问题。

图 A-8

如何根据不同的偏好，进行最好的演讲陈述？

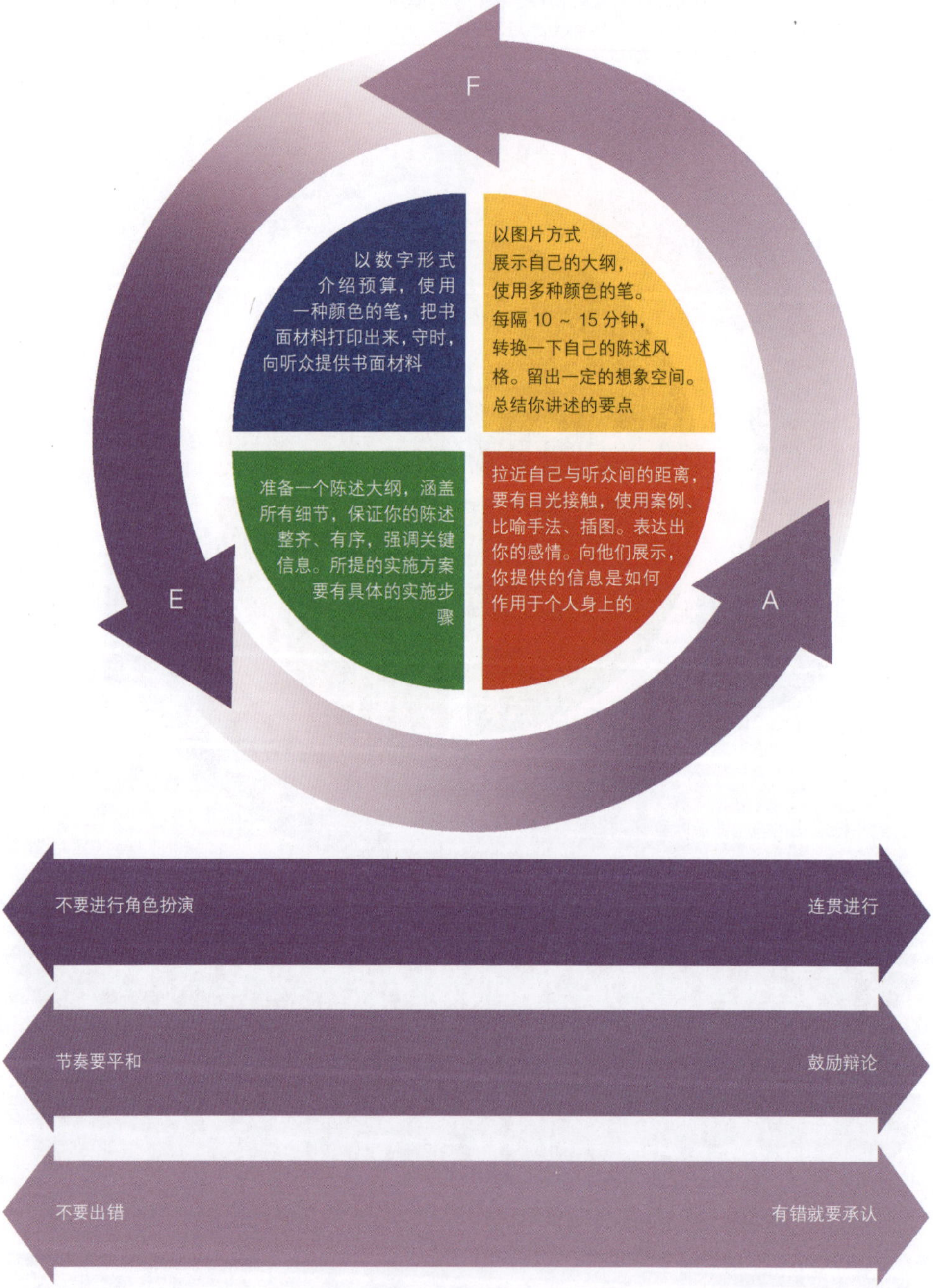

图 A-9

每种 EG® 特质是如何倾听别人的？

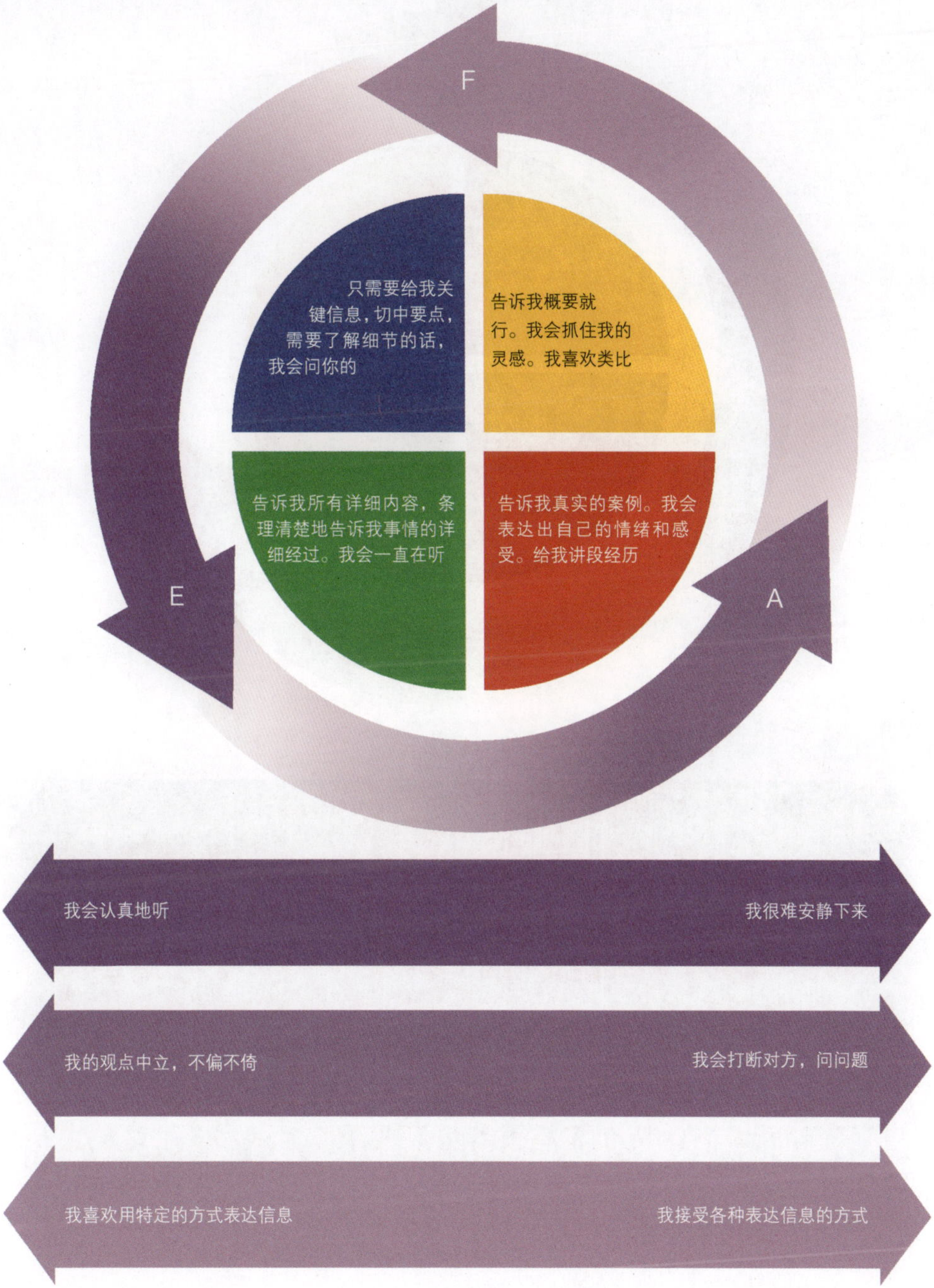

图 A-10

每种 EG® 特质喜欢什么样的评价？

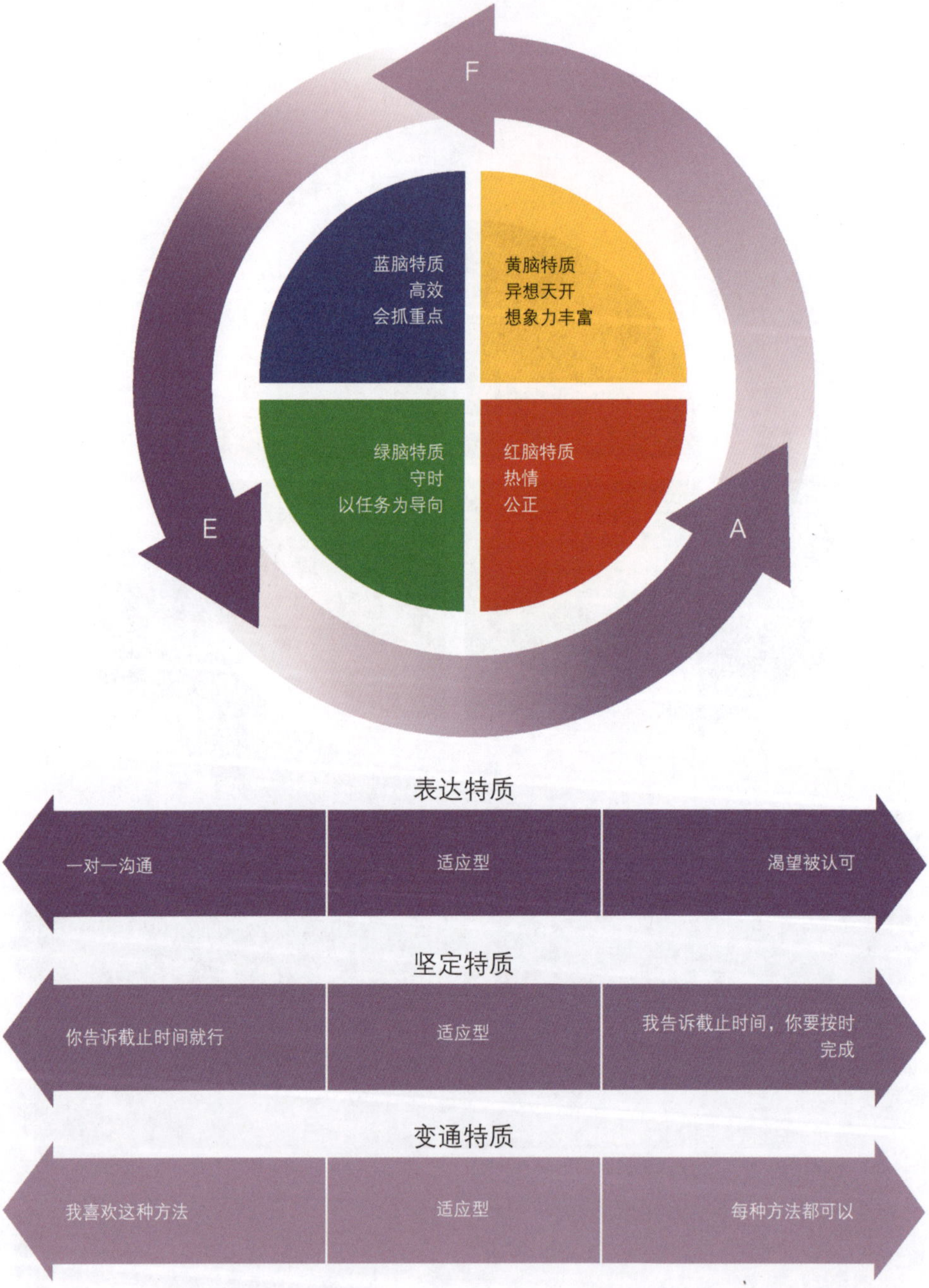

图 A-11

组织会议的全面性 EG® 方法

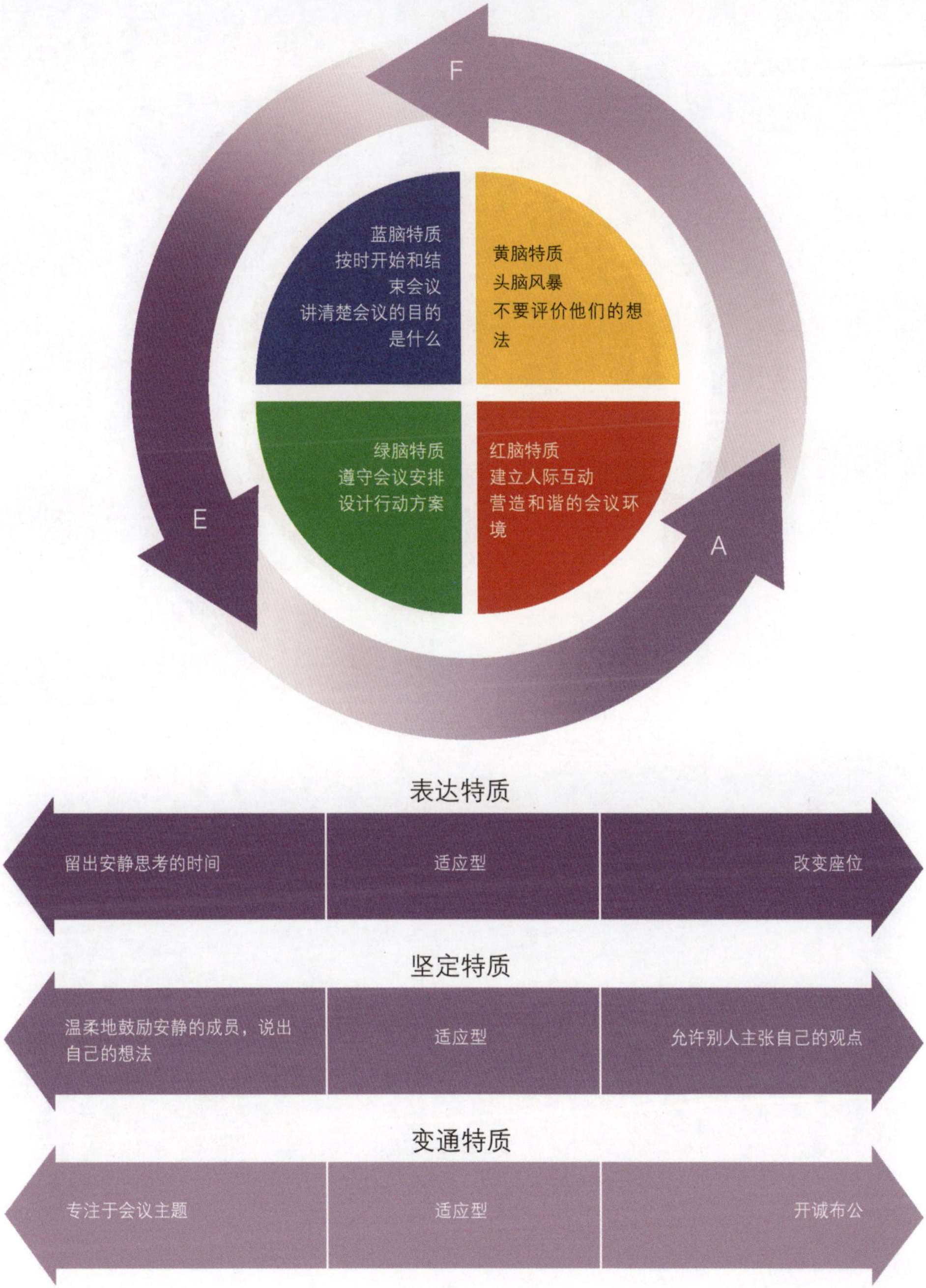

* 全面性 EG® 方法

图 A-12

调解争端的全面性 EG® 方法

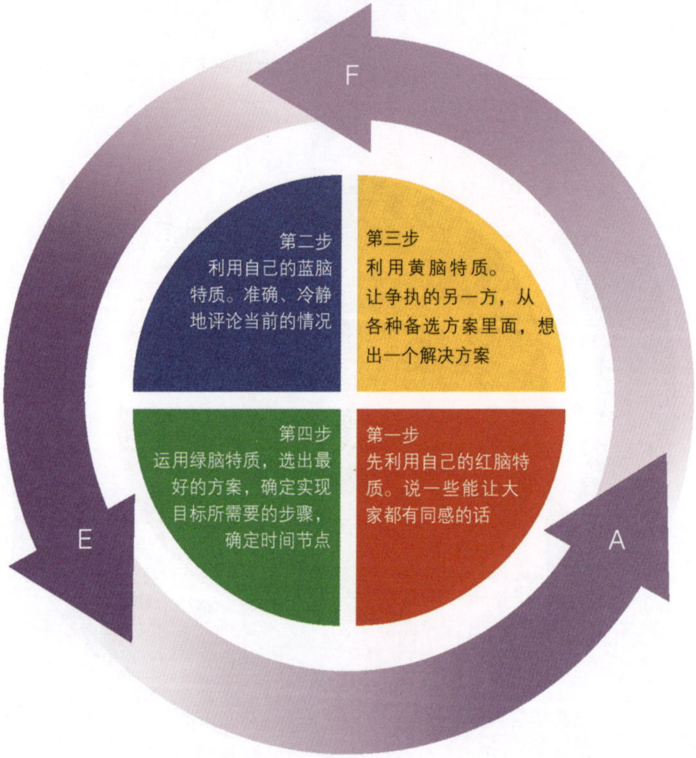

表达特质

喜欢另找时间处理争议，想表达自己的观点时，才会开口	适应型	与别人沟通交流，处理争端

坚定特质

为了不引起争执，可能不会表明自己的观点	适应型	会强烈主张自己的观点，可能会被视作喜欢争吵的人

变通特质

喜欢选择一个决定，不做修改，可能会被视作顽固不化	适应型	愿意接受新方法，解决争论，为了适应别人，也会保留自己的意见

* 全面性 EG® 方法

图 A-13

决策的全面性 EG® 方法

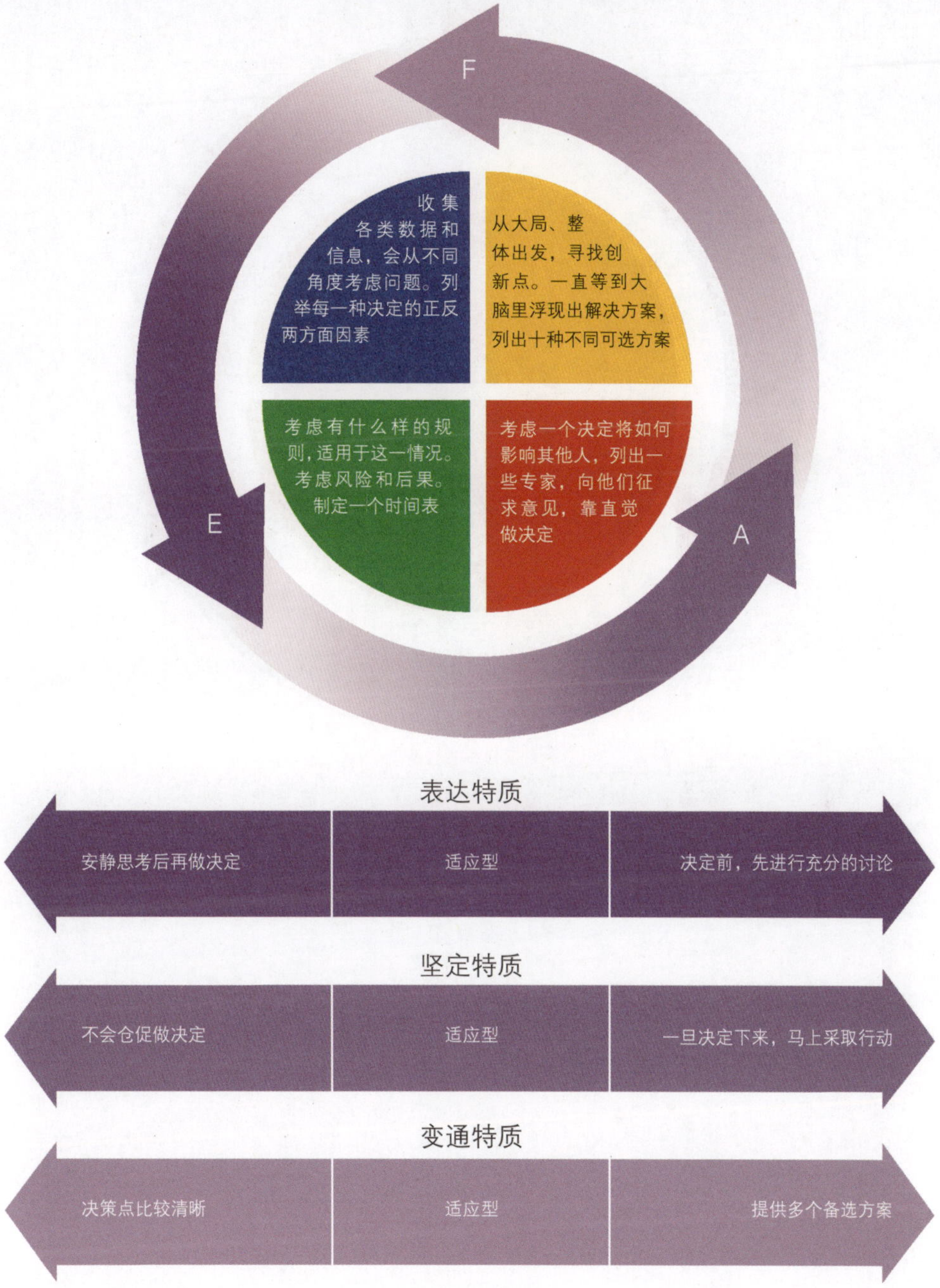

* 全面性 EG® 方法

图 A-14

撰写公司宗旨的全面性 EG® 方法

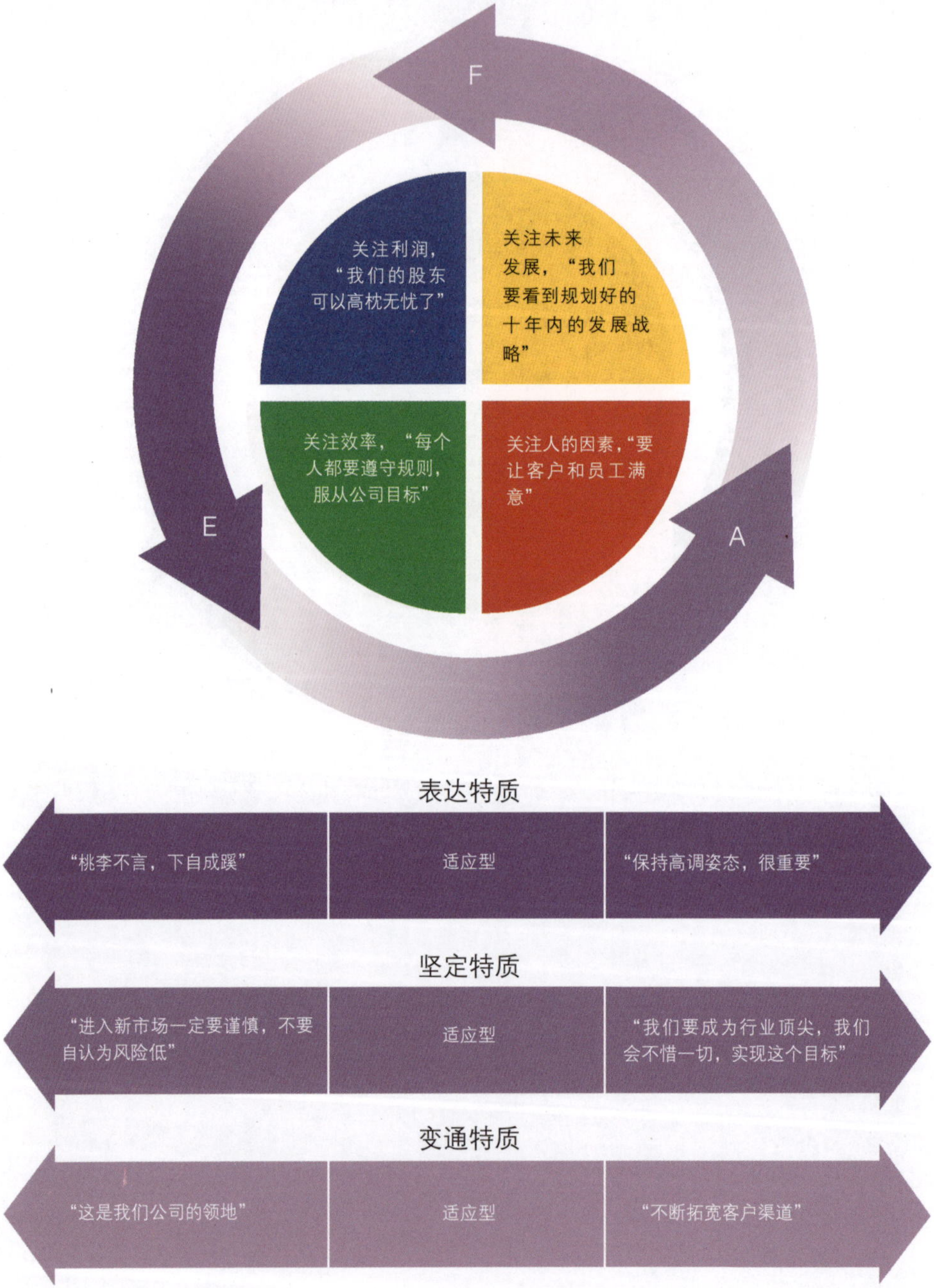

* 全面性 EG® 方法

图 A-15

执行计划的全面性 EG® 方法

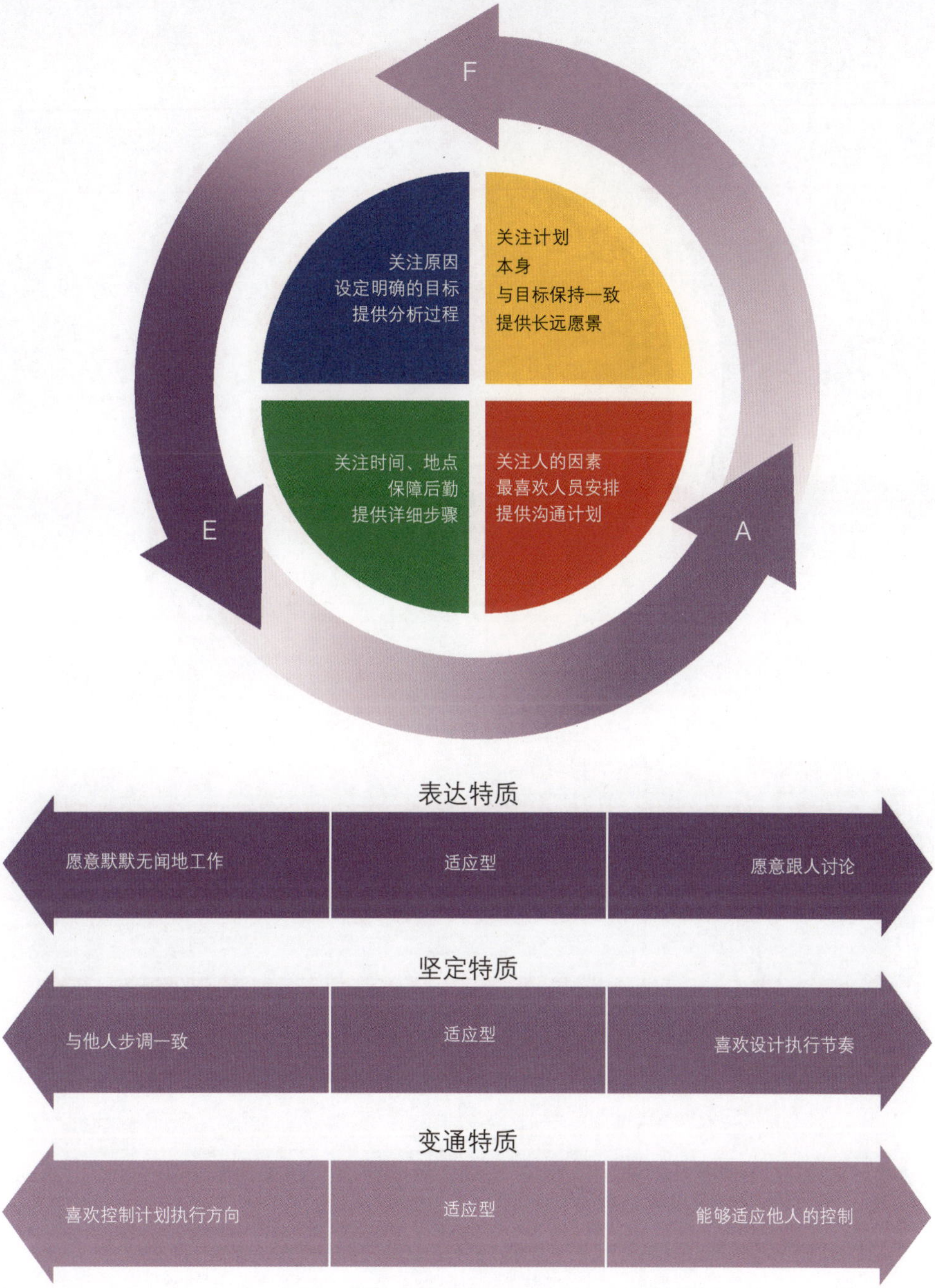

* 全面性 EG® 方法

图 A-16

改变自己的全面性 EG® 方法

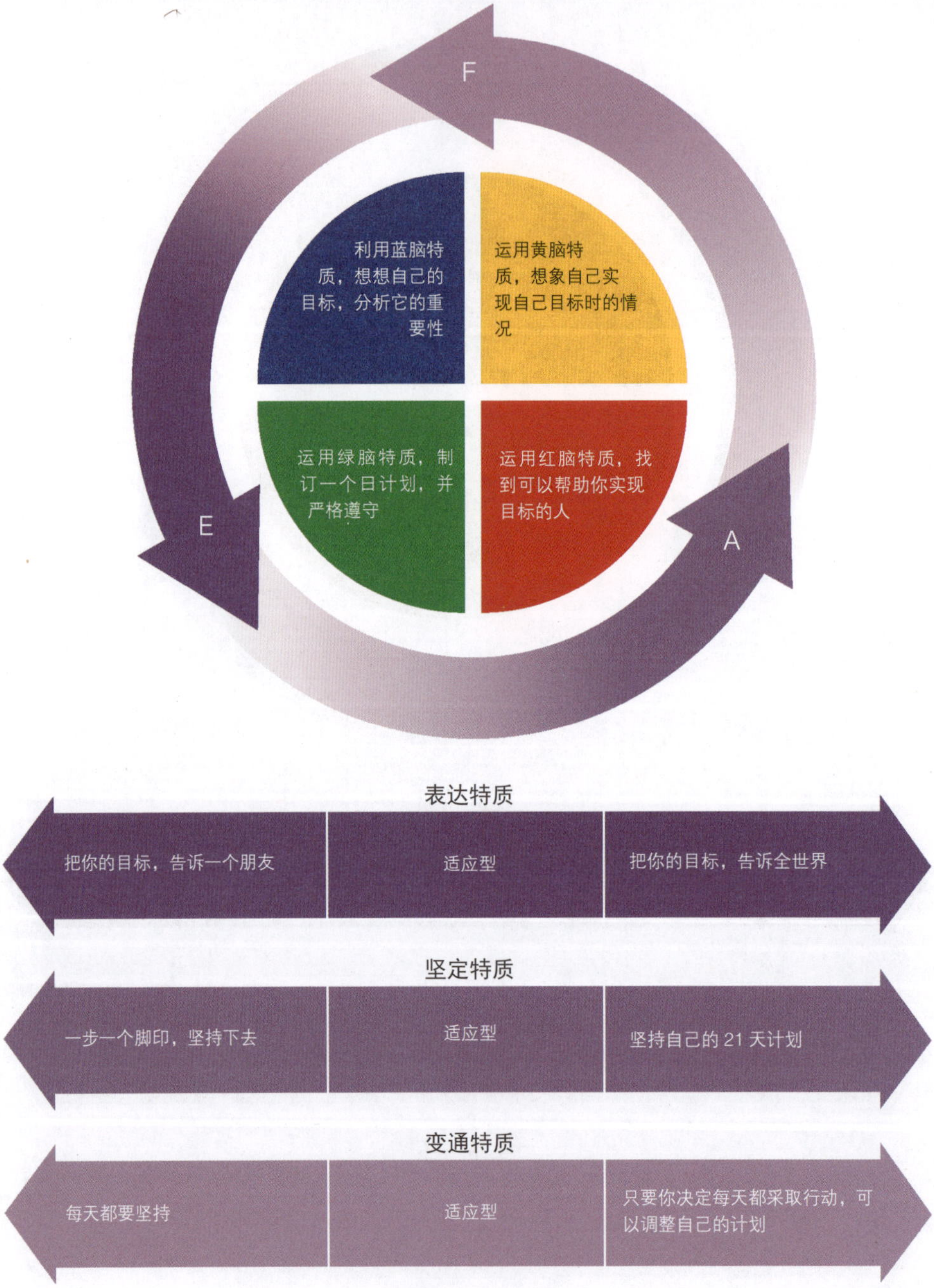

* 全面性 EG® 方法

图 A-17

附录B

EG®研究的起源和探讨

本篇附录介绍了 EG® 的研究背景，它会帮助你理解 EG® 特质构成和 EG® 分析报告的研究和发展过程。

EG®的基本要点

（1）EG® 研究主要基于以下两个方面：①个人具有天生的行为特征和思考特征；②这些特征在个人与周围环境的互动中被影响和塑造。个人经历和遗传因素交织在一起，形成了一些可被识别的人格特质。

（2）EG® 特质构成里有七种特质：四种思维特质和三种行为特质。四种思维特质分别是蓝脑特质（分析性思维特质）、绿脑特质（结构性思维特质）、红脑特质（人际性思维特质）、黄脑特质（概念性思维特质）。三种行为特质（用紫色表示）分别为表达特质、坚定特质和变通特质。

（3）EG® 方法是一种自我描述性测试。所谓自我描述性测试，是指人们回答关于自己的问题，不同的答案拥有不同的分值，将这些答案跟一组规范进行比较、反馈。以下几个因素，会影响自我描述性测试的准确度。

①个人偏见（我们的答案，仅仅表明我们如何向别人描述自己）。

②好的测试是建立在完善的理论和成熟的测试设计原理之上的，不是建立在异想天开或伪科学基础上的。

③测试的设计者应该遵循《教育性测试和心理测试标准》中规定的测试设计的技术规范。

④一项测试所要测度的变量需要包含 5~7 个测试项目，以提高可靠性。

⑤测试结果代表了一种模式，不要将其看成一种定论。

⑥一般情况下，稳健的测试所测度的特征或行为模式，应该不会随时间而变化。

EG®分析报告的发展历程

在设计 EG® 分析报告的过程中，我们考虑到了四个重要因素：理论支撑、可靠性、有效性、测试规范。下面深入地说明这几个因素。

◆ 理论支撑

几个世纪以来，心理学家和哲学家们一直试图理解人们为什么会有这样或那样的行为模式。有的理论认为，人类行为是由外界环境所塑造的，有的则认为是由基因结构所塑造的。学者们为此争论不休。

在 20 世纪上半叶，大多数心理学家认为，行为纯粹是由周围环境所决定的。伊凡·巴甫洛夫、B.F. 斯金纳和约翰·沃森等心理学家都持有这种观点。几十年来，他们的理论为大多数行为研究奠定了基础。

然而在 20 世纪下半叶，对“先天因素和后天因素”的辩论表明，个人是其遗传基因和生活经历共同影响的结果。人们是根据对同卵双胞胎的开创性研究得出这个结论的。为了理解这项研究的背景，我们必须回顾“二战”那段时期。那时的城市饱受战争摧残，所以城市里的父母常常把孩子送到乡下，让他们跟不同的家庭生活在一起。这些孩子中有很多是同卵双胞胎。

大约 20 年后，心理学家们联系到了许多这样的双胞胎，并对他们进行研究，研究先天因素与后天因素对他们的影响。他们的研究结果表明，行为受到遗传和环境的影响。因此，研究人员知道，巴甫洛夫、斯金纳和沃森等人的理论只有一半是正确的——先天因素和后天因素在决定行为和思维方式方面扮演着同等重要的角色。

因为我们不可能把思维因素与行为完全区分开来，所以 EG® 理论把心理学的早期研究成果和对双胞胎的研究成果结合起来。EG® 理论认为，我们有一种基因倾向使我们有特定的思考和行为方式（先天因素），同时我们的行为又受到外界社会的塑造（后天因素），这两种因素结合起来造就了今天的我们。

通过衡量四种思维特质（蓝脑特质、绿脑特质、红脑特质、黄脑特质）和三种行为特质（表达特质、坚定特质、变通特质），EG® 为理解先天与后天因素的组合影响奠定了基础。EG® 并不是对个人整体心理的一个综合判断或心理临床诊断，但它刻画了人们普遍的重要模式，大多数人都属于这些模式，也能识别出这些模式。

为了开发出实用的、合理的、易于操作的测试工具，为了让这套工具符合专业的测试设计标准，温德尔·威廉姆斯博士跟盖尔·布朗宁博士带领团队潜心工作，经过 25 年的努力，鉴别出了健康的在职人群中最普遍的思维偏好和行为偏好。通过多年实践我们发现，共同的、跨越文化背景的人格因素会影响人们是否成功。这些因素包括：

- 是否喜欢解决问题，刨根问底?
- 是否喜欢调查问题?
- 是否喜欢学习?
- 是否喜欢利用分析工具?
- 是否喜欢遵守规则?
- 是否喜欢在既定的指导方针下工作?
- 是否喜欢按部就班?
- 对新想法是否怀有疑虑?
- 是否喜欢秩序，讨厌冒险?
- 是否喜欢与他人紧密合作?
- 能否跟别人产生共鸣? 是否关心他人?
- 能否考虑到别人的感受?
- 是否喜欢新的或不合常规的想法?
- 是否喜欢出主意?

- 是否从全局思考问题?
- 是否根据直觉而不是严谨分析做出决定?
- 是否外向或乐于表达?
- 是否能轻松地跟陌生人交流?
- 是否喜欢被认可，被称赞?
- 是否愿意跟众人在一起?
- 是否喜欢把自己的想法强加给别人? 是否求胜心切?
- 是否偶尔有点固执己见?
- 是否愿意跟人争论?
- 是否不经思考就采取行动，或者不经思考就脱口而出?
- 遇到困难，是否毫不气馁?
- 是否能适应不同环境?
- 是否性情平和?
- 是否愿意面对不确定性?
- 是否很少为意外发生的事情而沮丧?
- 是否在意外界变化?

以上这些问题是建立一套实用的人格测试的基础，这套人格测试的设计遵循了专业的测试设计标准。通过钻研针对大脑的研究，钻研针对双胞胎的研究，钻研动机激励调查、工作表现评估报告、评估范围等，作者设计出了一套调查草案，并不断地将其应用在研习班的学员身上。除此之外，还将上述问题，应用在每次参加研习班的学员身上。每次实践后，作者都会对数据进行因子分析，研究出上述问题的关联性，对调查草案进行修订。在整个过程中，作者运用理性方法和经验方法对同质问题进行合并。最终证明，这套包含七种特质的方法是有效的。而且这套方法符合《教育性测试和心理测试标准》。这些特质包括：

- 蓝脑特质：喜欢分析问题、解决问题，偏好数学思维，喜欢追根问底。
- 绿脑特质：遵循规则、方针和惯例，尊重秩序。
- 红脑特质：喜欢合作，关心他人，乐于付出，体谅他人。
- 黄脑特质：喜欢打破常规，富有创新精神，与众不同。

- 表达特质：在“安静”和“爱交际”间变动。
- 坚定特质：在“平和”与“推动”间变动。
- 变通特质：在“专注”和“欢迎变化”间变动。

EG® 分析报告，并不是一个包罗万象的个性特征汇总。它的目的是为普通用户提供一个简单框架，通过这个框架能够识别出个人的思维特征和行为模式，并将这些应用于工作、沟通和人际关系上。2016 年，通过对 278 名研习班学员的后续调查，其有效性得到了证明。

（1）当被问到“使用了 EG® 方法，你能……”的问题时：

- 更好地理解人际关系（68.8%）。
- 更好地理解我的团队（63.8%）。
- 更好地理解自我（79.3%）。
- 更好地理解我的至亲至爱（29.3%）。

（2）当被问到“在你的企业，EG®……”的问题时：

- 广泛应用于我们公司（36%）。
- 是帮助我与同事协作的一个工具（27.6%）。
- 是我们都能理解的共同语言（25.8%）。
- 被特定团队所使用（18.5%）。

（3）当被问到“你认为，EG® 最吸引你的地方是……”的问题时：

- 非常适用于职场（14.5%）。
- 容易理解（11.6%）。
- 直观（7.2%）。
- 以上皆是（59.8%）。

我们认为，参加完 EG® 研讨班，学员们能够理解和使用 EG®，这能帮助他们：

- 提高工作业绩，改善沟通效果。
- 理解所处工作环境内的他人的基本偏好。
- 理解个人偏好为何既可视为优势，也可视为弱点。
- 理解个人偏好如何影响他人。
- 建立一支相互协作、组织有序的队伍。

- 参与有意义的谈话，了解个人的工作方式。

值得注意的是，EG® 是一种基于标准的比较工具。它不是判断好坏的诊断分析。也就是说，分数可以帮助人们将自己的个人偏好与数据库所有其他人的偏好进行比较。没有最好的或最坏的特质构成。通过 EG® 分析报告，人们可以理解自己的偏好如何影响自己所要实现的目标。在过去的三年里，又有近 10 万名成年人参加了 EG® 测试，生成了各自的分析报告，我们会定期对分析报告中的各项数值进行重新统计排序。自诞生之日起，EG® 分析报告的设计者们努力遵循 1999 年和 2014 年《教育性测试和心理测试标准》所规定的有效性和可靠性标准。

从技术角度看，目前的 EG® 分析报告包含：

- 100 个项目。
- 7 个李克特式标准指标。
- 每个指标有 11~15 个项目。
- 可靠性：
  — 指标内项目间可靠性在 0.71~0.83。
  — 十年重测信度在 0.68~0.77。
- 准确性：
  — 表面效度。
  — 区分效度和聚合效度。
  — 结构效度，进行了五因素性格量表的交叉验证。
  — 内容效度。
  — 经过第三方检测，效度间相关系数在 0.46~0.67。
- 所有研究的统计显著性水平，均小于或等于 0.05。
- 标准数值与人口统计学差异。

◆ 结论

数据表明，EG® 分析报告符合可靠性和有效性的专业标准。我们对全世界成千上万的受试者进行了调查研究，得到了规范性数据。EG® 的基础正是这些数据，它提供了人们思维和行为偏好的有用信息。世界各地的研讨会学员都认为，EG®能帮助他们改善人际关系，组建高效工作团队，提高演讲陈述技能，接受和欣赏不同偏好的人的贡献。

温德尔・威廉姆斯博士

盖尔・布朗宁博士

反侵权盗版声明